普通高等学校省级规划教材

建筑工程测量技术

JIANZHU GONGCHENG CELIANG JISHU

主 编／纪 凯

副主编／刘才龙 董泽进 杨 锐

　　　　彭 涛 朱先祥

参 编／方 娇 许倩倩 周家宝

　　　　许 晨

主 审／董 斌

合肥工业大学出版社

前　言

　　本书是 2017 年安徽省质量工程省级规划教材。根据高职高专技能型人才培养要求,主要面向建筑、路桥等专业,适用于建筑、道路与桥梁等工程施工阶段测量工作与应用。

　　工程测量技术日新月异,发展突飞猛进,其贯穿于建筑工程建设全过程。现代激光测量技术、无人机测绘、卫星定位技术已普及和成熟。作为工程从业人员,应具备图纸绘制、识读和现场施工测量等职业技能。为了突出技能型人才的培养,符合高职高专教育 1+X 证书要求,结合高职高专学生的就业方向和"工程测量员"职业资格要求,体现工程测量领域的新技术、新方法和新仪器,本书在编写中,遵循建筑工程项目的生产规律,按照测量工作的程序与原则,更新教材内容,增加建筑工程施工图识图、无人机测绘与道路工程测量等内容,既满足了现代建筑工程测量技术的要求,又拓展了教材内容的覆盖面。

　　本书在原版的基础上,进行了部分修订。本次修订主要对第一次印刷中的错误和不足进行了局部修改,教材整体框架没有改变。本书由安徽交通职业技术学院纪凯主编;安徽交通职业技术学院刘才龙、董泽进、杨锐,中铁四局集团公司彭涛与安徽省中盛建设工程试验检测公司朱先祥副主编;安徽交通职业技术学院方娇、安徽三联学院许倩倩、安徽水利水电职业技术学院周家宝、宿州职业技术学院许晨参编。教材内容主要包括测量基本知识、测量工作内容、数字化大比例尺地形图测绘、建筑施工图识读、施工控制测量、建筑施工测量和线状工程施工测量,并配以实践教学视频,学生可扫码观看,为教材的数字化建设打下基础。其中第一章由纪凯编写,第二章、第七章由杨锐、周家宝编写,第三章及附录由刘才龙、许晨编写,第四章由方娇编写,第五章由朱先祥、刘才龙编写,第六章由董泽进、纪凯编写,全书案例素材由彭涛提供整理,全书图片素材由许倩倩整理汇总。十集实践教学视频由纪凯、刘才龙、董泽进主讲,刘才龙拍摄与剪辑。全书由纪凯、刘才龙统稿。

在本书的编写过程中,项目组成员安徽交通职业技术学院建筑市政工程教研室主任韩彰老师,工程基础教研室徐良老师,合肥测绘研究设计院滨湖分院丁锐总工在教材内容的教学需求、生产需求分析中提供了有力的支撑,也得到了安徽交通职业技术学院土木工程系与兄弟院校相关老师的大力支持,在此表示感谢!编者参考了大量文献,对参考文献的作者深表谢意!

本教材由安徽农业大学理学院空间信息系主任董斌教授主审。董老师对教材的编写提出了许多宝贵、诚恳和有价值的修改建议,在此表示衷心的感谢!

在教材的编写过程中,由于编者水平有限,时间仓促,书中不当之处,恳请专家和读者不吝赐教,批评指正。

编　者

2019 年 11 月

目 录

第一章 测量基本知识

知识要点

1. 测量工作任务与分类；

2. 测量工作程序与原则；

3. 测量坐标系和误差分析。

学习目标

通过本章内容的学习，学生了解测量的基本概念，熟悉测量坐标系统和误差产生原因；掌握测量工作程序与原则，具有理论扎实，概念清晰，善于分析的职业素养。

本章重点

1. 测量坐标系统；

2. 误差分析和衡量精度的标准。

本章难点

1. 高斯投影平面直角坐标系；

2. 测量误差消除、减弱的方法。

第一节　测量工作概述

一、测量学的任务和分类

(一)测量学的任务

测量学是研究地球的形状和大小并确定地面点或空间点位置的一门科学与技术。测量工作的内容包括测绘和测设两个部分。测绘是通过使用测量仪器和工具进行观测，获得一系列观测数据，经过内业处理，将地球表面地形缩绘成地形图；测设是指把图纸上规划设计好的建筑物、构筑物的位置在地面上标定出来，作为施工依据，俗称"施工放样"。

(二)测量学的分类

测量学根据研究范围和对象的不同，主要有以下分支学科：①大地测量学是研究整个地球的形状、大小及地球表面大范围地区的点位测定和地球重力场问题的学科。大地测量学分为常规大地测量学和卫星大地测量学。②普通测量学，是在小区域内不考虑地球曲率的影响，研究地表局部范围内测绘工作的基本理论、技术和方法的学科。③摄影测量学，是通过研究摄影方法来确定地表物体的形状、大小和空间位置的学科。根据摄影平台不同，摄影测量分为地面摄影测量学、航空摄影测量学和航天摄影测量学。④海洋测量学，是以海洋水体和海底地形为对象所进行的测量及海图编制工作，主要服务于海洋资源管理和监测、船舶舰艇导航等。⑤工程测量学，是研究工程建设中勘测设计、施工建设和运营管理等各个阶段所进行的测量工作的基本原理和方法的学科，按服务对象不同，可分为建筑工程测量、道路桥梁工程测量、水利水电工程测量、矿山测量和精密工程测量等。⑥地图制图学是，通过测量所得的成果资料，研究模拟地图和数字地图的基础理论、编绘、制印和出版地图、地形图及专题图工作理论和方法的学科。

二、测量工作的程序和原则

(一)基本概念

地球表面复杂多样，主要分为地物和地貌两大类。地物是指地面上的人工或自然的固定物体，如河流、道路、房屋等；地貌是指地球表面高低起伏的自然形态，如山峰、丘陵、平原等。二者统称为地形。地形由为数众多的地形特征点(碎部点)所组成。一般先精确测出少数点的位置，如图1-1中的$A、B、C、D$……等点，这些点在测区中构成一个骨架，起着控制的作用，称为控制点。测量控制点的工作称为控制测量。再已控制点为基础，测量每一个控制点周围地形特征点(碎部点)的位置并按一定的规则和符号绘制成地形图，称为碎部测量。

图1-1 控制测量与碎部测量

(二)程序和原则

测量工作不论何种方法和仪器工具进行测绘或测设，测量成果都含有误差，因此测量工作应遵循一定的原则，防止误差的累积，保证成果的精度，提高工作的效率。即在布局上"由整体到局部"，在工作步骤上"先控制后碎部"，在精度上"由高等级到低等级"。当测定控制点的位置有错误时，以此为基础测定的碎部点位也就有错误，碎部测量中有错误时，以此绘制的地形图也就有错误。所以测量工作必须严格进行检核,保证测量成果的正确性,故"步步有检核"是开展测量工作的又一个原则。

(三)测量的基本工作

测量工作分为外业和内业。外业工作主要是采集必要的观测数据,如角度、距离和高程等。内业工作主要是对采集的数据进行分析、处理和管理。测量工作的实质都是确定地面点的空间位置或相对位置。地面点的相互位置关系是通过角度、距离和高程确定的,所以高程测量、角度测量和距离测量是测量的三项基本工作。角度、距离和高程是确定地面点位的三要素。

三、测量常用计量单位和换算

测量的基本工作是角度测量、距离测量和高程(高差)测量,因此测量主要常用单位是角度、距离和高程等的单位。角度的单位主要是度,距离和高程的单位主要是米。测量外业工作会受到外界环境的影响,如温度、气压、拉力等,温度的常用单位是摄氏度($^{\circ}\text{C}$),气压的国际制单位是帕斯卡(Pa),拉力的基本单位是牛顿(N)。测量主要常用单位及换算关系分别见表 1-1、表 1-2、表 1-3 所列。

表 1-1　角度常用单位与换算关系

60 进制	弧度制
$1' = 60''$	1 弧度 $= \rho'' = 206265''$
$1^{\circ} = 60' = 3600''$	1 弧度 $= 180^{\circ}/\pi = 57.29577951^{\circ} = \rho^{\circ} = 3438' = \rho'$
1 圆周 $= 360^{\circ}$	1 圆周 $= 2\pi$ 弧度

表 1-2　长度常用单位与换算关系

公制(10 进制)	英制
1cm = 10mm	
1dm = 10cm	1m = 39.37in = 3.2808ft
1m = 10dm	1km = 3280.8ft = 0.6214mi
1km = 1000m	

注:1 英里简写 mi,1 英尺简写 ft,1 英寸简写 in。

表 1-3　面积常用单位与换算关系

公制(10 进制)	英制	市制
$1\text{m}^2 = 100\text{dm}^2 = 1 \times 10^4 \text{cm}^2$	$1\text{cm}^2 = 0.1550\text{in}^2$	1 亩 $= 666.6666667\text{m}^2$
$= 1 \times 10^6 \text{mm}^2$	$1\text{m}^2 = 10.764\text{ft}^2$	$= 0.06666667$ 公顷 $= 00.1647$ 英亩
$1\text{km}^2 = 1 \times 10^6 \text{m}^2$	$1 \times 10^5 \text{m}^2 = 1$ 公顷	$1\text{m}^2 = 0.0015$ 亩
	$1\text{km}^2 = 247.11$ 英亩 $= 100$ 公顷	$1\text{km}^2 = 1500$ 亩

第二节　测量坐标系统

一、地球的形状与大小

地球自然表面是极不规则的,有高山、丘陵、平原和海洋,是一个是极不规则的曲面。根据我国 2020 年珠峰高程复测的最新研究成果,世界第一高峰珠穆朗玛峰海拔 8848.86m。位于太平洋西部的最低的马里亚纳海沟深达 11022m。即使这样的高低起伏,相对于地球近似半径 6371km 而言是微不足道的。研究表明,海洋约占整个地球表面的 71%,陆地约占面积 29%,因此人们一般把海水面所包裹的地球形体看作地球的形状。

假设某一个静止的海水面延伸穿越大陆,包围整个地球,形成一个封闭曲面,这个曲面称为水准面。水准面的物理特性是在同一曲面上的任何一点重力势能相等,因此水准面是重力等势面,通过该面上任何一点的重力方向都垂直于该点所在的切面,重力的方向线称为铅垂线,与水准面相切的平面是水平面。海水有潮汐变化,时高时低,所以水准面有无数多个,其中与平均海水面吻合并向大陆、岛屿内延伸而形成的闭合曲面称为大地水准面,如图 1-2(a),它所包围的地球形体称为大地体。实际工作中,以大地水准面作为测量的外业基准面。以铅锤线作为测量外业工作的基准线。

因为地球内部质量分布不均匀,引起局部重力异常,导致铅锤线方向产生不规则变化,所以大地水准面是一个不规则、不易用数学公式表达的复杂曲面。在这个面上进行测量数据处理很困难,所以选用一个非常接近大地水准面并可用数学模型表达的几何形体来代表地球的形状,方便处理测量数据。它是由一个椭圆绕其短轴旋转而成的旋转椭球体,称为旋转椭球体或参考椭球体,其表面称为旋转椭球面或参考椭球面,如图 1-2(b)。通常用旋转椭球面作为测量内业工作的基准面。与旋转椭球面上任一点垂直的方向线称为该点的法线,作为测量内业工作的基准线。

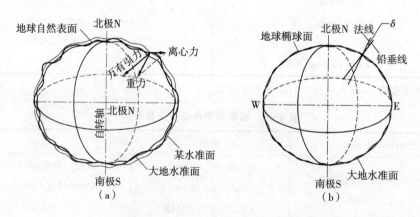

图 1-2　地球的形状

旋转椭球的形状和大小可由其长半轴 a 和扁率 α 来表示。测量时,取一个与大地体最为接近的旋转椭球作为地球的参考形状和大小,并在这个椭球面上建立大地坐标系。我国 1980 年国家大地坐标系采用了 1975 年 IUGG 椭球,该椭球的基本元素为:

$$长半轴 \ a = 6378.137 \text{km}$$

$$短半轴 \ b = 6356.752 \text{km}$$

$$扁率 \ f = \frac{a-b}{a} \approx \frac{1}{298.257}$$

确定地球的形状和大小后,需确定大地水准面与参考椭球面之间的相对关系,使两个曲面之间的差距最小,才能把大地水准面上的观测成果归化到参考椭球面上,这项工作称为参考椭球体的定位。在地球上选择一个合适的点 P,参考椭球面与大地水准面在该点相切,铅锤线与法线重合,椭球的短半轴与地轴平行,该点若作为国家坐标系统的起算点,称为大地原点。例如我国 1980 年国家大地坐标系的大地原点位于陕西省西安市泾阳县永乐镇石际寺村内,点位标志如图 1-3 所示。

图 1-3 大地原点

二、测量坐标系

测量工作的实质是确定地面点的空间位置,一个点的空间位置需要三个量表示,一般是将地面点沿铅锤线方向投影到一个代表地球形状的基准面上,用二维坐标和点到投影面的铅锤距来表示点位。由于卫星大地测量发展迅速,地面点的空间位置也可采用三维空间直角坐标来表示。测量坐标系主要有以下几种:

(一)大地坐标系

大地地理坐标系简称大地坐标,是建立在旋转椭球面上的坐标系,旋转椭球面和法线是大地地理坐标系的基准面和基准线。地面点的大地坐标是它沿法线在地球椭球面上投影点的大地经度 L 和大地纬度 B。大地经度 L 是通过旋转椭球面上该点的子午面与首子午面的二面角,向东称为东经,由 0° 至 180°;向西称为西经,由 0° 至 180°。大地纬度 B 是通过该点的法线与赤道面的夹角,由赤道面起算,向北称为北纬,由 0° 至 90°;向南称为南纬,由 0° 至 180°,如图 1-4 所示。

大地坐标是根据大地原点坐标通过大地测量的方法观测推算求得,大地原点坐标是通过天文测量并经过改算求得。参考椭球不同时,大地坐标系是不一样的。我国使用的大地

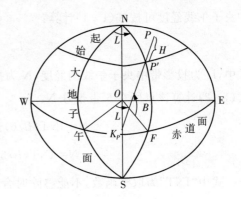

图 1-4 大地地理坐标系

坐标系主要有 1954 年北京坐标系,1980 年国家大地坐标系。

(二)地心坐标系

地心坐标系属于空间三维直角坐标系,如图
1-5 所示。坐标系原点 O 与地球质心重合,Z 轴与
地球旋转轴重合并指向地球北极,Z 轴是向起始子
午面与赤道面交点,Y 轴过 O 点并垂直于 XOZ 平
面构成右手坐标系,地面点 P 的空间位置可用三维
坐标 (X,Y,Z),主要服务于全球卫星导航定位系
统,如 GPS 卫星定位系统采用的 WGS-84 坐标系
是地心坐标系。

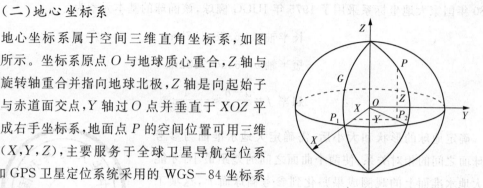

图 1-5 地心坐标系

自 2008 年 7 月 1 日我国启用地心坐标系——
2000 国家大地坐标系,简称 CGCS2000,原点包括海洋和大气的整个地球的质心。
CGCS2000 参考椭球长半轴:

$$a = 6378137.0 \text{m}$$

$$\text{扁率 } f = 1 : 298.25722101$$

(三)高斯平面直角坐标系

地理坐标系或地心坐标确定地面点位一般适用少数控制点或初始计算点,采用地理坐
标对局部测量工作时非常不方便。测量数据处理最好在平面上进行,由于地球是一个不可
伸展的曲面,必须通过投影的方法将地球表面上的点位化算到平面上。我国采用的是
高斯-克吕格投影,简称高斯投影。

采用高斯投影时,先将地球按经线划分成若干个带,称为投影带。投影带从首子午线
起,每隔 6°划分为一带,通常称为 6°带。自西向东将整个地球划分为 60 个 6°带,带号从首
子午线开始,用数字 1 至 60 顺序编号表示,位于各带中央的子午线是该带的中央子午线。
我国位于东经 72°至 138°,6°带投影从第 13 带至第 23 带共跨域了 11 个投影带。任意带的
中央子午线经度可按式(1-1)计算:

$$L_0 = 6° N - 3 \tag{1-1}$$

式中,L_0 为投影带中央子午线的经度,N 为投影带带号。若已知地面上一点的经度 L,可按
式(1-2)计算该点所在 6°带带号 N:

$$N = \text{INT}(L/6) + 1 \text{(前项有余数时)}$$

$$N = \text{INT}(L/6) \text{(前项无余数时)} \tag{1-2}$$

式中"INT"为取整函数,不能整除时舍弃余数。式(1-2)表示取 $L/6$ 的"进整数",当
不能整除时,无论余数多少,一律进位。

【例 1】 已知某点经度为 $115°30'$,请问该点位于几号 6°带?该带中央子午线经度是多

建筑工程测量技术

少度？

解：∵ $115°30' \div 6° = 19.25$

∴ $N = \text{INT}(115°30'/6°) + 1 = 19 + 1 = 20$

即该点位于第 20 号 6° 带。

$$L_0 = 6° \times 20 - 3 = 117°$$

该带中央子午线经度值为 $117°$。

投影时假想用一个空心椭圆柱横套在参考椭球外面，使椭圆柱与某一中央子午线相切，椭圆柱中心轴在赤道面内并通过球心，将椭球面上的图形按等角投影的原理投影到椭圆柱面上，如图 1-6(a)；再将椭圆柱体沿着过南北极的母线切开，展开成为平面，并在该平面上定义平面直角坐标系，如图 1-6(b)。

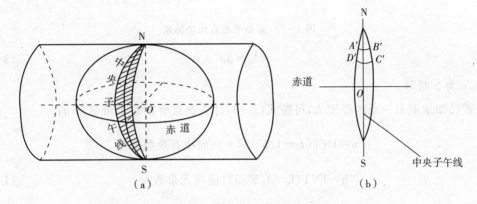

图 1-6　高斯平面坐标系投影图

投影后的中央子午线和赤道均为直线，并且相互垂直。以中央子午线为纵轴 X 轴，向北为正；赤道为横轴 Y 轴，向东为正；中央子午线与赤道的交点为坐标原点 O，建立高斯平面直角坐标系。任意点的 y 坐标是该点至中央子午线的距离。我国位于北半球，x 坐标恒为正，如图 1-7(a) y' 有正有负。为了避免 y 坐标出现负值，把各投影带坐标系 X 坐标轴向西平移 500 km，如图 1-7(b)。为了区分不同投影带中的点，在点的 y 坐标值上加带号 N，称为国家统一坐标。例如 B 点高斯坐标为 $x_B = 3527611.289$ m，$y_B = -376543.211$ m，该点位于 20 号 6° 带内，则 B 点的国家统一坐标为 $x_B = 3527611.289$ m，$y_B = -20123456.189$ m，设 y' 为自然坐标，即该点的国家统一坐标横坐标值按式(1-3)计算：

$$y = N500000\text{m} + y' \qquad (1-3)$$

高斯投影中，离中央子午线近的部分变形小，反之越大，两侧对称。为了进一步减少变形，可采用 3° 投影法。从东经 1°30′ 起，每隔经差 3° 自西向东划分一带，将整个地球划分为120 个带并按 1 至 120 依次编号，如图 1-8，我国 3° 带共计 22 带（24～45 带）。每带中央子午线的经度 L_0' 可按式(1-4)计算：

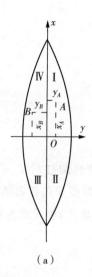

（a）

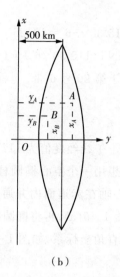

（b）

图 1-7　高斯平面直角坐标系

$$L_0' = 3n \tag{1-4}$$

式中，n 为 3°带号。

若已知地面上一点的经度 L，可按式（1-5）计算该点所在的 3°带带号 n：

$$n = \text{INT}(L-1.5°/3)+1\text{（前项有余数时）}$$

$$n = \text{INT}(L-1.5°/3)\text{（前项无余数时）} \tag{1-5}$$

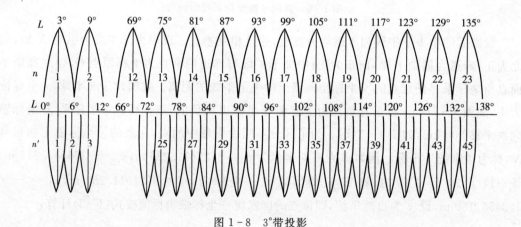

图 1-8　3°带投影

（四）独立平面直角坐标系

当测量的范围为小区域时（测区半径不大于 10 km），可近似将该测区的大地水准面当作水平面看待，用测区中心点的切平面来代替曲面，直接将地面点沿铅垂线投影到该面上，地面点在投影面的位置用平面直角坐标系来表示。测量平面直角坐标系一般规定南北方

向为纵轴 x,东西方向为横轴 y,其与数学上平面直角坐标系的 x,y 坐标轴互换;测量平面直角坐标系象限自北方向起顺时针排列,数学平面直角坐标系象限顺序逆时针排列,二者相反,如图 1-9 所示。目的是定向方便并可直接将数学中的三角函数公式应用到测量计算中。测量平面直角坐标系原点 O 一般位于测区的西南角或假定为正整数,使测区内各点坐标均为正值。

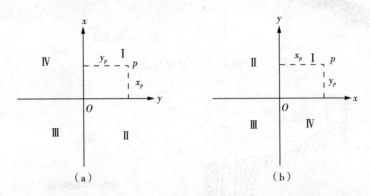

图 1-9 独立平面直角坐标系和数学平面直角坐标系

三、高程

地面点到大地水准面的铅垂距离称为该点的绝对高程或海拔,用 H 表示。若个别地区引用绝对高程有困难时,可采用假定高程系统,即任意假定水准面作为起算高程的基准面。地面点到假定水准面的铅垂距为假定高程或相对高程。地面两点高程之差称为高差,用 h 表示。如图 1-10 所示,A、B 两点绝对高程分别为 H_A、H_B。H_A'、H_B' 表示 A、B 两点的相对高程。A、B 两点高差 h_{AB} 为

$$h_{AB} = H_B - H_A = H_B' - H_A' \qquad (1-6)$$

由式(1-6)可见,高差与高程起算面无关。注意高差有正负之分和方向性,如 A 到 B 的高差是 $h_{AB} = H_B - H_A$,B 到 A 的高差 $h_{BA} = H_A - H_B$。h_{AB} 与 h_{BA} 符号相反。h_{AB} 为正,说明 B 点比 A 点高,反之 B 点比 A 点低。

为统一全国的高程系统,我国根据青岛验潮站长期观察和记录黄海海水面的高低变化,取其平均值作为大地水准面的位置,即我国的高程基准面。采用青岛验潮站 1950—1956 年观测结果求得的黄海平均海水面作为高程基准面,称为"1956 年黄海高程系"。1985 年,根据青岛验潮站 1952—1979 年的观测资料计算的平均海水面作为新的高程基准面,称为"1985 国家高程基准"。为了确定高程基准面的位置,在青岛设立了一个水准原点,其是全国高程测量的起算点。水准原点在"1956 年黄海高程系"中高程是 72.289 m,在"1985 国家高程基准"中高程是 72.260 m。如图 1-11 所示。注意在我国各地或各业,会使用当地的高层系统。例如上海吴淞口高程系、珠江高程系等。不同的高程系统之间存在一个差值换算问题。

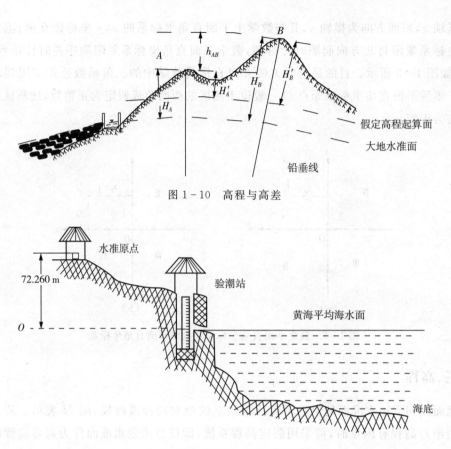

图 1-10 高程与高差

图 1-11 水准原点

四、水平面代替水准面的限度

在测量实际工作中,如果测区面积不大时,一般用水平面代替水准面,简化测量和数据处理工作,但会给测量成果带来误差。如果误差在允许范围内可以用水平面代替水准面。根据研究表明,在距离测量中,当地面距离 10 km 内,用水平面代替水准面所引起的误差只有 0.82 cm,距离相对误差为 1∶1220000。所以当测区半径不大于 10 km,允许用水平面代替水准面;但对于高程测量,地球曲率对高程有显著影响,即使在很小区域内也不能用水平面代替水准面;对于角度测量,用水平面代替水准面产生的角度误差影响很小,所以,在几百平方千米的范围内,可以不考虑角度方面的影响,见表 1-1、表 1-2 和表 1-3 所列。

表 1-1　用水平面代替水准面的距离误差

距离 D/km	距离误差 ΔD/cm	相对误差 $\Delta D/D$	距离 D/km	距离误差 ΔD/cm	相对误差 $\Delta D/D$
10	0.82	1∶1220000	50	102.6	1∶49000
20	6.57	1∶304000	100	821.2	1∶12000

表 1-2 用水平面代替水准面的高差误差

D/km	0.1	0.3	0.5	1.0	10
$\Delta h/\mathrm{cm}$	0.1	1.0	2.0	7.8	784.81

表 1-3 用水平面代替水准面的角度误差

面积 P/km^2	10	100	1000	10000
$\Delta\alpha/('')$	0.02	0.17	1.69	16.91

第三节　测量误差

一、观测与观测值

通过一定的仪器、工具和方法对某量进行量测,称为观测,获得的数据称为观测值。

二、观测与观测值的分类

(一)等精度观测和不等精度观测

观测条件是构成测量工作的要素,包括观测者、测量仪器和外界条件。

在相同的观测条件下所进行的观测称为等精度观测,其观测值称为等精度观测值。反之,则称为不等精度观测,其观测值称为不等精度观测值。

(二)直接观测和间接观测

为确定某未知量而直接进行的观测,即被观测量就是所求未知量本身,称为直接观测,观测值称为直接观测值。

通过被观测量与未知量的函数关系来确定未知量的观测称为间接观测,观测值称为间接观测值。

例如,为确定两点间的距离,用钢尺直接丈量属于直接观测;而视距测量则属于间接观测。

(三)独立观测和非独立观测

各观测量之间无任何依存关系,是相互独立的观测,称为独立观测,观测值称为独立观测值。

若各观测量之间存在一定的几何或物理条件的约束,则称为非独立观测,观测值称为非独立观测值。

如对某一单个未知量进行重复观测,各次观测是独立的,各观测值属于独立观测值。观测某平面三角形的三个内角,因三角形内角和应满足 180°这个几何条件,则属于非独立观测,三个内角的观测值属于非独立观测值。

三、测量误差及其来源

(一)测量误差的定义

测量中的被观测量客观上都存在着一个真实值,简称真值,用 X 表示。对该量进行观

测得到观测值,用 x 表示。真值与观测值之差,称为真误差,用 Δ 表示,即

$$\Delta = X - x \tag{1-7}$$

测量工作中不可避免地存在着测量误差。测量上把必须要观测的量称为必要观测,不必要的观测称为多余观测。多余观测是必要的,是为了进行检核和评定观测成果的精度。例如,为求某段距离,往返丈量若干次;为求某角度,重复观测好几回。这些重复观测的观测值之间存在着差异。又如,为求某平面三角形的三个内角,只要对其中两个内角进行观测就可得出第三个内角值。但为检验测量结果,对三个内角均进行观测,这样三个内角之和往往与真值 180°产生差异,第三个内角的观测是"多余观测"。

(二)测量误差的来源

1. 测量仪器

任何仪器只具有一定限度的精密度,使观测值的精度受到限制。例如,在用最小分划值为厘米分划的水准尺进行水准测量时,就难以保证估读的毫米值完全准确。同时,仪器因装配、搬运、磕碰等原因存在着自身的误差,如水准仪的视准轴不平行于水准管轴,就会使观测结果产生误差。

2. 观测者

由于观测者的视觉、听觉等感官的鉴别能力有一定的局限,所以在仪器的安置、使用中都会产生误差,如整平误差、照准误差、读数误差等。同时,观测者的工作态度、技术水平和观测时的身体状况等也是对观测结果的质量有直接影响的因素。

3. 外界环境条件

外界环境条件如温度、风力、大气折光等,这些因素的差异和变化都会直接对观测结果产生影响,必然给观测结果带来误差。

四、测量误差的种类

测量误差根据性质可以分为粗差、系统误差和偶然误差三类。

(一)粗差

粗差也称错误,是由于观测者使用仪器不正确或疏忽大意,如测错、读错、听错、算错等造成的错误;因此,一旦发现含有粗差的观测值,应将其从观测成果中剔除出去,测量成果中是不允许错误存在的。一般只要严格遵守测量规范,工作仔细谨慎,并对观测结果作必要的检核,粗差是可以发现和避免的。

(二)系统误差

在相同的观测条件下,对某量进行的一系列观测中,误差的数值大小和正负符号固定不变或按一定规律变化的误差,称为系统误差。

系统误差具有累积性,它随着单一观测值观测次数的增多而积累。系统误差的存在必将对观测成果危害较大,应根据它的规律,采取一定的措施把系统误差的影响尽量消除或

减弱。通常有以下三种方法：

（1）测定系统误差的大小，对观测值加以改正。如用钢尺量距时，通过对钢尺的检定求出尺长改正数，对观测结果加尺长改正数和温度变化改正数，来消除尺长误差和温度变化引起的误差这两种系统误差。

（2）采用合适的的方法。使系统误差在观测值中以相反的符号出现，加以抵消。如水准测量时，采用前、后视距相等的对称观测，以消除由于视准轴不平行于水准管轴所引起的系统误差；经纬仪测角时，用盘左、盘右两个观测值取中数的方法可以消除视准轴误差等系统误差的影响。

（3）检校仪器。将仪器存在系统误差降低到最小限度，或限制在允许的范围内，以减弱其对观测结果的影响。如经纬仪照准部水准管轴不垂直于竖轴的误差对水平角的影响，可通过精确检校仪器并在观测中仔细整平的方法，来减弱其影响。

（三）偶然误差

在相同的观测条件下对某量进行一系列观测，单个误差的数值大小和符号没有一定的规律性，但就大量误差整体而言具有一定的统计规律，这种误差称为偶然误差。偶然误差主要是人的感觉器官鉴别能力的局限性、仪器的极限精度和外界条件等引起的。例如，用经纬仪测角时，就单一观测值而言，由于受照准误差引起测角误差的大小和正负号都不能预知，具有偶然性。偶然误差是不可避免的，也无法消除，可采取一定的措施以减弱偶然误差对测量结果的影响。系统误差可以根据规律消除或减弱其影响，残存的系统误差对观测成果的影响比偶然误差小得多，所以，影响观测成果质量的主要是偶然误差。那么，偶然误差具有什么特性呢？下面结合实例进行分析。

例如，在相同条件下对某一个三角形的三个内角重复观测了 358 次，由于观测值含有误差，故每次观测所得的三个内角观测值之和一般不等于 180°。

三角形各次观测的真误差 $\Delta i = 180° - (a_i + b_i + c_i)$，称为三角形内角和闭合差。

现取误差区间 d_Δ（间隔）为 $0.2''$，将三角形内角和闭合差按数值大小及符号进行排列，统计出各区间的误差个数 k 及相对个数 k/n，见表 1-4 所列。

表 1-4　误差统计表

误差区间 d_Δ	负误差		正误差	
	个数 k	相对个数	个数 k	相对个数
0.0~0.2	45	0.126	46	0.128
0.2~0.4	40	0.112	41	0.115
0.4~0.6	33	0.092	33	0.092
0.6~0.8	23	0.064	21	0.059
0.8~1.0	17	0.047	16	0.045
1.0~1.2	13	0.036	13	0.036
1.2~1.4	6	0.017	5	0.014
1.4~1.6	4	0.011	2	0.006
1.6 以上	0	0.000	0	0.000
总和	181	0.505	177	0.495

从表1-4所列的统计数字中,可以总结出偶然误差具有以下四个统计特性:

(1)有界性:在一定的观测条件下,偶然误差的绝对值不会超过一定的限度,即偶然误差是有界的;

(2)单峰性:绝对值小的误差比绝对值大的误差出现的机会大;

(3)对称性:绝对值相等的正、负误差出现的机会相等;

(4)补偿性:在相同条件下,对同一量进行重复观测,偶然误差的算术平均值随着观测次数的无限增加而趋于零,即

$$\lim_{n \to \infty} \frac{\Delta_1 + \Delta_2 + \cdots + \Delta_n}{n} = \lim_{n \to \infty} \frac{[\Delta]}{n} = 0 \tag{1-8}$$

式中:[ ]——求和符号;

　　N——观测次数

第四个特性是由第三个特性导出的,它说明偶然误差具有补偿性。根据偶然误差的特性,削减偶然误差影响的措施主要有:

1. 使用高精度仪器。

2. 进行多余观测。

3. 求最可靠值。一般情况下未知量真值无法求得,通过多余观测,求出观测值的最或是值,即最可靠值。最常见的方法是求得观测值的算术平均值。

五、衡量精度的指标

(一)精度

精密度简称精度,是对基本排除系统误差,而以偶然误差为主的一组观测值,用精度来评价该组观测值质量的优劣。

为了衡量精度的高低,建立一个统一的衡量精度的标准,给出一个数值概念,使该标准及其数值大小能反映出误差分布的离散或密集的程度,称为衡量精度的指标。

在相同的观测条件下,对某量所进行的一组观测,这一组中的每一个观测值,都具有相同的精度。

(二)中误差

以各个真误差的平方和的平均值再开方作为评定该组每一观测值的精度的标准,即

$$m = \pm \sqrt{\frac{\Delta_1^2 + \Delta_2^2 + \cdots + \Delta_n^2}{n}} = \pm \sqrt{\frac{[\Delta\Delta]}{n}} \tag{1-7}$$

其中,m 称为中误差,n 是观测次数。

例如,设有甲、乙两个小组,对三角形的内角和进行了 9 次观测,分别求得其真误差为:

甲组:$-5''$,$-6''$,$+8''$,$+6''$,$+7''$,$-4''$,$+3''$,$-8''$,$-7''$;

乙组:$-6''$,$+5''$,$+4''$,$-4''$,$-7''$,$+4''$,$-7''$,$-5''$,$+3''$。

中误差较小的观测值精度较高。从计算结果可以看出 $m_甲 = \pm6.2''$，$m_乙 = \pm5.2''$，说明乙组的观测精度比甲组高。

（三）容许误差

由偶然误差的第一个特性可知，在一定观测条件下，偶然误差的绝对值不会超过一定的限值。如果在测量工作中某观测值的误差超过了这个限值，就认为这次观测的质量不符合要求，该观测结果应该舍去重测，这个界限称为容许误差或限差。根据误差理论和实践的统计证明：在等精度观测的一组误差中，绝对值大于一倍中误差的偶然误差，其出现的机会为 32%；大于两倍中误差的偶然误差，其出现的机会只有 5%；大于三倍中误差的偶然误差，其出现的机会仅有 3‰。因此通常以三倍中误差作为偶然误差的限差，即 $\Delta_容 = 3|m|$；在对精度要求较高时，常取二倍中误差作为容许误差，即 $\Delta_容 = 2|m|$。

（四）相对误差

评定精度时，真误差、中误差都是绝对误差，单纯比较绝对误差的大小，有时还不能判断观测结果精度的高低。例如，丈量二段距离，第一段的长度为 100 m，其中误差为 $D = \pm2$ cm；第二段长度为 200 m，其中误差为 $D = \pm3$ cm。如果单纯用中误差的大小评定其精度，就会得出前者精度比后者精度高的结论。实际上距离测量的误差与长度有关，距离愈大，误差的积累愈大。因此采用相对误差进行衡量。相对误差就是中误差的绝对值与相应观测量之比。它是一个无量纲数，用字母 K 表示，通常以分子为 1 的分数式表示，相对误差越小，精度越高。因此，$K_1 = 1/5000$，$K_2 = 1/6600$，得出结论丈量第二段距离的精度高于丈量第一段距离的精度。

$$K = \frac{|M|}{D} = \frac{1}{D/|M|} \qquad (1-8)$$

思考题与习题

1. 测量工作的任务是什么？
2. 测量工作的原则和程序是什么？测量的基本工作是什么？
3. 测量工作中常用的坐标系统有哪些？
4. 测量平面直角坐标系与数学平面直角坐标系有什么区别？
5. 什么是绝对高程？什么是相对高程？两点间的高差如何计算？
6. 测量误差的产生原因是什么？

第二章 测量工作内容

知识要点

控制测量、碎部测量和施工测设的实质都是确定地面点的位置,而地面位置往往又是通过测量水平角(方向)、距离和高差来确定的。本章将通过高程测量、角度测量、距离测量知识的学习,让同学们学会测量基本原理和相关仪器的使用,掌握测量的基础知识。

学习目标

通过本章内容学习,掌握地面点位的表示方法,高程的测量方法,水准测量的原理,水准路线的布设形式、等级及技术要求。熟悉水平角、竖直角测量的原理,角度表示方法以及角度测量的技术要求。掌握测量误差的基本概念。熟悉距离测量的不同方法及特点。

本章重点

(1)了解水准仪的操作和检校方法、水准测量的外业工作程序及内业成果的计算步骤。

(2)分析水准测量误差产生的原因,掌握微倾式水准仪、自动安平水准仪以及电子水准仪的特点。

(3)了解经纬仪的构造和操作方法,水平角和竖直角的观测、记录和计算方法。

(4)能够分析水平角与竖直角测量误差产生的原因、经纬仪轴系之间的条件不满足对角度的影响。

(5)能够根据规范的规定,完成水平角与竖直角的测量与记录工作。

(6)能够分析钢尺量距一般方法的误差来源。

(7)能够根据相关规范要求进行钢尺一般量距外业施测。

(8)了解电磁波测距的原理和方法。

(9)了解测量误差产生的原因和分类;分析测量误差的特性。

(10)了解算术平均值的含义、改正数的特性和衡量观测值精度的指标。

本章难点

(1)能够根据《公路勘测规范》(JTG C10—2007)的规定完成水准的外业测量工作。

(2)熟练掌握水准测量的内业计算(误差调整、高程计算和精度评定)。

(3)能够完成水平角与竖直角测量的计算过程。

(4)能够正确完成钢尺一般量距、视距测距和电磁波测距外业工作及内业计算和精度评定。

(5)掌握含有误差的测量成果的处理方法,求出最可靠值。

第一节 高程测量

一、水准测量原理与 DSZ₃水准仪使用

测量地面点高程的工作称为"高程测量"。按使用仪器和施测方法的不同,高程测量分为水准测量、三角高程测量、气压高程测量和 GPS 拟合高程测量。水准测量是高程测量中最基本且精度较高的测量方法之一,在国家高程控制测量、工程勘测和施工测量中已被广泛采用。

(一)水准测量原理

1. 水准点

在测区内设置一些高程控制点,用水准测量的方法精确测定其高程,再根据这些高程控制点测量其他点的高程,这些高程控制点称为水准点,用 BM 表示。水准点分为永久性水准点和临时性水准点。永久性水准点一般用混凝土标石制成,深埋到地面冻土线以下,在标石顶端设有不锈钢或其他不易锈蚀的材料制成的半球状标志,如图 2-1 所示。临时性水准点常用大木桩打入地下,桩顶钉入一半球状头部的铁钉,以示高程位置,如图 2-2 所示。水准点的位置应土质坚硬,便于长期保存和使

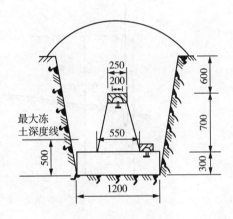

图 2-1　永久性水准点

用。有些水准点也可设在稳定的墙角上,称为墙上水准点,如图 2-3 所示。地形测量中的图根水准点和一些施工测量所用的水准点,可在地面上突出的坚硬岩石或房屋四角水泥面、台阶等处用红油漆标记。

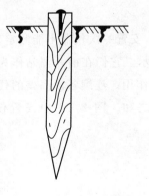

图 2-2　临时性水准点

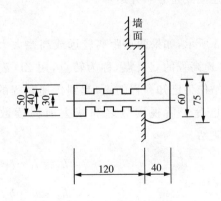

图 2-3　墙上水准点

2. 水准测量原理

水准测量是利用水准仪提供一条水平视线,在两点所立的水准尺上进行读数,计算两点间高差,然后根据已知点的高程推算出另一个点的高程。如图 2-4 所示,设已知 A 点的高程为 H_A,欲测定 B 点的高程 H_B,则可在 A、B 两点上分别竖立有刻划的尺子——水准尺,并在 A、B 两点之间安置一台能提供水平视线的仪器——水准仪。根据仪器的水平视线,在 A 点尺上读数,设为 a;在 B 点尺上读数,设为 b;则 A、B 两点间的高差为

$$h_{AB} = a - b \qquad\qquad (2-1)$$

则 B 点的高程为

$$H_B = H_A + h_{AB} \qquad\qquad (2-2)$$

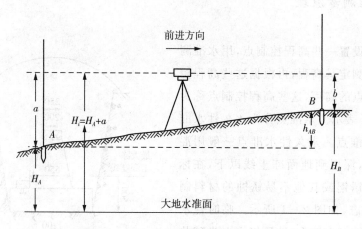

图 2-4　水准测量原理

如果水准测量方向是由已知点 A 到待定点 B 进行的,如图 2-4 所示的箭头,则称 A 点为后视点,A 点尺上读数 a 为后视读数;B 点为前视点,B 点尺上读数 b 为前视读数。A、B 两点间的高差,等于后视读数减去前视读数。高差有正、有负。当读数 $a>b$ 时,h_{AB} 为正值,说明 B 点高于 A 点;反之,当读数 $a<b$ 时,h_{AB} 为负值,说明 B 点低于 A 点。在计算高程时,高差应连同其符号一并运算。

3. 转点

如图 2-5 所示,如果两点距离较远或高差太大,安置一次仪器不能测定其高差,需增设若干临时传递高程的立尺点,称为转点,用 ZD 表示。它们在前一测站作为待求高程的点,在下一测站作为已知高程的点,起到传递高程的作用。连续各段高差的代数和即等于两点的高差,也等于后视读数之和减去前视读数之和。图 2-5 中安置仪器的点 Ⅰ、Ⅱ、……称为测站。

$$h_1 = a_1 - b_1$$

$$h_2 = a_2 - b_2$$

$$\cdots\cdots$$

$$h_n = a_n - b_n$$
$$h_{AB} = \sum h = \sum a - \sum b \qquad (2-3)$$

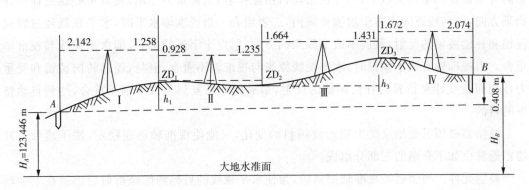

图 2-5　普通水准测量外业实施

(二)DSZ₃水准仪使用

水准仪可以提供水准测量所必需的水平视线。目前工程常用的水准仪可分为两大类:一类是利用补偿器来获得水平视线的自动安平水准仪;另一类是电子水准仪,它配合条纹编码尺,利用数字化图像处理的方法,可自动显示高程和距离,使水准测量实现了自动化。而利用水准管来获得水平视线的微倾式水准仪,现在已经很少使用。

我国的水准仪系列标准分为 DSZ$_{0.5}$、DSZ$_1$、DSZ$_3$ 等。D 是大地测量仪器的代号,S 是水准仪的代号,均取"大"和"水"两个字汉语拼音的首字母,Z 是自动安平的代号,自动安平水准仪没有水准管和微倾螺旋,只需用圆水准气泡将仪器整平,简化了操作过程,有利于提高观测速度。下标的数字表示仪器的精度,其含义是指该仪器以毫米为单位的每千米往返测高差中数的偶然中误差。其中 DS$_{0.5}$ 和 DS$_1$ 用于精密水准测量,DS$_3$ 用于三等、四等水准测量或普通水准测量。

1.自动安平水准仪

(1)DSZ$_3$型水准仪构造和原理

自动安平水准仪的特点是没有水准管和微倾螺旋,而只需要根据圆水准器将仪器整平,此时,视准轴尽管还有微小的倾斜,但可借助一种利用重力的补偿装置,依然能利用十字丝横读出相当于视准轴水平时的尺上读数,因此,自动安平水准仪是一种操作比较方便、有高观测速度的仪器。如图 2-6 所示为苏州第一光学仪器厂生产的 DSZ$_3$ 型自动安平水准仪。

(2)自动安平补偿器的构造

自动安平水准仪的补偿器,目前比较常见的有

图 2-6　苏州第一光学仪器生产的 DSZ$_3$ 型自动安平水准仪

两种:一种是悬挂的十字丝板;另一种是悬挂的棱镜组。

在自动安平仪器的望远镜内部的物镜和十字丝分划板之间装置一个补偿器,这个补偿器的补偿镜在固定的支点下,用4根吊丝自由悬挂着,借助重力作用,使其重心始终保持在铅垂方向,转向棱镜固定在望远镜镜筒内,二者组合。当视准轴水平时,水平视线经过转向棱镜和补偿棱镜的反射,最后不改变原来的方向,射向十字丝的中心,即水平视线与视准轴重合。当视准轴有微小倾斜时,水平视线原来与视准轴不重合,但是,经过转向棱镜和受重力作用而改变原来位置的补偿棱镜的反射,最后仍能恢复到与视准轴相重合,达到自动整平的目的。

补偿器必须灵敏地反映出望远镜倾斜的变化,又能使视准轴迅速稳定,便于读数。补偿器通常由如下介绍的三部分组成。

补偿元件。当望远镜视准轴倾斜后,为使水平视线的目标物像经折射后仍落在十字丝分划板中心的一组光学元件,称为补偿元件。

灵敏元件。在望远镜倾斜时,能使补偿元件作相应倾斜或位移的元件,称为灵敏元件。常用的有吊丝、弹簧片、扭丝、滚珠轴承等。

阻尼元件。补偿器通常是悬挂式,在微倾时产生摆动,为尽快使其稳定,采用制动系统进行快速制动,这种快速制动系统称为阻尼器。在一般自动安平水准仪中,补偿器的稳定时间在2s以内。

(3)自动安平水准仪的使用

自动安平水准仪的使用与一般微倾式水准仪的操作方法基本相同,而不同之处为自动安平水准仪不需要"精平"这一项操作。自动安平水准仪仅有圆水准器,因此,安置自动安平水准仪时,只要转动脚螺旋,使圆水准器气泡居中,补偿器即能起自动安平的作用。当自动安平水准仪通过圆水准器粗平后,观测者应观察仪器警告指标,当确认仪器视准轴倾斜角度在自动补偿范围之内,方可进行观测读数。自动安平水准仪若长期未使用,则在使用前应检查补偿器是否失灵。检查方法:转动位于望远镜视准轴正下方的脚螺旋,如果警告指示窗两端能分别出现红色,反转该脚螺旋红色能消除,并由红色转为绿色,说明补偿器灵敏,可以进行水准测量的观测。

2. 水准尺和尺垫

水准尺用优质木材或铝合金制成,常用的有双面尺和塔尺两种(图2-7)。塔尺可伸缩,携带方便,但接合处容易产生误差,长度有3 m或5 m。尺面绘有1 cm或5 mm黑白相间的分格,米和分米处注有数字,尺底为零。双面尺分划一面为黑色另一面为红色,长度一般为3 m,每两根为一对。两根的黑面起点尺底都为零,而红面的尺底分别为4.687 m和4.787 m。利用双面尺可对读数进行检核。与精密水准仪配合使用的是精密水准尺,如图2-8所示。精密水准尺分划印刷在钢瓦合金钢上,铟瓦是一种膨胀系数极小的合金。精密水准尺分划为线条式,格值有5 mm或10 mm两种。格值为10 mm水准尺有两排分划,右边注记0~300 cm,称为基本分划;左边注记300~600 cm,称为辅助分划,称为基辅分划尺。同一高度的基本分划与辅助分划相差一个常数301.55 cm,称为基辅差(尺常数),如图2-8

(a)所示,其作用同双面尺,可检核读数。格值为5 mm的尺,也有两排分划,彼此错开5 mm,故左边是单数分划,右边是双数分划,称为奇偶分划尺。右边注记米数,左边注记分米数,其注记数字是实际长度的两倍,故得出的高差应除以2才是实际的高差,如图2-8(b)所示。尺垫用钢板或铸铁制成,在转点处使用,如图2-9所示。其下部有三个尖足点,可以踩入土中固定尺垫;中部有突出的半球体,作为转点点位标志供竖立水准尺用。使用时三个尖脚踩入土中,水准尺立在突出的圆顶上,可使转点稳固防止下沉。

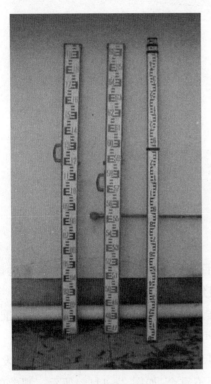

图2-7 双面尺与塔尺

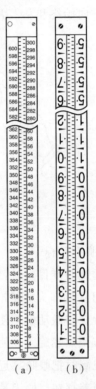

图2-8 线条式铟瓦尺

3. DSZ₃水准仪的使用

DSZ₃自动安平式水准仪的基本操作步骤是安置仪器、粗平、瞄准和读数(扫码观看实践教学视频)。

（1）安置仪器

水准仪一般应安置在平坦、坚硬的地面。通过伸缩三脚架使高度适中,架头大致水平并牢固稳妥;

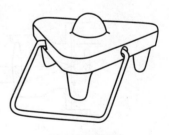

图2-9 尺垫

自动安平水准仪安置与读数

在倾斜地面应使三脚架的两脚在坡下,一脚在坡上。用中心连接螺旋连接水准仪与三脚架,并确认已牢固连接在三脚架上后才可放手。

(2)粗平

粗略整平是用脚螺旋使圆水准器气泡居中。先用任意两个脚螺旋使气泡移到通过圆水准器零点并垂直于这两个脚螺旋连线的方向上,如图 2-10(a)所示,气泡自 a 移到 b,此时仪器在 1、2 脚螺旋连线的方向处于水平位置。再旋转第三个脚螺旋使气泡居中,如图 2-10(b)所示,原两个脚螺旋连线的垂线方向亦处于水平位置,此时使仪器大致整平,如仍有偏差应反复进行。操作时应注意先对向旋转两个脚螺旋,然后旋转第三个脚螺旋。气泡移动的方向始终和左手大拇指移动的方向一致。

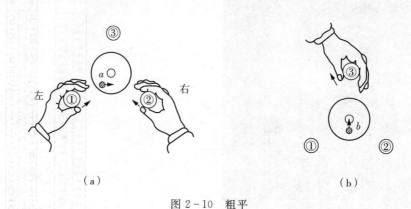

图 2-10 粗平

(3)瞄准目标

望远镜照准目标时,先面向明亮背景调节目镜使十字丝清晰。然后利用望远镜上的准星和照门从外部大概瞄准水准尺,旋转物镜调焦螺旋使尺像清晰,使尺像落到十字丝平面上。最后旋转微动螺旋使十字丝竖丝处于水准尺一侧。当照准不同距离处的水准尺时,需重新调节调焦螺旋才能使尺像清晰,但十字丝可不必再调。

当观测时把眼睛靠近目镜上下移动,如果尺像与十字丝有相对移动,即读数发生改变,表示有视差存在。原因是像平面与十字丝平面不重合,如图 2-11(a)所示。视差的存在会影响瞄准和读数精度,故必须要消除视差。方法是反复交替调节目镜和物镜对光螺旋,直至尺像和十字丝没有相对移动,即尺像与十字丝在同一平面上,如图 2-11(b)所示。

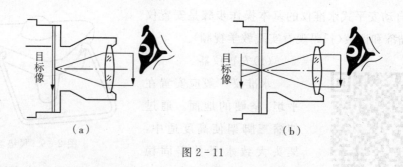

图 2-11

(4)读数

用十字丝中丝读取水准尺的读数。从尺上可直接读出米、分米和厘米数,并估读出毫米数,故每个读数有四位数。如果某一位数是零,也必须读出并记录,不可省略,如

1.002 m、0.007 m、2.100 m等。读数时无论成正像或是倒像均由小数向大数读。为了保证得出正确的水平视线读数,读数前和读数后都应该检查气泡是否符合要求。如图 2-12(a)所示,读数为1.608 m;如图 2-12(b)所示,读数为6.295 m。

（a） （b）

图 2-12 读数

二、普通水准测量

1. 资料准备
收集测区已有水准点的成果资料和水准点分布图等原始资料。

2. 仪器准备
DS_3 水准仪一套、塔尺两根、尺垫和记录板等。

3. 踏勘选点
水准测量实施前应根据测区范围、水准点分布、地形条件及测图和施工需要等,实地踏勘,合理地选定水准点的位置。水准点的布设应符合下列规定:

(1)水准点间的距离一般地区在 1~3 km内;工业厂区、城镇建筑区宜小于1 km。但一个测区及周围至少应有 3 个高程控制点。

(2)点位应在土质坚硬、密实、稳固的地方或稳定的建筑物上,且便于寻找、保存和引测;当采用数字水准仪作业时,水准路线还应避开电磁场的干扰。

4. 埋石
水准点位置确定后应建立标志,标志及标石的埋设规格,应满足相应规范规定。埋设完成后,需绘制"点之记",必要时还应设置指示桩。

5. 外业实施(扫码观看实践教学视频)
(1)如图 2-5 所示,水准仪安置于测站 I 处,确定 ZD_1,将塔尺置于 A 点和 ZD_1 上。注意仪器至后视点距离和距前视点距离应大致相等。转点应选在坚实、凸起、明显的位置,一般应放置尺垫。

(2)水准仪粗平后,先瞄准后视尺,消除视差。精平后读取后视读数值 a_1,记入表2-1中。

(3)旋转望远镜照准前视尺,精平,读取前视读数 b_1,记入

普通水准测量观测与记录

表 2-1 中。结束一个测站的观测。

(4)将仪器迁站至第Ⅱ站,第Ⅰ站的后视尺迁至第Ⅱ站的 ZD_2,第Ⅰ站前视变成第Ⅱ站后视。

(5)按步骤(2)、(3)测出第Ⅱ站的后、前视读数 a_2、b_2,记入表 2-1 中。

(6)重复上述步骤测至终点 B 为止。

表 2-1 普通水准测量记录表

测站	测点	水准尺读数/m		高差/m		高程/m	备注
		后视读数	前视读数	＋	－		
Ⅰ	BM_A	2.142		0.884		123.446	
	ZD_1		1.258			124.330	
Ⅱ	ZD_1	0.928			0.307		
	ZD_2		1.235			124.023	
Ⅲ	ZD_2	1.664		0.233			
	ZD_3		1.431			124.256	
Ⅳ	ZD_3	1.672			0.402		
	BM_B		2.074			123.854	
计算检核		$\sum a_i - \sum b_i = +0.408$		$\sum h_i = +0.408$		$H_A - H_B = +0.408$	

6. 内业处理

(1)计算校核

B 点对 A 点的高差等于各转点之间高差的代数和,也等于后视读数和减去前视读数和,即

$$h_{AB} = \sum h_i = \sum a_i - \sum b_i \qquad (2-4)$$

式(2-4)成立,说明高差计算无误。

按照各站观测高差和 A 点已知高程,推算各转点的高程,最后求得终点 B 高程。终点 B 高程 H_B 减去起点 A 高程 H_A 应等于各站高差的代数和,即

$$H_B - H_A = \sum h_i \qquad (2-5)$$

式(2-5)成立,说明各转点高程的计算无误。

(2)测站校核

水准测量中一个测站的误差或错误对整个水准测量成果都有影响。为保证各个测站观测成果的正确性,应对每一站进行校核。有双仪器高和双面尺两种方法。双仪器高法是在一个测站上用不同的仪器高度测出两次高差。测得第一次高差后,改变仪器高度(至少

10 cm)，然后再测一次高差。当两次所测高差之差不大于5 mm，认为观测合格，取观测值的平均值作为最终结果。若大于5 mm则需要重测。双面尺法是仪器高度不变，而用双面尺的红面和黑面高差进行校核。红、黑面高差之差也不能大于5 mm。若符合要求，取平均值作为最终结果。

（3）成果校核

因为测量误差的影响，水准路线的实测高差值与理论值不相符，其差值称为高差闭合差，若高差闭合差在允许误差范围之内时，认为外业观测成果合格；若超过允许误差范围时，应查明原因进行重测，直至符合要求。普通水准测量的容许高差闭合差为

$$\begin{cases} f_{h容} = \pm 40\sqrt{L}（适用于平原微丘区） \\ f_{h容} = \pm 12\sqrt{n}（适用于山岭重丘区） \end{cases} \tag{2-6}$$

式中：L——水准路线长度，以 km 为单位；

n——测站个数，单位为个。

附合水准路线高差闭合差是观测高差的和与已知起始、终点高差之差，即

$$f_h = \sum h_测 - (H_终 - H_始) \tag{2-7}$$

闭合水准路线高差闭合差是观测高差的和，即

$$f_h = \sum h_测 \tag{2-8}$$

支水准路线的高差闭合差是往、返测高差的绝对值之差，即

$$f_h = \sum h_往 + \sum h_返 \tag{2-9}$$

若 $f_h \leqslant f_{h容}$，外业观测成果合格，否则应分查明原因进行重测。当高差闭合差在容许范围内时，应进行高差闭合差的调整，最后用调整后的高差计算各未知水准点的高程。高差闭合差的调整是按水准路线的测站数或测段长度成正比原则，将闭合差反号分配到各测段上，并进行观测高差的改正计算。若按测站数进行高差闭合差的调整（表2-2），则某一测段高差的改正数 V_i 为

$$V_i = -\frac{f_h}{\sum n} \cdot n_i \tag{2-10}$$

式中：$\sum n$——水准路线各测段的测站数总和；

n_i——某一测段的测站数。

若按测段长度进行高差闭合差的调整（表 2-3），则某一测段高差的改正数 V_i 为

$$V_i = -\frac{f_h}{\sum L} \cdot L_i \tag{2-11}$$

式中：$\sum L$——水准路线的总长度；

L_i——某一测段的长度。

注意在高差闭合差的调整中,无论是按测站数调整高差闭合差,还是按测段长度调整高差闭合差,都应满足下列关系:

$$\sum V = -f_h \tag{2-12}$$

即水准路线各测段的改正数之和与高差闭合差大小相等、符号相反。满足此条件后,便计算改正后的高差,各段实测高差加上相应的改正数,得改正后的高差,填入改正后高差栏内。改正后高差的代数和应等于零,此为计算检核。

如图 2-13 所示,BM_A、BM_B 两个已知高程的高等水准点,$H_A = 36.345m$,$H_B = 208.579m$。各测段的高差和长度测站数如图 2-13 所示。附合水准路线成果计算见表 2-2 及表 2-3 所列。其中,表 2-2 所列为按测站数调整高差闭合差及高程计算表,表 2-3 所列为按路线长度调整高差闭合差及高程计算表。

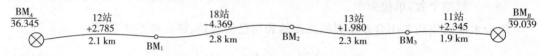

图 2-13 附合水准路线成果整理

表 2-2 按测站数调整高差闭合差及高程计算表

测段编号	测点	测站数/个	实测高差/m	改正数/m	改正后的高差/m	高程/m	备 注
1	BM_A	12	+2.785	-0.010	+2.775	36.345	$H_{BM_B} - H_{BM_A} = 2.694$
2	BM_1	18	-4.369	-0.016	-4.385	39.120	$f_h = \sum h - (H_{BM_B} - H_{BM_A})$
3	BM_2	13	+1.980	-0.011	+1.969	34.745	$= 2.741 - 2.694 = +0.047$
4	BM_3	11	+2.345	-0.010	+2.335	36.704	$\sum n = 54 \quad V_i = -\dfrac{f_h}{\sum n} \cdot n_i$
Σ	BM_B	54	+2.741	-0.047	+2.694	39.039	

表 2-3 按路线长度调整高差闭合差及高程计算表

测段编号	测点	测段长度/km	实测高差/m	改正数/m	改正后的高差/m	高程/m	备 注
1	BM_A	2.1	+2.785	-0.011	+2.774	36.345	$H_{BM_B} - H_{BM_A} = 2.694$
2	BM_1	2.8	-4.369	-0.014	-4.383	39.119	$f_h = \sum h - (H_{BM_B} - H_{BM_A})$
3	BM_2	2.3	+1.980	-0.012	+1.968	34.736	$= 2.741 - 2.694 = +0.047$
4	BM_3	1.9	+2.345	-0.010	+2.335	36.704	$\sum L = 0.1 \quad V_i = -\dfrac{f_h}{\sum L} \cdot L_i$
Σ	BM_B	9.1	+2.741	-0.047	+2.694	39.039	

按表2-2及表2-3所列,根据起始点 A 点的已知高程,结合改正后高差,逐点推算1、2、3点的高程。最后应根据3号点高程再计算 B 点高程,其推算高程应与 B 点已知高程相等,若不相等则说明计算有误。

7. 资料上交

原始观测数据的记录手簿、计算表格、成果精度评定及其他相关资料等上交。

三、水准测量误差

水准测量中产生的误差包括仪器误差、观测误差及外界条件影响的误差三个方面。本节通过水准测量误差的来源分析,对仪器误差、观测误差和外界条件影响引起的误差,根据其产生原因采取相应措施加以控制,提高水准测量的准确性和精确性。

(一)仪器误差

1. 水准仪校正后的误差

仪器虽在测量前经过校正,仍会存在残余误差。因此造成水准管气泡居中,水准管轴居于水平位置而望远镜视准轴却发生倾斜,致使读数误差。这种误差与视距长度成正比。观测时可通过中间法(前后视距相等)和距离补偿法(前视距离和等于后视距离总和)消除。针对中间法在实际过程中的控制,立尺人是关键,通过应用普通皮尺测量距离,然后立尺,简单易行。而距离补偿法不仅繁琐,而且不容易掌握。

2. 水准尺误差

水准尺误差主要包含尺长误差(尺子长度不准确)、刻划误差(尺上的分划不均匀)和零点差(尺的零刻划位置不准确),对于较精密的水准测量,一般应选用尺长误差和刻划误差小的标尺。尺的零点误差的影响,可以通过在一个水准测段内,两根水准尺交替轮换使用(在本测站用作后视尺,下测站则用作前视尺),并把测段站数目布设成偶数来控制,即在高差中相互抵消。同时此控制方法可以减弱刻划误差和尺长误差的影响。

(二)观测误差

1. 水准尺估读误差

在水准尺上估读毫米时,估读误差与测量人员眼的分辨能力、望远镜的放大倍率以及视线长度有关。因此,在水准测量时,要根据测量的精度要求严格控制视线长度。

2. 视差误差

当尺像与十字丝平面不重合时,观测时眼睛所在的位置不同,读出的数也不同,因此,产生读数误差。所以在每次读数前,控制方法就是要仔细进行物镜对光,以消除视差。

3. 水准尺的倾斜误差

水准尺如果是向视线的左右倾斜,观测时通过望远镜十字丝很容易察觉而纠正。但是,如果水准尺的倾斜方向与视线方向一致,则不易察觉。水准尺倾斜总是使读数偏大。读数误差的大小与水准尺倾斜角和读数的大小(即视线距地面的高度)有关。水准尺的倾斜角越大,对读数的影响就越大。水准尺的倾斜角所产生的读数误差可以用公式 $\Delta a = a$

$(1-\cos\gamma)$计算。假定 $\gamma=3°$，$a=1.5$ m 时，则 $\Delta a=2$ mm，由此可以看出，此项影响是不可忽视的。因此，在水准测量中，立尺是一项十分重要的工作，一定要认真立尺，使尺处于铅垂位置。尺上有圆水准的应使气泡居中。必要时可用摇尺法，即读数时尺底置于点上，尺的上部在视线方向前后慢慢摇动，读取最小的读数。当地面坡度较大时，尤其应注意将尺子扶直，并应限制尺的最大读数。最重要的是在转点位置。

(三)外界条件的影响

1. 仪器下沉

仪器下沉是指在一测站上读的后视读数和前视读数之间仪器发生下沉，使得前视读数减小，算得的高差增大。为减小其影响，当采用双面尺法或变更仪器高法时，第一次是读后视读数再读前视读数，而第二次则先读前视读数再读后视读数。即"后、前、前、后"的观测程序。这样的两次高差的平均值即可消除或减弱仪器下沉的影响。

2. 水准尺下沉

水准尺下沉的误差是指仪器在迁站过程中，转点发生下沉，使迁站后的后视读数增大，算得的高差也增大。如果采取往返测，往测高差增大，返测高差减小，所以取往返高差的平均值，可以减弱水准尺下沉的影响。最有效的方法是应用尺垫，在转点的地方必须放置尺垫，并将其踩实，以防止水准尺在观测过程中下沉。

3. 地球曲率及大气折光的影响

用水平面代替水准面对高程的影响，可以用公式 $\Delta h=D^2/(2R)$ 表示，地球半径 $R=6371$ km，当 $D=75$ m 时，$\Delta h=0.044$ cm；当 $D=100$ m 时，$\Delta h=0.08$ cm；当 $D=500$ m 时，$\Delta h=2$ cm；当 $D=1$ km 时，$\Delta h=8$ cm；当 $D=2$ km 时，$\Delta h=31$ cm。显然，以水平面代替水准面时高程所产生的误差要远大于测量高程的误差。所以，对于高程而言，即使距离很短，也不能将水准面当作水平面，一定要考虑地球曲率对高程的影响。实测中采用中间法可消除地球曲率对高程的影响。大气折光使视线成为一条曲率约为地球半径 7 倍的曲线，使读数减小，可以用公式 $\Delta h=D^2/(14R)$ 表示，视线离地面越近，折射越大，因此，视线距离地面的角度不应小于 0.3 m，并且其影响也可用中间法消除或减弱。此外，应选择有利的时间，一日之中，上午 10 时至下午 4 时这段时间大气比较稳定，大气折光的影响较小，但在中午前后观测时，尺像会有跳动，影响读数，应避开这段时间，阴天、有微风的天气可全天观测。

4. 温度影响

温度的变化不仅引起大气折光的变化，而且当烈日照射水准管时，由于管壁和管内液体的受热不均，气泡向着温度更高的方向移动，从而影响仪器的水平，产生气泡居中误差。因此，在阳光强烈水准测量时，应注意撑伞遮阳。

第二节 角度测量

角度测量是测量工作的基本内容之一,包括水平角和竖直角测量。水平角用于求算地面点的平面位置。竖直角用于确定地面两点的高差或将倾斜距离换算成水平距离,常用的测角仪器有经纬仪和全站仪。

一、角度测量原理与经纬仪

(一)水平角和竖直角测量原理

1. 水平角测量原理

地面上任意两条直线在水平面上投影线之间的夹角称为水平角。如图 2-14 所示,A、B、O 为地面上的任意点,把 OA 和 OB 分别投影到水平面上,其投影线 Oa' 和 Ob' 的夹角 $\angle a'Ob'$ 就是 $\angle AOB$ 的水平角 β。水平角的范围为 $0°\sim360°$。如果在水平角顶 O 上安置一个带有水平刻度盘的测角仪器,其度盘中心 O' 在通过测站 O 点的铅垂线上,设 OA 和 OB 两条方向线在水平刻度盘上的投影读数为 a 和 b,则水平角 β 为

$$\beta = b - a \qquad (2-13)$$

2. 竖直角测量原理

在同一竖直面内倾斜视线和水平线之间的夹角称为竖直角。如图 2-15 所示,倾斜视线在水平线之上称为仰角,符号为正;倾斜视线在水平线之下称为俯角,符号为负。竖直角通常用 α 表示,其角值在 $-90°$ 至 $+90°$ 范围内。如果在测站点 O 上安置一个带有竖直刻度盘的测角仪器,使竖盘中心通过水平视线,设照准目标点 A 时视线的读数为 n,水平视线的读数为 m,则竖直角 α 为

$$\alpha = n - m \qquad (2-14)$$

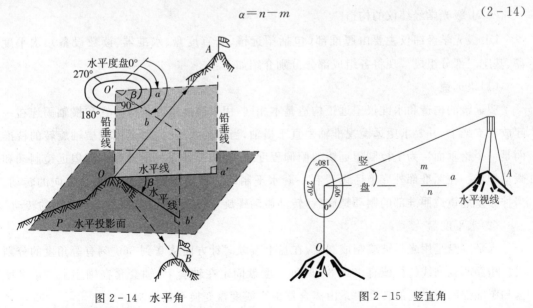

图 2-14 水平角   图 2-15 竖直角

(二)光学经纬仪及其使用

1. 光学经纬仪构造

光学经纬仪根据测角精度分为 $DJ_{0.7}$、DJ_1、DJ_2、DJ_6 等几个等级。D 和 J 分别是大地测量和经纬仪两词汉语拼音的首字母,下标是其精度指标。最常用的是 DJ_2 级和 DJ_6 级光学经纬仪。其中 DJ_2 级经纬仪如图 2-16 所示。

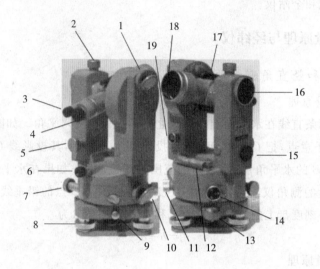

1—竖直度盘反光镜;2—竖直制动螺旋;3—读数显微镜;4—目镜;5—竖直微动螺旋;

6—光学对中器;7—水平微动螺旋;8—脚螺旋;9—轴座固定螺旋;10—水平度盘反光镜;

11—水平制动螺旋;12—管水准气泡;13—圆水准气泡;14—水平度盘位置变换器;

15—水平竖直度盘影像变换器;16—测微轮;17—粗瞄器;18—物镜;19—补偿器开关。

图 2-16 DJ_2 级经纬仪

2. DJ_6 级光学经纬仪的构造

DJ_6 级光学经纬仪主要由照准部(包括望远镜、竖直度盘、水准器、读数设备)、水平度盘、基座三部分组成。现将各组成部分分别介绍如下:

(1)望远镜

望远镜的构造和水准仪望远镜构造基本相同,用来照准远方目标。它和横轴固连在一起放在支架上,并要求望远镜视准轴垂直于横轴,当横轴水平时,望远镜绕横轴旋转的视准面是一个铅垂面。为了控制望远镜的俯仰程度,在照准部外壳上设置有一套望远镜制动和微动螺旋。在照准部外壳上还设置有一套水平制动和微动螺旋,以控制水平方向的转动。当拧紧望远镜或照准部的制动螺旋后,转动微动螺旋,望远镜或照准部才能作微小的转动。

(2)水平度盘

水平度盘是用光学玻璃制成圆盘,在盘上按顺时针方向从 0° 到 360° 刻有等角度的分划线。相邻两刻划线的格值有 1° 或 30′ 两种。度盘固定在轴套上,轴套套在轴座上。水平度盘和照准部两者之间的转动关系由离合器扳手或度盘变换手轮控制。

（3）读数设备

我国制造的 DJ$_6$ 型光学经纬仪采用分微尺读数设备,它把度盘和分微尺的影像通过一系列透镜的放大和棱镜的折射,反映到读数显微镜内进行读数。在读数显微镜内就能看到水平度盘和分微尺影像。度盘上两分划线所对的圆心角,称为度盘分划值。

DJ$_6$ 级仪器多采用分微尺法。这种测微器是一个固定不动的分划尺,其有 60 个分划,度盘分划经过光路系统放大后,其 1°的间隔与分微尺的长度相等。即把 1°又细分为 60 格,每格代表 1′,度盘影像(图 2－17)。H 代表水平度盘,V 代表竖直度盘。分微尺的 0 分划线是读数的指标线。从分微尺上可直接读到 1′,估读到 0.1′,即 6″。读数时按分微尺 0 分划线与度盘相交处读取"度"数,从 0 分划线至相交度盘分划线之间的整小格数为"分"数,秒数估读。如图 2－17 所示的水平度盘读数为 73°04′24″。

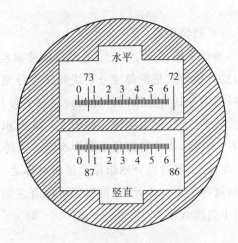

图 2－17　分微尺读数窗口仪

（4）竖直度盘

竖直度盘固定在横轴的一端,当望远镜转动时,竖盘也随之转动,用以观测竖直角。另外,在竖直度盘的构造中还设有竖盘指标水准管,它由竖盘水准管的微动螺旋控制。每次读数前,都必须首先使竖盘水准管气泡居中,以使竖盘指标处于正确位置。目前光学经纬仪普遍采用竖盘自动归零装置来代替竖盘指标水准管。既提高了观测速度,又提高了观测精度。

（5）水准器

照准部上的管水准器用于精确整平仪器,圆水准器用于概略整平仪器。

（6）基座部分

基座是支撑仪器的底座。基座上有三个脚螺旋,转动脚螺旋可使照准部水准管气泡居中,从而使水平度盘水平。基座和三脚架头用中心螺旋连接,可将仪器固定在三脚架上,中心螺旋下有一小钩可挂垂球,测角时用于仪器对中。光学经纬仪还装有直角棱镜光学对中器。光学对中器比垂球对中具有精确度高和不受风吹摇动干扰的优点。

3. DJ$_2$ 级光学经纬仪

DJ$_2$ 级光学经纬仪的构造,除轴系和读数设备外基本上和 DJ$_6$ 级光学经纬仪相同。下面着重介绍它和 DJ$_6$ 级光学经纬仪的不同之处。

（1）水平度盘变换手轮

水平度盘变换手轮的作用是变换水平度盘的初始位置。水平角观测中,根据测角需要,对起始方向观测时,可先拨开手轮的护盖,再转动该手轮,把水平度盘的读数值配置为所规定的读数。

（2）换像手轮

在读数显微镜内一次只能看到水平度盘或竖直度盘的影像,读取水平度盘读数时,要转动换像手轮,使轮上指标红线成水平状态,并打开水平度盘反光镜,此时显微镜呈水平度盘的影像。打开竖直度盘反光镜,转动换像手轮,使轮上指标线竖直,则可看到竖盘影像。

（3）测微手轮

测微手轮是 DJ_2 级光学经纬仪的读数装置。对于 DJ_2 级经纬仪,其水平度盘(或竖直度盘)的刻划形式是把每度分划线间又等分刻成三格,格值等于 $20'$。通过光学系统,将度盘直径两端分划的影像同时反映到同一平面上,并被一横线分成正、倒像,一般"正"字注记为正像,"倒"字注记为倒像。如图 2-18 所示为 DJ_2 级光学经纬仪读数窗示意图,测微尺上刻有 600 格,其分划影像见图中小窗。当转动测微手轮使分微尺由零分划移动到 600 分划时,度盘正、倒对径分划影像等量相对移动一格,故测微尺上 600 格相应的角值为 $10'$,一格的格值等于 $1''$。因此,用测微尺可以直接测定 $1''$ 的读数,从而起到了测微作用。图 2-18（b）中的读数值为 $30°20'+8'00''=30°28'00''$。

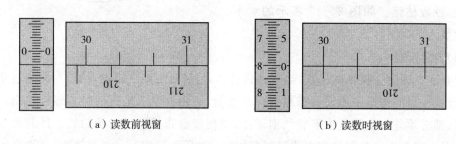

（a）读数前视窗　　　　　　　　（b）读数时视窗

图 2-18　DJ_2 级光学经纬仪读数窗示意图

具体读数方法如下:

① 转动测微手轮,使度盘正、倒像分划线精密重合。

② 由靠近视场中央读出上排正像左边分划线的度数,即 $30°$。

③ 数出上排的正像 $30°$ 与下排倒像 $210°$ 之间的格数再乘以 $10'$,就是整十分的数值,即 $20'$。

④ 在旁边小窗中读出小于 $10'$ 的分、秒数。测微尺分划影像左侧的注记数字是分数,右侧的注记数字 1、2、3、4、5 是秒的十位数,即分别为 $10''$、$20''$、$30''$、$40''$、$50''$。将以上数值相加就得到整个读数。故其读数为

度盘上的度数	$30°$
度盘上整十分数	$20'$
测微尺上分、秒数	$8'00''$
全部读数为	$30°28'00''$

4. 经纬仪的技术操作（扫码观看实践教学视频）

经纬仪的技术操作包括：对中—整平—瞄准—读数。

（1）对中

对中的目的是使仪器的中心与测站的标志中心位于同一铅垂线上。

（2）整平

整平的目的是使仪器的竖轴铅垂、水平度盘水平。进行

经纬仪介绍与安置

整平时，首先使水准管平行于两脚螺旋的连线，如图 2-19（a）所示。操作时，两手同时向内（或向外）旋转两个脚螺旋使气泡居中。气泡移动方向和左手大拇指转动的方向相同；然后将仪器绕竖轴旋转 90°，如图 2-19（b）所示，旋转另一个脚螺旋使气泡居中。按上述方法反复进行，直至仪器旋转到任何位置时，水准管气泡都居中为止。

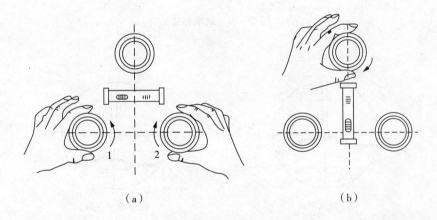

（a）　　　　　　　　　　（b）

图 2-19　整平

上述两步技术操作称为经纬仪的安置。目前生产的光学经纬仪均装置有光学对中器，若采用光学对中器进行对中，应与整平仪器结合进行，其操作步骤如下：

① 将仪器置于测站点上，三个脚螺旋调至中间位置，架头大致水平。使光学对中器大致位于测站上，将三脚架踩牢。

② 旋转光学对中器的目镜，看清分划板上的圆圈，拉或推动目镜使测站点影像清晰。

③ 旋转脚螺旋使光学对中器对准测站点。

④ 伸缩三脚架腿，使圆水准气泡居中。

⑤ 用脚螺旋精确整平管水准管转动照准部 90°，水准管气泡均居中。

⑥ 如果光学对中器分划圈不在测站点上，应松开连接螺旋，在架头上平移仪器，使分划圈对准测站点。

⑦ 重新再整平仪器，依此反复进行直至仪器整平后，光学对中器分划圈对准测站点为止。

（3）瞄准

经纬仪安置好后。用望远镜瞄准目标,首先将望远镜照准远处,调节对光螺旋使十字丝清晰;然后旋松望远镜和照准部制动螺旋,用望远镜的光学瞄准器照准目标。转动物镜对光螺旋使目标影像清晰,而后旋紧望远镜和照准部的制动螺旋,通过旋转望远镜和照准部的微动螺旋,使十字丝交点对准目标,并观察有无视差,如有视差,应重新对光,予以消除。（图2-20、图2-21）

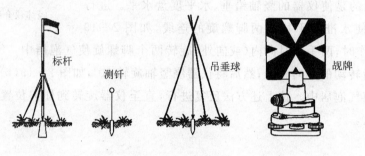

图 2-20 瞄准标志

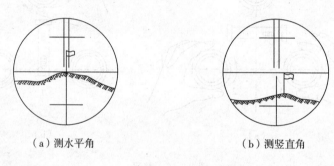

（a）测水平角　　　　　　　　　（b）测竖直角

图 2-21 瞄准

（4）读数

打开读数反光镜,调节视场亮度,转动读数显微镜对光螺旋,使读数窗影像清晰可见。读数时,除分微尺型直接读数外,凡在支架上装有测微轮的,均需先转动测微轮,使双指标线或对径分划线重合后方能读数,最后将度盘读数加分微尺读数或测微尺读数,才是整个读数值。

二、全站仪简介

（一）全站仪基本结构

全站仪是由电子测角、电子测距、数据处理和存储单元等组成的三维坐标测量系统,可自动显示测量结果,与外围设备交换信息的多功能测量仪器。由于仪器较完善地实现了测量和处理过程的一体化,通常称之为全站型电子速测仪或简称全站仪。全站仪按结构形式分为积木式和整体式两大类。积木式也称组合式,其是指电子经纬仪和测距仪可组合使用,照准部视准轴与测距轴不共轴,也可拆卸分离,如图2-22所示。整体式也称集成式,其是将测距仪光波发射接收系统的光轴和经纬仪视准轴整合为共轴,并配置中央处理单元、输入输出设备和存储设备的整体式全站仪。

全站仪品牌型号众多,例如瑞士徕卡(LEICA)TPS,美国天宝(Trimble),日本(SOKKIA)SET、拓普康(TOPOCON)GTS、尼康(NIKON)DTM,以及我国的南方NTS、科力达KTS等。如图2-23所示为科力达KTS系列全站仪。

全站仪的结构主要由四大系统组成,即角度测量系统、距离测量系统、电子补偿系统和微处理系统(图2-24)。全站仪的基本功能是距离测量、角度测量、坐标测量和坐标放样,除此之外,还有相关专业功能。

图2-22 组合式全站仪

KTS-442　　　　　KTS-445　　　　　KTS-445S

图2-23 科力达KTS系列全站仪

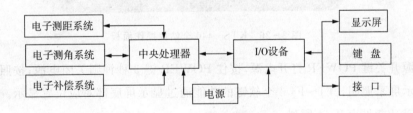

图2-24 全站仪结构示意图

(二)全站仪键盘操作

不同品牌和型号全站仪操作键盘的布局和功能有一些差异,可参阅随机携带的使用说明书。现以科力达公司生产的KTS-440为例说明全站仪的键盘功能和操作(图2-25)。

如图2-26所示,KTS-440的键盘有28个按键,电源开关键1个、照明键1个、软键4个、操作键10个和字母数字键12个。

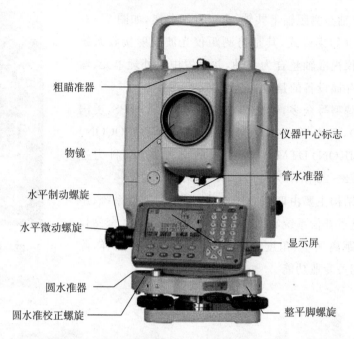

粗瞄准器

仪器中心标志

物镜

管水准器

水平制动螺旋

水平微动螺旋

显示屏

圆水准器

圆水准校正螺旋

整平脚螺旋

图 2-25 KTS-440 全站仪

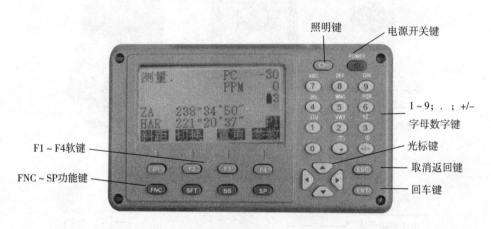

照明键

电源开关键

1~9；. ；+/-
字母数字键

F1~F4软键

光标键

FNC~SP功能键

取消返回键

回车键

图 2-26 KTS-440 全站仪操作面板

按电源开关键 POWER 打开电源,按住 POWER 键 3 秒钟则关闭电源;按照明键打开或关闭显示屏幕照明。F1~F4 4 个软键的功能通过显示屏底部对应位置显示。全站仪其余操作按键功能见表 2-4 所列。

表 2-4　全站仪其余操作按键功能

名　称	功　能
ESC	取消前一操作,由测量模式返回状态显示
FNC	软键功能菜单,换页
SFT	打开或关闭转换(SHIFT)模式

名　称	功　能
BS	删除左边一空格
SP	输入一空格
▲	光标上移或向上选取选择项
▼	光标下移或向下选取选择项
◀	光标左移或选取另一选择项
▶	光标右移或选取另一选择项
ENT	确认输入或存入该行数据并换行

全站仪数字输入模式下数字字母键功能见表 2-5 所列。

表 2-5　全站仪数字输入模式下数字字母键功能

名　称	功　能
1～9	数字输入或选取菜单项
.	小数点输入
+/-	输入正负号

全站仪字母输入模式下数字字母键功能见表 2-6 所列。

表 2-6　全站仪字母输入模式下数字字母键功能

名　称	功　能
STU　GHI 1～9	字母输入（输入按键上方的字母）
▭.	电子气泡显示
①+/-	开始返回信号检测

　　字母和数字的输入模式转换通过 SFT 键执行。KTS 全站仪有三种工作模式,在不同的模式下菜单功能不同。

　　1. 测量模式菜单(表 2-7)

表 2-7　全站仪测量模式菜单

名　称	功　能
测距	进行距离测量
切换	选择测距类型(在斜距、平距、高差中选择)
置零	水平角置零

名　称	功　能
置角	已知水平角设置
左/右角	左/右水平角的选取
复测	水平角复测
锁角	水平角的锁定与解锁
ZA/%	天顶距与%坡度的转换
高度	仪器高和目标高的设置
记录	记录数据
悬高	进行悬高测量
对边	进行对边测量
最新	显示最后测量的数据
查阅	显示所选工作文件中的观测数据
参数	设置测距参数和模式（大气改正数、棱镜常数和测距模式等）
坐标	进行坐标测量
放样	进行放样
偏心	进行偏心测量
菜单	转入菜单模式
后交	进行后方交会测量
输出	向外部设备输出测量结果
F/M	英尺与米的转换
面积	面积测量与计算

在测量模式下的若干符号含义见表 2-8 所列。

表 2-8　在测量模式下的若干符号含义

符　号	含　义
PC	棱镜常数
PPM	气象改正数
ZA	天顶距（天顶 0°）
VA	垂直角（水平 0°/水平 0°±90°）
%	坡度
S	斜距
H	平距

符　号	含　义
V	高差
HAR	右角
HAL	左角
HAh	水平角锁定
⊥	倾斜补偿有效

2. 内存模式菜单（表 2-9）

表 2-9　内存模式菜单

名　称	功　能
工作文件	工作文件的选取和管理
已知数据	已知数据的输入与管理
代码	代码的输入与管理

3. 记录模式菜单（表 2-10）

表 2-10　记录模式菜单

名　称	功　能
距离数据	记录距离测量数据
角度数据	记录角度测量数据
坐标数据	记录坐标测量数据
测站数据	记录测站数据
注释数据	记录注释数据
查阅数据	调阅工作文件中的数据

（三）全站仪基本操作

全站仪测量前的准备工作主要如下：

1. 仪器安置

仪器安置包括对中与整平，其方法与经纬仪相同。目前全站仪大都有双轴补偿器，整平后气泡在一定范围内略有偏离，对观测并无影响。

2. 开机设置

全站仪开机后进行自检，自检通过进入测量界面。测量工作前需进行相关设置，除一些固定设置外，还包括各种观测量单位与小数点位数的设置，如距离、角度及气象参数单位等；指标差与视准差的存储；加常数、乘常数以及棱镜常数；当时的气压和温度等。

3. 水平角测量

(1)使全站仪处于角度测量模式,照准第一个目标方向。

(2)设置第一个目标方向的水平度盘读数为 $0°00'00''$。

(3)照准第二个目标方向,此时显示的水平度盘读数即为两方向间的水平夹角。

4. 距离测量

全站仪测距模式有精测模式、跟踪模式、粗测模式三种。测距前根据需要选择相应模式。

(1)设置棱镜常数。测距前将棱镜常数输入仪器中,仪器自动对所测距离进行改正。

(2)输入大气改正值或气温、气压值。光在大气中的传播速度会随大气的温度和气压而变化,输入测量时的温度和气压值,仪器自动计算大气改正值,改正测距结果。

(3)用两米卷尺量仪器高、棱镜高并输入全站仪。

(4)照准目标棱镜中心,按测距键,距离测量开始,测距完成后显示斜距、平距、高差。若全站仪在距离测量时不输入仪器高和棱镜高,则所测高差值是全站仪横轴中心与棱镜中心的高差。全站仪测得初始斜距值后,还应加上仪器常数改正、气象改正和倾斜改正等,最后得出水平距离。

由于仪器的发射中心、接收中心与仪器旋转竖轴不一致而引起的测距偏差值,称为仪器加常数。仪器加常数还包括由于反射棱镜的组装(制造)偏心或棱镜等效反射面与棱镜安置中心不一致引起的测距偏差,称为棱镜常数。使用不同棱镜时要改变仪器棱镜常数。仪器加常数与距离无关,可预置于机内自动改正。仪器乘常数主要是因为测距频率的偏移而产生的,其与所测距离成正比。气象改正是仪器根据温度和气压自动按气象改正公式计算距离改正值。如某全站仪的气象改正公式为

$$\Delta s = \left(283.37 - \frac{106.2833p}{273.15+t}\right) \cdot s \tag{2-15}$$

式中:p 为气压(hPa),t 为温度(℃),s 为距离测量值(km)。

全站仪测距误差分成两部分,前一项与所测距离无关,称为固定误差;后一项与所测距离成正比,称为比例误差,二者合称为仪器的标称精度。

$$M_s = \pm(A + B \cdot s) \tag{2-16}$$

如某全站仪的标称精度为 $\pm 3\,\text{mm} + 2\,\text{mm/km} \cdot s$,表示该仪器的固定误差 $A = 3\,\text{mm}$,比例误差系数 $B = 2\,\text{mm/km}$,s 的单位为 km。

5. 坐标测量(扫码观看实践教学视频)

(1)设置棱镜常数(一般有 0 或 $-30\,\text{mm}$ 两种)和大气改正值。

(2)输入测站点的三维坐标。测量仪器高、棱镜高并输入全站仪。

(3)输入后视点的坐标或输入后视方向的坐标方位角。当输

全站仪坐标测量

入后视点的坐标时,全站仪会自动计算后视方向的坐标方位角并显示。

（4）照准目标棱镜,按坐标测量键,全站仪开始测量并计算显示测点的三维坐标。

6.坐标放样(扫码观看实践教学视频)

（1）设置棱镜常数(一般有 0 或 $-30\,\text{mm}$ 两种)和大气改正值。

（2）输入测站点的三维坐标。测量仪器高、棱镜高并输入全站仪。

（3）输入后视点的坐标或输入后视方向的坐标方位角。当输入后视点的坐标时,全站仪会自动计算后视方向的坐标方位角并显示。

（4）输入放样点坐标。在放样引导屏幕的指引下放样。

全站仪坐标放样

全站仪除了以上基本测量功能外,还具有悬高测量、自由设站测量、对边测量、面积测量、遥测高程等专业测量功能,详细请参考仪器操作手册,在此不做叙述。

三、水平角测回法与方向观测法

在水平角观测中,为发现错误并提高测角精度,一般要用盘左和盘右两个位置进行观测。当观测者对着望远镜的目镜。竖盘在望远镜的左边时称为盘左位置,又称正镜;若竖盘在望远镜的右边时称为盘右位置,又称倒镜。水平角观测方法,一般有测回法和方向观测法两种。(扫码观看实践教学视频)

水平角观测

（一）水平角观测方法

如图 2-27 所示,设 O 为测站点,A、B 为观测目标,$\angle AOB$ 为观测角。先在 O 点安置仪器,进行整平、对中,然后按以下步骤进行观测。

盘左位置:先照准左方目标,即后视点 A,读取水平度盘读数为 $a_{左}$,并记入测回法测角记录表中,见表 2-11 所列。然后顺时针转动照准部照准右方目标,即前视点 B,读取水平度盘读数为 $b_{左}$,并记入记录表中。以上称为上半测回,其观测角值为

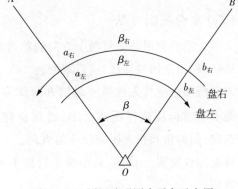

图 2-27 测回法观测水平角示意图

$$\beta_{左}=b_{左}-a_{左} \qquad (2-17)$$

盘右位置:先照准右方目标,即前视点 B,读取水平度盘读数为 $b_{右}$,并记入记录表中,再逆时针转动照准部照准左方目标,即后视点 A,读取水平度盘读数为 $a_{右}$,并记入记录表中,则得下半测回角值为

$$\beta_右 = b_右 - a_右 \tag{2-18}$$

上、下半测回合起来称为一测回。一般规定,用 DJ₆ 级光学经纬仪进行观测,上、下半测回角值之差不超过 40″时,可取其平均值作为一测回的角值,即

$$\beta = \frac{1}{2}(\beta_左 + \beta_右) \tag{2-19}$$

为提高测角精度,应对角度观测多个测回。为了消减度盘刻度不匀的误差,每个测回都要改变度盘的位置,即在照准起始方向时,改变度盘的安置读数。如果观测 n 个测回,应在每测回重新设置水平度盘起始读数,称为配度盘。即对起始目标每测回在盘左观测时,水平读盘应设置成 $180°/n$ 的整数倍来观测。如 $n=4$,则每测回起始方向盘左读数分别为 $0°$、$45°$、$90°$、$135°$或稍大一点。

表 2-11　测回法测角记录表

测 站	竖盘位置	目标	水平度盘读数/ ° ′ ″	半测回角值/ ° ′ ″	一测回角值/ ° ′ ″	各测回平均值/ ° ′ ″	备 注
第一测回 O	左	A	0 00 30	92 19 12	92 19 21		
		B	92 19 42				
	右	A	180 00 42	92 19 30			
		B	272 20 12			92 19 24	
第二测回 O	左	A	90 00 06	92 19 24	92 19 27		
		B	182 19 30				
	右	A	270 00 06	92 19 30			
		B	2 19 36				

(二)方向观测方法

上面介绍的测回法是对两个方向的单角观测。如要观测三个以上的方向,则采用方向观测法(又称为全圆测回法)进行观测。

方向观测法应首先选择一起始方向作为零方向。如图 2-28 所示,设 A 方向为零方向。要求零方向应选择距离适中、通视良好、成像清晰稳定、俯仰角和折光影响较小的方向。

将经纬仪安置于 O 站,对中整平后按下列步骤进行观测:

(1)盘左位置,瞄准起始方向 A,转动度盘变换钮把水平度盘读数配置为 $0°00'$,而后再松开制动,重新照准 A 方向,读取水平度盘读数 a,并记入方向观测法记录表中,见表 2-12 所列。

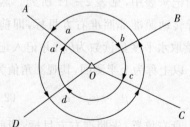

图 2-28　方向观测法观测水平角示意

（2）按照顺时针方向转动照准部，依次瞄准 B、C、D 目标，并分别读取水平度盘读数为 b、c、d，并记入记录表中。

（3）最后回到起始方向 A，再读取水平度盘读数为 a'。这一步称为"归零"。a 与 a' 之差称为"归零差"，其目的是检查水平度盘在观测过程中是否发生变动。"归零差"不能超过允许限值（DJ$_2$ 级经纬仪为 $12''$，DJ$_6$ 级经纬仪为 $18''$）。

以上操作称为上半测回观测。

（4）盘右位置，按逆时针方向旋转照准部，依次瞄准 A、D、C、B、A 目标，分别读水平度盘读数，记入记录表中，并算出盘右的"归零差"，称为下半测回。上、下两个半测回合称为一测回。

方向法观测手簿见表 2-12 所列。

表 2-12　方向法观测手簿

测站	测回数	目标	读数		2C/	平均读数/	归零方向值/	各测回归零方向值平均值/
			盘左/(° ′ ″)	盘右/(° ′ ″)	(″)	(° ′ ″)	(° ′ ″)	(° ′ ″)
1	2	3	4	5	6	7	8	9
O	1	A	0 02 06	180 02 00	+6	(0 02 06) 0 02 03	0 00 00	0 00 00
		B	51 15 42	231 15 30	+12	51 15 36	51 13 30	51 13 28
		C	131 54 12	311 54 00	+12	131 54 06	131 52 00	131 52 02
		D	182 02 24	2 02 24	0	182 02 24	182 00 18	182 00 22
		A	0 02 12	180 02 06	+6	0 02 09		
	2	A	90 03 30	270 03 24	+6	(90 03 32) 90 03 27	0 00 00	
		B	141 17 00	321 16 54	+6	141 16 57	51 13 25	
		C	221 55 42	41 55 30	+12	221 55 36	131 52 04	
		D	272 04 00	92 03 54	+6	272 03 57	182 00 25	
		A	90 03 36	270 03 36	0	90 03 36		

（5）限差，当在同一测站上观测几个测回时，为了减少度盘分划误差的影响，每测回起始方向的水平度盘读数值应配置为 $(180°/n + 60'/n)$ 的倍数（n 为测回数）。在同一测回中，各方向 2C 误差（也就是盘左、盘右两次照准误差）的差值，即 2C 互差不能超过限差要求（DJ$_2$ 级经纬仪为 $13''$）。表 2-13 中的数据是用 DJ$_6$ 级经纬仪观测的，故对 2C 互差不作要求。同一方向各测回归零方向值之差，即测回差，也不能超过限值要求（DJ$_2$ 级经纬仪为 $9''$，DJ$_6$ 级经纬仪为 $24''$）。

表 2-13　方向观测法的限差

仪器型号	光学测微器两次重合读数之差	半测回归零差	各测回同方向2C值互差	各测回同一方向值互差
DJ₂	3″	8″	13″	9″
DJ₆	不做要求	18″	不做要求	24″

四、竖直角测量

竖直度盘固定安置于望远镜旋转轴(横轴)的一端,其刻划中心与横轴的旋转中心重合。所以在望远镜作竖直方向旋转时,度盘也随之转动。在竖盘中心的铅垂方向有一固定的竖盘指标线,指示竖盘转动在不同位置时的读数。竖直度盘的刻划注记形式为顺时针(图2-29)。当视线水平时,指标线所对应的竖盘读数盘左为90°,盘右为270°。目前经纬仪普遍采用竖盘自动归零补偿装置代替竖盘指标水准管和竖盘指标水准管微动螺旋(图2-30)。当仪器竖轴偏离铅垂线的角度在一定范围内,通过补偿器可读到相当于竖盘指标水准管气泡居中时的读数。

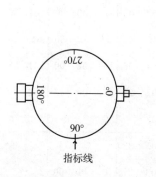

图 2-29　顺时针注记竖盘图

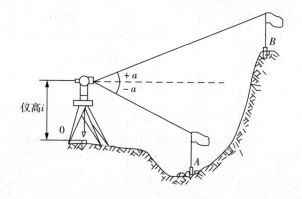

图 2-30　竖直角观测

(一)竖直角观测方法

竖直角观测方法如下:

(1)仪器、工具准备:经纬仪1台,记录板1块,测伞1把,计算器、铅笔等。

(2)在测站点 O 点安置经纬仪,对中、整平。

(3)将仪器调整为盘左状态,瞄准目标 A,读数前使补偿器打开,再读取竖盘读数 L,记入表2-14,上半测回结束。

(4)倒转望远镜调整至盘右,再次瞄准目标 A,读取竖盘读数 R。下半测回结束,二者构成一个测回。

(5)内业计算:

$$\alpha_L = 90° - L = 90° - 93°22'06'' = -3°22'06''$$

$$\alpha_R = R - 270° = 266°37'12'' - 270° = -3°22'48''$$

一测回竖直角为：

$$\alpha = \frac{\alpha_L + \alpha_R}{2} = -3°22'27''$$

表 2 - 14   竖直角观测手簿

测 站	目 标	竖盘位置	竖盘读数	半测回竖直角	指标差	一测回竖直角	备 注
O	A	左	93°22'06''	−3°22'06''	−21''	−3°22'27''	
		右	266°37'12''	−3°22'48''			
	B	左	79°12'36''	10°47'24''	−18''	10°47'06''	
		右	280°46'48''	10°46'48''			

（二）竖盘指标差

注意上述竖直角的求解公式是认为竖盘指标线位于正确位置时导出。但当指标线偏离正确位置时，其所对应读数就比理论读数增大或减少一个角值 x，就是竖盘指标线位置不正确所引起的读数误差，称为竖盘指标差，如图 2 - 31 所示。

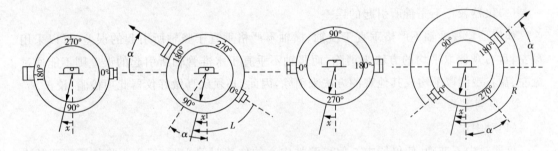

图 2 - 31   竖盘指标差

以盘左位置瞄准目标，测得竖盘读数为 L，则 α_L 的是

$$\alpha_L = (90° + x) - L \tag{2-20}$$

以盘右位置测得竖盘读数为 R，则 α_R 是

$$\alpha_R = R - (270° + x) \tag{2-21}$$

一测回水平角是

$$\alpha = \frac{\alpha_L + \alpha_R}{2} = \frac{R - L - 180°}{2} \tag{2-22}$$

所以用盘左、盘右观测取其平均值作为最后结果，可以消除竖盘指标差的影响。指标差可按式（2-23）计算，其变动范围通常不得超过 $\pm 15''$。

$$x = \frac{\alpha_L - \alpha_R}{2} = \frac{R + L - 360°}{2} \qquad (2-23)$$

五、角度测量误差及注意事项

角度测量的误差主要来源于仪器误差、人为误差以及外界条件的影响等几个方面。认真分析这些误差,找出消除或减小误差的方法,从而提高观测精度。由于竖直角主要用于三角高程测量和视距测量,在测量竖直角时,只要严格按照操作规程作业,采用测回法消除竖盘指标差对竖直角的影响,测得的竖直角即能满足对高程和水平距离的计算。故而,我们只分析水平角的测量误差。

(一)角度测量误差

1. 仪器误差

(1)仪器制造加工不完善所引起的误差

如照准部偏心误差、度盘分划误差等。经纬仪照准部旋转中心应与水平度盘中心重合,如果两者不重合,即存在照准部偏心差,在水平角测量中,此项误差影响也可通过盘左、盘右观测取平均值的方法加以消除。水平度盘分划误差的影响一般较小,当测量精度要求较高时,可采用各测回间变换水平度盘位置的方法进行观测,以减弱这一项误差影响。

(2)仪器校正不完善所引起的误差

如望远镜视准轴不严格垂直于横轴、横轴不严格垂直于竖轴所引起的误差,可以采用盘左、盘右观测取平均的方法来消除,而竖轴不垂直于水准管轴所引起的误差则不能通过盘左、盘右观测取平均或其他观测方法来消除,因此,必须认真做好仪器此项检验、校正。

2. 观测误差

(1)对中误差

仪器对中不准确,使仪器中心偏离测站中心的位移叫偏心距,偏心距将使所观测的水平角值不是大就是小。经研究知道,对中引起的水平角观测误差与偏心距成正比,并与测站到观测点的距离成反比。因此,在进行水平角观测时,仪器的对中误差不应超出相应规范规定的范围。

(2)整平误差

若仪器未能精确整平或在观测过程中气泡不再居中,竖轴就会偏离铅直位置。整平误差不能用观测方法来消除,此项误差的影响与观测目标时视线竖直角的大小有关,当观测目标与仪器视线大致同高时,影响较小;当观测目标时,视线竖直角较大,则整平误差的影响明显增大,此时,应特别注意认真整平仪器。当发现水准管气泡偏离零点超过一格以上时,应重新整平仪器,重新观测。

(3)目标偏心误差

由于测点上的标杆倾斜而使照准目标偏离测点中心所产生的偏心差称为目标偏心误差。目标偏心是由于目标点的标志倾斜引起的。观测点上一般都是竖立标杆,当标杆倾斜而又瞄准其顶部时,标杆越长,瞄准点越高,则产生的方向值误差越大;边长短时误差的影响更大。为了减少目标偏心对水平角观测的影响,观测时,标杆要准确而竖直地立在测点上,且尽量瞄准标杆的底部。

(4)瞄准误差

引起误差的因素很多,如望远镜孔径的大小、分辨率、放大率、十字丝粗细等,人眼的分辨能力,目标的形状、大小、颜色、亮度和背景,以及周围的环境,空气透明度,大气的湍流、温度等,其中与望远镜放大率的关系最大。经计算,DJ$_6$级经纬仪的瞄准误差为$\pm2''\sim\pm2.4''$,观测时应注意消除视差,调清十字丝。

(5)读数误差

读数误差与读数设备、照明情况和观测者的经验有关。一般来说,主要取决于读数设备。对于$2''$级光学经纬仪其误差不超过$\pm2''$。如果照明情况不佳,读数显微镜存在视差,以及读数不熟练,估读误差还会增大。

3. 外界条件的影响

影响角度测量的外界因素很多,大风、松土会影响仪器的稳定,地面辐射热会影响大气稳定而引起物像的跳动,空气的透明度会影响照准的精度,温度的变化会影响仪器的正常状态等。这些因素都会在不同程度上影响测角的精度,要想完全避免这些影响是不可能的,观测者只能采取措施及选择有利的观测条件和时间,使这些外界因素的影响降低到最小的程度,从而保证测角的精度。

(二)角度测量的注意事项

用经纬仪测角时,往往由于粗心大意而产生错误,如测角时仪器没有对中整平,望远镜瞄准目标不正确,度盘读数读错,记录错误和读数前未旋进制动螺旋等,因此,角度测量时必须注意下列几点:

(1)仪器安置的高度要合适,三脚架要踩牢,仪器与脚架连接要牢固;观测时不要手扶或碰动三脚架,转动照准部和使用各种螺旋时,用力要适中,可转动即可。

(2)对中、整平要准确,测角精度要求越高或边长越短的,对中要求越严格;如观测的目标之间高低相差较大时,更应注意仪器整平。

(3)在水平角观测过程中,如同一测回内发现照准部水准管气泡偏离居中位置,不允许重新调整水准管使气泡居中;若气泡偏离中央超过一格时,则需重新整平仪器,重新观测。

(4)观测竖直角时,每次读数之前,必须使竖盘指标水准管气泡居中或自动归零开关设置"ON"位置。

(5)标杆要立直于测点上,尽可能用十字丝交点瞄准标杆的底部;竖角观测时,宜用十字丝中丝切于目标的指定部位。

(6)不要把水平度盘和竖直度盘读数弄混淆;记录要清楚,并当场计算校核,若误差超限,应查明原因并重新观测。

第三节　距离测量

距离测量是确定地面点位置的三项基本工作之一,即确定空间两点在某投影面(参考椭球面或水平面)上的投影长度。其方法与采用的仪器和工具有关。主要有钢尺量距,精度约为千分之一至几万分之一;用铟瓦基线尺量距,精度可达到几十万分之一;视距测量,其精度约为二百分之一至三百分之一;电磁波测距,其精度在几千分之一至几十万分之一。

一、钢尺一般量距

(一)丈量工具

常用的量距工具为钢尺、皮尺、竹尺和测绳,还有测钎、标杆、垂球、弹簧秤和温度计等辅助工具。皮尺和测绳如图2-32所示;钢卷尺如图2-33所示,由带状薄钢条制成,有手柄式和皮盒式两种。长度有20 m、30 m、50 m几种。尺的最小刻划为1 cm或5 mm或1 mm。按尺的零点位置可分为端点尺和刻线尺两种。端点尺是从尺的端点开始,如图2-34(a)所示。端点尺适用于从建筑物拐角开始丈量。刻线尺以尺上分划线作为起点,如图2-34(b)所示。

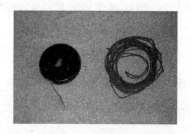

图2-32　皮尺和测绳

图2-33　钢卷尺

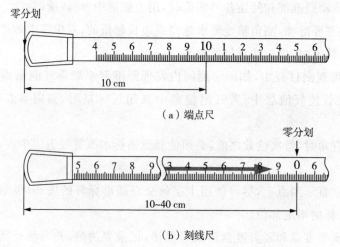

(a)端点尺

(b)刻线尺

图2-34　端点尺与刻线尺

如图 2-35(a)所示,花杆长为 2 m 或 3 m,直径为 3~4 cm,用木杆或玻璃钢管或空心铝合金管制成,杆上每隔 20 cm 涂上红白漆,杆底为锥形铁脚,用于标定目标和直线定线。如图 2-35(b)所示,测钎用粗铁丝制成,长为 30 cm 或 40 cm,上部弯一个小圈,可套入环内,在小圈上系一醒目的红布条,通常一组测钎有 6 根或 11 根。距离丈量时它主要用于标定尺端点位置和计算所量整尺段数。如图 2-35(c)所示,垂球由金属制成的,似圆锥形,主要用于对点。在地面起伏较大的地区,垂球悬挂在标杆架上使用。

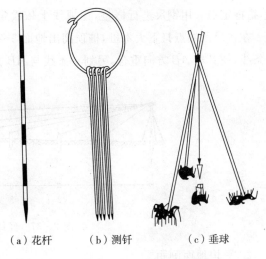

(a) 花杆　　　(b) 测钎　　　(c) 垂球

图 2-35　花杆、测钎和垂球

(二)丈量方法

1. 直线定线

若所测距离过长,需分段丈量,并保证每一尺段均沿着直线方向进行,要在两直线之间标出一些中间点,这项工作称为直线定线。根据定线精度要求分为花杆目测定线和经纬仪定线。

(1)花杆目测定线

如图 2-36 所示,两端点为 A、B,互相通视,分别在 A、B 点上竖立花杆,由一测量员站在 A 点花杆后 1~2 m 处用眼睛瞄准 A、B 花杆同侧方向,单眼视线与花杆边缘相切。另一测量员手持花杆在 AB 大致方向附近按照 A 点测量员的指挥手势左右移动,当花杆与 AB 两点的花杆在同一竖直面内时,插下花杆并定出 1 点,同理定出 2、3 等点的位置。一般定线时,点与点之间距离宜稍短于一整尺段,地面起伏较大时宜更短。在平坦地区,这项工作与丈量同时进行。

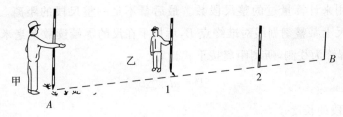

图 2-36　花杆目测定线

如在两点延长线上定线,其方法与上述相同,但应尽量避免两点间距离过短而延长线很长,否则定线不易准确。

(2)经纬仪定线

如图 2-37 所示,在 A 点安置经纬仪,对中、整平、瞄准 B 点处花杆底部,固定水平制动螺旋,指挥定点。用钢尺进行概量,在视线上依次定出比钢尺一整尺段略短的 A1、12、23 等尺段。在各尺段端点打下大木桩,桩顶高出地面 3~5 cm,桩顶上钉一白铁皮。在各白铁皮上划一条线,使其与 AB 方向重合,另划一条线与 AB 方向垂直,形成十字,作为丈量的标志。

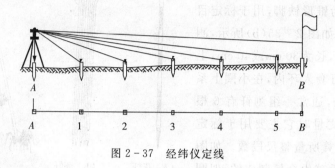

图 2-37　经纬仪定线

2. 平坦地面测距

如图 2-38 所示,要丈量平坦地面上 A、B 两点间的距离,首先在标定好的 A、B 两点竖立花杆,进行直线定线并同时丈量距离。丈量时后尺手拿尺的零端,前尺手拿尺的末端,两尺手蹲下,后尺手把零点对准 A 点,喊"预备",前尺手把尺边紧靠定线标志钎,两人同时拉紧尺子,当尺拉稳后,后尺手喊"好",前尺手对准尺的终点刻划将一测钎竖直插入地面,第一尺段测量完毕。

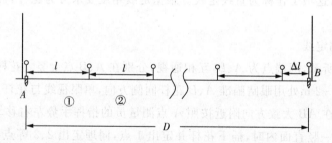

图 2-38　平坦地面距离丈量

同理继续测量第二、第三……第 N 尺段。每量完每一尺段时,后尺手将插在地面上的测钎拔出收好,用来计算量过的整尺段数。最后量不足一整尺段的距离。当丈量到 B 点时,由前尺手用尺上某整刻划线对准终点 B,后尺手在尺的零端读数至毫米,量出零尺段长度 Δl。上述过程称为往测,所测距离按下式计算

$$D = nl + \Delta l \qquad\qquad (2-24)$$

式中:l——整尺段的长度;

n——丈量的整尺段数;

Δl——零尺段长度。

往测结束后,调转尺头从 B 向 A 进行返测,直至 A 点。计算出返测距离。往返各丈量一次构成一个测回,在符合精度要求时,取往返测距离平均值作为丈量结果。

钢尺一般量距手簿见表 2-15 所列。

表 2-15　钢尺一般量距手簿

测　线		观测值			精　度	平均值/m	备　注
		整尺段/m	非整尺段/m	总长/m			
AB	往	4×30	15.309	135.309	1/3500	135.328	
	返	4×30	15.347	135.347			

3. 倾斜地面测距

当地面坡度不均匀,可采用平量法。把尺一端稍许抬高,就能按整尺段依次水平丈量,如图 2-39(a)所示,分段量取水平距离,最后计算总长。若地面倾斜较大,则使尺子一端靠高地点桩顶,对准端点位置,尺子另一端用垂球线紧靠尺子的某分划,将尺拉紧且水平。放开垂球线,使其自由下坠,垂球尖端位置即为低点桩顶。再量出两点间水平距离,如图 2-39(b)所示。当两点间坡度均匀时,可采用斜量法,先直接丈量两点间斜距,再通过三角函数或勾股定理求解两点间平距,如图 2-40 所示。在倾斜地面上距离测量,仍需往返测,符合精度要求后取其平均值作为丈量结果。

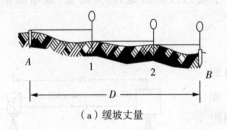

(a)缓坡丈量　　　　　　　　(b)陡坡丈量

图 2-39　平量法

4. 丈量成果处理与精度评定

为了避免错误和判断观测结果的可靠性,并提高丈量精度,钢尺量距要求往返丈量。用往返丈量的较差 ΔD 的绝对值与平均距离 $D_平$ 之比衡量精度,此比值用分子为 1 的分数形式表示,称为相对误差 K,即

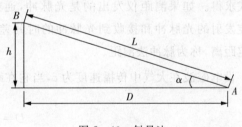

图 2-40　斜量法

$$\Delta D = D_往 - D_返 \tag{2-25}$$

$$D_平 = \frac{1}{2}(D_往 + D_返) \tag{2-26}$$

$$K = \frac{1}{D / |\Delta D|} \tag{2-27}$$

若 $K \leqslant K_允$，即平坦地区 $K \leqslant 1/3000$，地形起伏较大地区 $K \leqslant 1/1000$。可取往返丈量的平均值作为丈量成果。如果超限，则应重新丈量直到符合要求为止。

二、全站仪电磁波测距

电磁波测距是用全站仪发射并接收电磁波，通过测量电磁波在待测距离上往返传播的时间解算出距离。

(一)概述

电磁波测距是用电磁波(光波或微波)作为载波，传输测距信号，以测量两点间距离的一种方法。与传统的钢尺量距和视距测量相比，具有测程长、精度高、作业快、工作强度低、几乎不受地形限制等优点。电磁波测距的英文全称是 Electro-magnetic Distance Measuring，所以又简称为 EDM。

电磁波测距仪按其所采用的载波可分为：①用微波段的无线电波作为载波的微波测距仪；②用激光作为载波的激光测距仪；③用红外光作为载波的红外测距仪。后两者又统称为光电测距仪。微波和激光测距仪多用于长程测距，测程可达60 km，一般用于大地测量；而红外测距仪属于中、短程测距仪，一般用于小地区控制测量、地形测量、地籍测量和工程测量等。

(二)电磁波测距基本原理公式

若用红外测距仪测定 AB 两点间的距离 D，如图 2-41 所示。测距仪安置在 A 点，反光镜安置在 B 点。由仪器发出的光束经过待测距离 D 到达反光镜，经反射回到仪器。如果能测出光在距离 D 上往返传播的时间，则距离可按公式求得。如果测距仪发出的是光脉冲，通过测定发射的光脉冲和接收到光脉冲的时间差 t 测定距离，称为脉冲法测距。

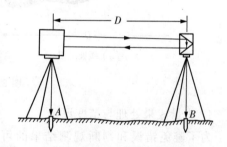

图 2-41 红外测距原理图

设电磁波在大气中传播速度为 c，当它在距离 D 上往返一次的时间为 t，则有

$$D = \frac{1}{2}ct \qquad (2-28)$$

式(2-28)为电磁波测距基本原理公式。测定 t 的方法有直接测时和间接测时。直接测时一类测距仪称为脉冲式测距仪，该仪器因其精度较低，通常只用于精度较低的远距离测量、地形测量和炮瞄雷达测距。

(三)相位式测距原理公式

现有的精密光电测距仪都不采用直接测时的方法，而采用间接测时，即用测定相位的方法来测定距离，此类仪器称为相位式测距仪。它是用一种连续波(精密光波测距仪采用光波)作为"运输工具"(称为载波),通过一个调制器使载波的振幅或频率按照调制波的变化做周期性变化。测距时,通过测量调制波在待测距离上往返传播所产生的相位变化,间接地确定传播时间 t,进而求得待测距离 D(图 2 - 42)。

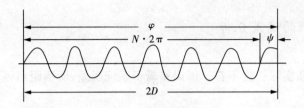

图 2 - 42　电磁波测距原理

调制波的调制频率 f,角频率 $\omega = 2\pi f$,周期 T,波长为

$$\lambda = cT = \frac{c}{f} \tag{2-29}$$

设调制波在距离 D 往返一次产生的相位变化为 φ,调制信号一个周期相位变化为 2π,则调制波的传播时间 t 为

$$t = \frac{\varphi}{\omega} = \frac{\varphi}{2\pi f} \tag{2-30}$$

代入式(2 - 28)得

$$D = \frac{c\varphi}{4\pi f} \tag{2-31}$$

设调制信号为正弦信号,φ 包含 2π 的整倍数。
$N2\pi$ 和不足 2π 的尾数部分 ψ,即

$$\varphi = N2\pi + \psi = 2\pi\left(N + \frac{\psi}{2\pi}\right) = 2\pi(N + \Delta N) \tag{2-32}$$

式中:$\Delta N = \frac{\psi}{2\pi}$。

代入前面公式得

$$D = \frac{c}{2f}(N + \Delta N) = \frac{\lambda}{2}(N + \Delta N) \tag{2-33}$$

令:$u = \frac{c}{2f} = \frac{\lambda}{2}$,$u$ 为单位长。

公式(2 - 33)改写成

$$D = u(N + \Delta N) \tag{2-34}$$

式(2-34)就是相位式测距原理公式。相位式测距仪是用长度为 u 的"测尺"去量测距离,量了 N 个整尺段加上不足一个 u 的长度就是所测距离。

三、距离测量误差

(一)钢尺量距的误差分析

1. 尺长误差

钢尺名义长度和实际长度不符。该误差属于系统误差,所测距离越长,误差越大。

2. 温度误差

钢尺受温度影响产生热胀冷缩,对钢尺丈量距离进行改正时应使用钢尺温度,但实际测定的是空气温度。

3. 定线不直

定线不直使丈量沿折线进行,如图 2-43 所示的虚线位置,而不是沿待测距离的直线方向。在起伏较大的山区或直线较长或精度要求较高时应用经纬仪定线。

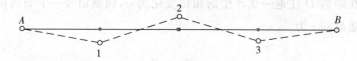

图 2-43　定线误差示意图

4. 拉力不均

钢尺在丈量时所受拉力应与检定时拉力相同,故一般丈量中只要保持拉力均匀即可。

5. 对点和投点不准

丈量时用测钎在地面上标定尺端点位置,若前、后尺手配合不好,插钎不直,很容易造成 3~5 mm 的误差。若在倾斜地区丈量,用垂球投点,误差可能更大。在丈量中应尽力做到对点准确,配合协调,尺要拉平,测钎应直立,投点要准。

(二)电磁波量距的误差分析

1. 真空中光速的测定误差

由于测距仪采用 1975 年国际大地测量学与地球物理学联合会建议的真空光速值,光速的测定误差很小,因此对测距影响很小,每千米约 0.01 mm,因此真空中光速的测定误差可以忽略不计。

2. 大气折射率的误差

大气折射率是根据测线一端(或两端)测定的温度、气压、湿度计算所得,由于这些气象元素的测定有误差及所用的气象元素不足以代表测线的平均气象元素值(称为气象代表性误差),从而使计算出的值带有误差。为削弱此项影响,要选择阴天有微风的气象条件进行测量。气象仪器应送有关部门检定方可使用。对于高精度测距要选择最有利的观测时间段。

3. 调制频率的误差

仪器的调制频率决定测尺的长度,频率的变化将引起测尺长度的变化,因而给测距带来误差。频率的精度主要由石英晶体振荡器的稳定度决定。要保证测距精度就要保证频率的稳定变化,由于晶体振荡器的频率受温度影响会产生偏移,另外仪器长期使用,频率还会产生偏移,所以要定期进行频率检测,此项影响将反映在仪器的常数的变化上。

以上误差为仪器的比例误差。

4. 对中误差

对中误差只要作业员精心操作,应用光学对点器或垂球对中,一般可控制在较小误差范围内。

5. 仪器常数校准误差

仪器加常数在出厂时都已预置在仪器里。在仪器长期使用中,加常数还会发生变化,仪器常数校准误差可通过定期检测加入改正数使之减弱。

6. 照准误差

照准误差是指反光镜位于发射光束截面的不同部位进行测量时,测量结果不一致而造成的误差。这是由发射光束空间相位不均匀造成的。在实际作业时可利用"电照准"来提高照准精度。

7. 幅相误差

由于接收光信号的强弱不同而引起的距离误差称为幅相误差,目前测距仪都有自动减光系统。但是在近距离时由于光太强需要外加减光罩以减少幅相误差。

8. 周期误差

当仪器内部有固定的串扰信号时,测相信号就不只是与距离有关的测距信号,而是测用信号与串扰信号的向量合成信号,引起误差,这个相位误差将随着测距信号的相位不同而发生变化。其大小以测尺长度为周期发生变化,故称周期误差。

思考题与习题

1. 什么是绝对高程? 什么是相对高程? 两点间的高差如何计算?

2. 通过绘图简述水准测量的原理。

3. 设 A 为后视点,B 为前视点,A 点的高程是 20.123 m,当后视读数为 1.456 m,前视读数为 1.579 m,则 A、B 两点的高差是多少? B、A 两点的高差是多少?绘图并说明 B 点比 A 点高还是低,B 点高程是多少。

4. 什么是视准轴? 何为视差? 产生视差的原因是什么? 怎样消除视差?

5. 圆水准器与水准管的作用有何不同? 什么是水准管分划值?

6. 转点与水准点在水准测量中各起什么作用?

7. 水准路线可布设成哪些形式?

8. 什么是水平角? 经纬仪为何能测水平角?

9. 什么是竖直角？观测水平角和竖直角有哪些相同点和不同点？

10. 对中、整平的目的是什么？如何进行对中和整平？

11. 如何将水平度盘起始读数设定为0°00′00″？

12. 简述测回法观测水平角的操作步骤。

13. 何谓竖盘指标差？如何计算、检核和校正竖盘指标差？

14. 如何衡量距离测量精度？用钢尺丈量 AB、CD 两段距离，AB 的往测值为 307.82 m，返测值为307.72 m，CD 的往测值为102.34 m，返测值为102.44 m，试问：两段距离丈量的精度是否相同？哪段精度高？

15. 什么是直线定线？直线定线的方法有哪些？

16. 简述电磁波测距的基本原理。

第三章　数字化大比例尺地形图测绘

知识要点

大比例尺地形图能客观地反映施工区域的地物地貌情况,因此,施工人员应掌握大比例尺地形图的常规测绘方法及识读,同时也应了解具有前沿性的测图方法。

学习目标

通过本章内容的学习,学生可以理解大比例尺地形图测绘基本概念;了解 GPS 控制测量的基本过程及 GNSS - RTK 测绘作业的基本原理;掌握地形图识读及全站仪、GNSS - RTK 外业测图的方法和内业成图过程。

本章重点

(1)理解大比例尺地形图测绘基本概念。

(2)了解 GPS 控制测量及全站仪、GNSS - RTK 测绘作业的基本原理。

(3)掌握地形图识读及全站仪、GNSS - RTK 外业测图的方法和内业成图过程。

本章难点

外业测图的方法和内业成图过程。

第一节　地形图识图

地形图的测绘就是将地球表面某区域内的地物和地貌按正射投影的方法和一定的比例尺,用规定的图式符号测绘在图纸上,这种表示地物和地貌的图称为地形图。只测地物、不测地貌的图称为平面图。地形图的测绘应遵循"由整体到局部"的原则,先做控制测量,在测区内建立平面及高程控制,然后根据控制点进行地物和地貌的碎部测量。局部测量是利用全站仪、GPS 等现代常规测量仪器测绘地物轮廓点和地面起伏点的平面位置与高程,并将其绘制在图上的工作。

一、比例尺

(一)比例尺的表示方法

图上一段直线的长度与地面上相应线段的水平长度之比,称为地形图比例尺。比例尺有用数字表示的和用图示表示的两种。

1. 数字比例尺

数字比例尺以分子为1,分母为整数的分数表示,在图上一段直线长度为d,相应实地的水平长度为D,则该图的比例尺为

$$\frac{d}{D} = \frac{1}{M} \qquad (3-1)$$

式(3-1)中:M为比例尺分母。分母数值越大,则图的比例尺越小;反之图的比例尺越大。

2. 图示比例尺

如图3-1所示,常用的图示比例尺为直线比例尺。图中表示的为1:2000的直线比例尺,取2 cm为基本单位,从直线比例尺上直接读得基本单位的1/10,估读到1/100。图示比例尺一般绘于图纸的下方,它和图纸一起复印或蓝晒,因此用它量取图上的直线长度,可以消除图纸伸缩的影响。

图3-1 图示比例尺

(二)地形图按比例尺分类

1. 大比例尺地形图

通常把1:500、1:1000、1:2000和1:5000比例尺的地形图称为大比例尺地形图。公路、铁路、城市规划、水利枢纽等工程上普遍使用大比例尺地形图。

2. 中比例尺地形图

比例尺为1:10000、1:25000、1:50000、1:100000的图称为中比例尺地形图。

3. 小比例尺地形图

比例尺为1:200000、1:500000、1:1000000的图称为小比例尺地形图。

大比例尺地形图一般用全站仪、GPS、无人机等测量仪器,以实测为主;中、小比例尺地形图由国家测绘部门负责测绘,以航空摄影测量方法成图。

(三)比例尺的精度

人的眼睛能分辨的图上最小距离为0.1 mm,因此一般在图上量度或者实地测图时,就只能达到图上0.1 mm的正确性。相当于图上0.1 mm的实地水平距离称为比例尺精度。显然,比例尺大小的不同,其比例尺精度值也在变化,见表3-1所列。

表3-1 比例尺精度

比例尺	1:500	1:1000	1:2000	1:5000	1:10000
比例尺精度	0.05	0.1	0.2	0.5	1.0

比例尺精度对测图和用图都有重要的意义。如某高等级公路设计时,要求在图上能反映地面上5 cm的精度,则在测图时其测图比例尺就不能小于1:500,图的比例尺愈大,其

表示的地物、地貌愈详细,精度也愈高。

二、地形图图式

为了便于测图和用图,用各种符号将实地的地物和地貌表示在图上,这些符号统称为地形图图式。图式由国家测绘机关统一颁布。地形图图式中的符号有三种:地物符号、地貌符号、注记符号。它们是测图和用图的重要依据,表3-2所列为部分地形图图示符号。

表3-2 部分地形图图式符号

埋石图根点	$\bigoplus \dfrac{321}{123.00}$	砖房屋	砖2	电话亭	
不埋石图根点	$\square \dfrac{321}{312.00}$	混房屋	混2	亭	
水准点	$\otimes \dfrac{321}{123.00}$	建筑房屋	建	路灯	
卫星定位等级点点	$\triangle \dfrac{321}{123.00}$	破坏房屋	破	杆式照射灯	
一般单线沟渠		台阶		假石山	
单线干沟		有边台阶		路标	
无坎池塘		依比例围墙		地面上的通信线	
未加固沟堑		不依比例围墙		电线架	
已加固沟堑		栅栏、栏杆		地面上的输电线	
半依比例涵洞		不依比例坟地		电力检修井	
依比例涵洞		纪念碑		污水篦子长形	
沟渠单向流向		无线电杆、塔		消火栓	
人工绿地		特殊阔叶独立树		特殊针叶独立树	
花圃		大面积竹林		旱地边界	

（一）地物符号

地物符号分为比例符号、非比例符号与半比例符号。如地面上的房屋、桥梁、旱田等地物可以按测图比例尺缩小,用地形图图式中的规定符号绘出,称为比例符号。某些地物的轮廓较小,如三角点、导线点、水准点、水井等按比例缩小无法在图上绘出,只能用特定的符号表示它的中心位置,称为非比例符号。对一些呈线状延伸的地物,如铁路、公路、管线、围墙、篱笆等,其长度能按比例缩绘,但其宽度则不能按比例表示的符号称为半比例符号。

（二）地貌符号

在地形图上最常用的表示地面高低起伏变化的方法是等高线法,所以等高线是常见的地貌符号。但对梯田、峭壁、冲沟、陡坎等特殊的地貌,不便用等高线表示时,可根据地形图图式绘制相应的符号。

（三）注记符号

为了表明地物的种类和特性,除用相应的符号表示外,还需配合一定的文字和数字加以说明,如地名、县名、村名、路名、河流名称、水流方向以及等高线的高程、散点的高程等。

三、等高线

地貌是指地球表面的高低起伏、凹凸不平的自然形态,这些千姿百态、错综复杂的形态都可用等高线来表示。

（一）等高线的原理

等高线是地面上高程相等的各相邻点连成的闭合曲线。如图 3-2 所示,设想有座小岛在湖泊中,开始时水面高程为40 m,则水面与山体的交线即为40 m的等高线;若湖泊水位

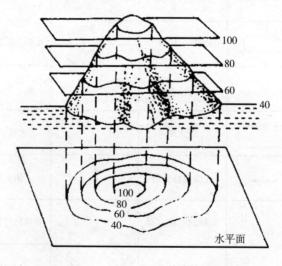

图 3-2　等高线的原理示意图

不断升高,达到60 m时,则山体与水面的交线为60 m的等高线;依次类推,直到水位上升到100 m时,淹没山顶而得100 m的等高线。然后把这些实地的等高线沿铅垂方向投影到水平面上,并按规定的比例尺缩小绘在图纸上,就得到与实地形状相似的等高线。显然,图上的等高线形态,决定于实地山头的形态,陡坡则等高线密,缓坡则等高线疏。所以,可从图上等高线的形状及分布来判断实地地貌的形态。

相邻两等高线间的高差称为等高距,用 h 表示。在同一幅地形图上各处的等高距应相等。相邻两等高线间的水平距离称为平距,用 d 表示,它随实地地面坡度的变化而改变。h 与 d 的比值就是地面坡度 i,即

$$i = \frac{h}{d} \tag{3-2}$$

在地形图上根据测图比例尺的大小和测区的地形类别,选择基本等高距 h 值,常用的基本等高距表见表 3-3 所列。

表 3-3　常用的基本等高距表　　　　　　　　　　　　　　(单位:m)

比例尺	地形类别			
	平地	丘陵地	山地	高山地
1 : 500	0.5	0.5	0.5 或 1.0	1.0
1 : 1000	0.5	0.5 或 1.0	1.0	0.5 或 2.0
1 : 2000	0.5 或 1.0	1.0	2.0	2.0

为了用图的方便,等高线按其用途分为下列四类:

(1)首曲线:在同一幅地形图上,按基本等高距描绘的等高线。用0.15 mm的细实线绘出,如图 3-3 所示的98 m、102 m、104 m、106 m、108 m的等高线。

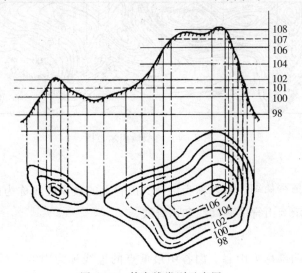

图 3-3　等高线类别示意图

（2）计曲线：为了计算和用图的方便，每隔四条基本等高线加粗描绘的等高线。用 0.3 mm 的粗实线绘出，如图 3-3 所示的 100 m 的等高线。

（3）间曲线：为了显示首曲线不便于表示的地貌，按 1/2 基本等高距描绘的等高线。用 0.15 mm 的细长虚线表示，描绘时可不闭合，如图 3-3 中高程为 101 m、107 m 的等高线。

（4）助曲线：有时为了显示局部地貌的变化，按 1/4 基本等高距描绘的等高线。用 0.15 mm 的细短虚线表示，描绘时可不闭合。

（二）典型地貌及其等高线

我国领土广大，山脉、水系众多，但按地貌形态而言，一般可归纳为以下五种：

1. 山

凸出而高于四周的高地称为山，大的称为山岳，小的称为山丘。山的最高点称为山顶。尖锐的山顶称为山峰。山的侧面称为山坡，近于垂直的山坡称为峭壁或绝壁，上部凸出、下部凹入的绝壁称为悬崖。山坡与平地相交处称为山脚，如图 3-4 所示为典型地貌示意图。

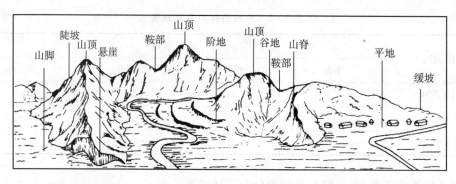

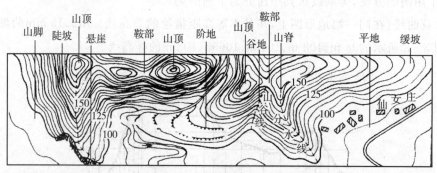

图 3-4　典型地貌示意图

2. 山脊

山的凸棱由山顶延伸到山脚者称为山脊。山脊上的最高棱线称为山脊线（又称为分水线）。如图 3-5 所示为山脊的等高线和山脊线。

3. 山谷

两山脊之间的凹部称为山谷。山谷中最低点的连线称为山谷线（又称集水线）。如图 3-6 所示为山谷的等高线和山谷线。

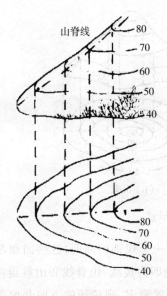

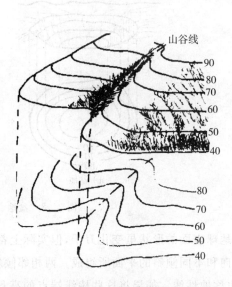

图 3-5 山脊的等高线和山脊线示意图　　　　图 3-6 山谷的等高线和山谷线示意图

4. 鞍部

相对的两个山脊和山谷会聚处的马鞍形地形称为鞍部(又称垭口),是山区道路选线中的关键点。如图 3-7 所示为垭口的形状和等高线示意图。

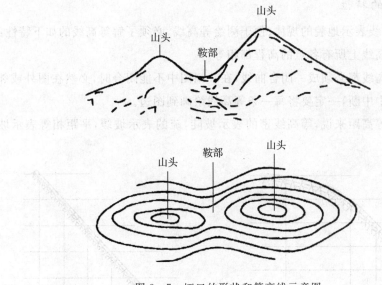

图 3-7 垭口的形状和等高线示意图

5. 盆地、山头

四周高中间低的地形称为盆地。盆地没有泄水道,水都停滞在盆地中最低处。地势向中间凸起而高于四周的称为山头。盆地与山头的等高线形状相似(图 3-8),不同的是,盆地的等高线从里向外高程逐渐增加,山头的等高线从里向外高程逐渐减小。

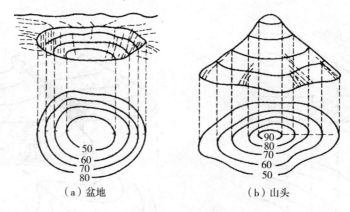

（a）盆地　　　　　　　　　（b）山头

图3-8　盆地、山头等高线示意

　　地球表面的形状虽变化万千,但实际上都可看作是一个规则的曲面,这些曲面是由不同方向和不同倾斜的平面所组成。两相邻倾斜面相交处即为棱线,山脊线和山谷线都是棱线,也称地性线。如果将这些棱线端点的高程及平面位置测定,则棱线的方向和坡度也就确定了。

　　在地面坡度变化的地方,比较显著的有山顶点、盆地最低点、鞍部点、谷口、山脚点、坡度变换点等,这些都称为地貌特征点。在地形图测绘中,立尺点就应选择在这些地貌特征点上。

（三）等高线的特性

为了掌握等高线表示地貌的规律、便于测绘等高线,必须了解等高线的如下特性:

(1)在同一等高线上所有各点的高程都相等。

(2)每一条等高线都必须成一闭合曲线,在一幅图中不能闭合时,必然在图外或邻图幅中闭合,不能在图中中断,一定要将每一条等高线绘画到图边。

(3)对于某一等高距来说,等高线密的表示坡陡,疏的表示坡缓,平距相等表示坡度均匀(图3-9)。

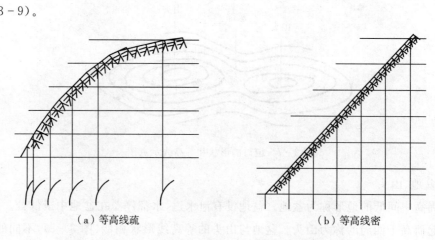

（a）等高线疏　　　　　　　　　（b）等高线密

图3-9　等高线疏密与坡陡缓关系图

（4）山脊线与山谷线都和等高线垂直相交，如图3-5、图3-6所示。从图中可以看出表示山脊和山谷的等高线都呈凸出的形状，但山脊的等高线是凸向山脊高程降低的一面，山谷的等高线是凸向山谷高程升高的一面。

（5）等高线过河时，不能直穿而过，要渐渐折向上游，过河后渐渐折向下游（图3-10）。

（6）等高线只有在绝壁和悬崖处才会重叠和相交（图3-11）。

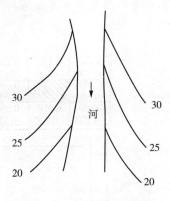

图3-10　过河等高线形式

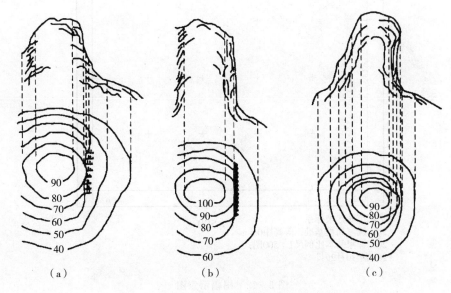

图3-11　绝壁和悬崖处等高线形式示意图

四、地形图图外注记

为了图纸管理和使用的方便，在地形图的图框外有许多注记，如图名、图号、接合图表、图廓、坐标格网、南北方向线和坡度尺等。

图名就是本幅图的名称，常用本图幅内最主要的地名来命名。图号即图的编号。图名和图号标在北图廓上方的中央。

接合图表说明本图幅与相邻图幅的关系，供索取相邻图幅时使用。图廓是图幅四周的范围线。矩形图幅有内图廓和外图廓之分。内图廓是地形图分幅时的坐标格网线，也是图幅的边界线。外图廓是距内图廓以外一定距离绘制的加粗平行线，仅起装饰作用。在内图廓外四角处注有坐标值，并在内图廓线内侧，每隔10 cm绘有5 mm的短线，表示坐标格网线位置。在图幅内每隔10 cm绘有坐标格网叉点。

另外,在地形图的左下方还应标明地形图所采用的坐标系统、高程系统、测绘时间等(图3-12)。

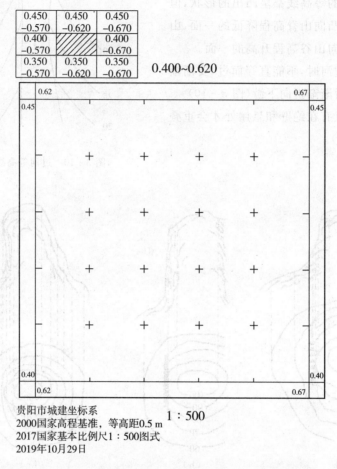

贵阳市城建坐标系
2000国家高程基准,等高距0.5 m
2017国家基本比例尺1:500图式
2019年10月29日

1:500

图3-12 图幅示意图

第二节 GPS控制测量

一、GPS控制测量简介

GPS(Global Positioning System)即全球卫星定位系统,是美国国防部于1973年12月正式批准陆、海、空三军共同研制的第二代卫星导航定位系统。该系统可提供一天24小时全球定位服务,能为用户提供高精度的七维信息(三维位置、三维速度、一维时间)。GPS的建成是导航与定位史上的一项重大成就,是继美国"阿波罗"登月飞船、航天飞机后的第三大航天工程。目前,GPS被广泛应用于地球动力学的研究、测绘、导航、军事、天气预报等领域。

全球卫星定位系统由空间星座部分、地面监控部分和用户设备部分等三大部分组成。

三者都有各自独立的功能和作用,但却又是一个有机结合的整体系统。

(一)空间星座部分

全球卫星定位系统的空间星座部分由 24 颗卫星组成,其中包括 21 颗工作卫星和 3 颗在轨备用卫星。卫星分布在 6 个近圆形轨道面内,每个轨道面上有 4 颗卫星。卫星轨道相对地球赤道面的倾角为 55°,各轨道平面交点的赤经相差 60°。同一轨道上两卫星之间的升交角距相差 90°。轨道平均高度为 20200 km,卫星运行周期 11 小时 58 分。卫星的这种布设方式,保证同时在地平线以上的卫星数目最少为 4 颗,最多达 11 颗,加之卫星信号的传播和接收不受天气的影响,因此 GPS 是一种全天候、全球性的连续实时定位系统。

在全球定位系统中,GPS 卫星的主要功能是:接收、存储和处理地面监控系统发来的导航信息及其他在轨卫星的概略位置;接收并执行地面监控系统发送的控制指令,如调整卫星姿态和启用备用时钟、备用卫星等。

(二)地面监控部分

GPS 的地面监控系统主要由分布在全球的五个地面站组成,按其功能分为主控站(MCS)、注入站(GA)和检测站(MS),如图 3-13 所示。

图 3-13　地面控制站

主控站一个,设在美国科罗拉多的联合空间执行中心(CSOS)。主控站主要负责协调和管理所有地面监控系统的工作,具体任务有:根据所有地面监测站的资料推算编制各卫星的星历、卫星钟差和大气层的修正参数等,并把这些数据和导航电文传到注入站;提供全球定位系统的时间基准;调整卫星状态和启用备用卫星等。

注入站又称地面天线站,其主要任务是通过一台直径为 3.6 m 的天线,将来自主控站的卫星星历、钟差、导航电文和其他控制指令注入相应卫星的存储系统,并检测注入信息的正确性。注入站现有 3 个,分别设在印度洋、南太平洋和南大西洋的美军基地上。

上述 4 个地面站均具有监测站功能,除此之外还在夏威夷设有一个监测站,所以监测站共有 5 个。监测站的主要任务是连续观测和接收所有 GPS 卫星发出的信号并监测卫星的工作状态,将采集到的数据连同当地的气象观测资料和时间信息经初步处理后传送到主控站。

整个系统除主控站外均由计算机自动控制,不需人工操作。各地面站间由现代化通信系统联系,实现了高度的自动化和标准化。

（三）用户设备部分

全球定位系统的用户设备部分包括 GPS 接收机硬件、数据接收软件和微处理机及其终端设备等。

GPS 信号接收机是用户设备部分的核心,一般由主机、天线和电源三部分组成,其主要功能是跟踪接收 GPS 卫星发射的信号,并进行变换、放大处理,以便测量出 GPS 信号从卫星到接收机天线的传播时间;解译导航电文,实时地计算出测站的三维位置,甚至三维速度和时间。

GPS 接收机根据用途可分为导航型、大地型和授时型三类。根据接收的卫星信号频率,又分为单频(L_1)和双频(L_1、L_2)接收机。在精密定位测量中,一般采用大地型单频或双频接收机。单频接收机适用于10 km 以内的定位工作,其相对定位精度能达到5 mm＋10^{-6}×D(D 为基线长度）。双频接收机可以同时接收到卫星发送的两种频率的载波信号,可以进行大尺度的定位工作,其相对定位精度优于单频机,但内部构造复杂,价格较昂贵。

不论哪一种 GPS 定位,其观测数据必须进行后期处理,因此,供应商都开发了功能完善的专用后期处理软件,用来解算测站点的三维坐标。如图 3 - 14 所示是国内外两款 GPS 接收机。

（a）国产中海达GPS接收机　　　　　　（b）美国天宝GPS接收机

图 3 - 14　接收机

二、GPS 测量方法

（一）GPS 控制网的精度指标

1. 精度等级确定

按照我国《全球定位系统(GPS)测量规范》(GB/T 18314—2001)规定,GPS 测量按其精度划分为 AA、A、B、C、D、E 级。其中,AA 级主要用于全球性的地球动力学研究、地壳形变测量和精密定轨;A 级主要用于区域性的地球动力学研究和地壳形变测量;B 级主要用于局部形变检测和各种精密工程测量;C 级主要用于大、中城市及工程测量的基本控制网;D、E 级则主要用于中、小城市与城镇的测图、地籍、土地信息、房产、物探、勘测、建筑施工等的控制测量。

精度指标的确定取决于 GPS 网的用途。设计时应根据实际需要和可以实现的设备条件,恰当地确定 GPS 网的精度等级。各级 GPS 网相邻点间基线长度精度用式(3-3)表示,并按表3-4所列的规定执行。

$$\sigma=\sqrt{a^2+(b\times d\times 10^{-6})^2} \tag{3-3}$$

式中:σ——标准差(mm);

a——固定误差(mm);

b——比例误差系数;

d——相邻点间距离(mm)。

表 3-4 GPS 网的类级精度指标

级别	固定误差 a/mm	比例误差系数
AA	≤3	≤0.01
A	≤5	≤0.1
B	≤8	≤1
C	≤10	≤5
D	≤10	≤10
E	≤10	≤20

2. 网形设计

GPS 网的图形设计就是根据用户要求,确定具体的布网观测方案,其核心是高质量、低成本地完成预定的测量任务。通常在进行 GPS 网设计时,必须顾及测站选址、卫星选择、仪器设备装置与后勤交通保障等因素。当网点位置、接收机数量确定后,网形设计就主要体现在观测时间的确定、网形及各点设站观测的次数等方面。

一般 GPS 网应根据同一时间段内观测的基线边,即同步观测边构成闭合图形(称同步环),例如三角形(需三台接收机,同步观测三条边,其中两条是独立边)、四边形(需四台接收机)或多边形等,以增加检核条件,提高网的可靠性。然后,可按点连式、边连式和网连式这三种基本构网方法将各种独立的同步环连成一个整体。由不同的构网方式,又可额外地增加若干条复测基线闭合条件(即对某一基线多次观测之差)和非同步图形闭合条件(即用不同时段观测的独立基线联合推算异步环中的某一基线,将推算结果与直接解算的该基线结果进行比较所得到的坐标差闭合条件),从而进一步提高 GPS 网的几何强度及其可靠性。关于观测次数的确定,通常应遵循"网中每点必须至少独立设站观测两次"的基本原则。

(二)选点、建标志

完成测控网的设计之后,可以开始实地选点。选点人员在实地选点前,应收集有关布网任务和测区的资料,充分了解和研究测区情况,特别是交通、通信、供电、气象及大地点的情况。确定点位的基本要求如下:

（1）测点周围应便于安置接收设备和操作，视野开阔，视场内障碍物的高度角不宜超过 15°。

（2）远离大功率无线电发射源（如电视台、电台、微波站等），其距离不小于200 m；远离高压输电线和微波无线电信号传送通道，其距离不得小于50 m。

（3）附近不应有强烈反射卫星信号的物件（如大型建筑物等）。

（4）交通方便，并有利于其他测量手段扩展和联测。

（5）地面基础稳定，易于点的保存。

（6）AA、A、B 级 GPS 点，应选在能长期保存的地点。

（7）充分利用符合要求的旧有控制点。

（8）选站时应尽可能使测站附近的小环境（地形、地貌、植被等）与周围的大环境保持一致，以减少气象元素的代表性误差。

为了长期保存点位，应进行埋石并绘制点之记。

（三）外业观测

外业观测是指利用 GPS 接收机采集来自 GPS 卫星的电磁波信号，其作业过程大致可分为天线安置、接收机操作和观测记录。外业观测应严格按照技术设计时所拟订的观测计划实施，只有这样，才能协调好外业观测的进程，提高工作效率，保证测量成果的精度。

为了顺利地完成观测任务，在外业观测之前，还必须对所选定的接收设备进行严格的检验。

天线的妥善安置是实现精密定位的重要条件之一，其具体内容包括对中、整平、定向并量取天线高。

接收机操作的具体方法步骤详见仪器使用说明书。实际上，目前 GPS 接收机的自动化程度相当高，一般仅需按动若干功能键就能顺利地自动完成测量工作，并且每做一步工作，显示屏上均有提示，大大简化了外业操作工作，降低了劳动强度。

观测记录的形式一般有两种：一种由接收机自动形成，并保存在机械存储器中，供随时调用和处理。这部分内容主要包括接收到的卫星信号、实时定位结果及接收机本身的有关信息。另一种是测量手簿，由操作员随时填写，其中包括观测时的气象元素等其他有关信息。观测记录是 GPS 定位的原始数据，也是进行后续数据处理的唯一依据，必须妥善保管。

（四）内业数据处理

1. 数据预处理

GPS 数据预处理的目的是：对数据进行平滑滤波检验，剔除粗差；统一数据文件格式，并将各类数据文件加工成标准化文件（如 GPS 卫星轨道方程的标准化，卫星时钟钟差标准化，观测值文件标准化等）；找出整周跳变点并修复观测值；对观测值进行各种模型改正。

2. GPS 基线向量的解算

基线解算的过程实际上主要是一个平差的过程，平差所采用的观测值主要是双差观测值。在基线解算时，平差要分三个阶段进行，第一阶段进行初始平差，解算出整周未知数参数和基线向量的实数解(浮动解);在第二阶段,将整周未知数固定成整数;在第三阶段,将确定了的整周未知数作为已知值,仅将待定的测站坐标作为未知参数,再次进行平差解算,解求出基线向量的最终解——整数解(固定解)。

3. GPS网平差

在GPS网平差中,通过起算点坐标可以达到引入绝对基准的目的。在GPS控制网的平差中,是以基线向量及协方差为基本观测量的。通常采用三维无约束平差、三维约束平差及三维联合平差三种平差类型。各类型的平差具有各自不同的功能,必须分阶段采用不同类型的平差方法。

(五)技术总结和上交资料

在GPS测量成果完成后,应按要求编写技术总结,其内容包括外业和内业两部分。

1. 外业技术总结

(1)测区及其位置、自然地理条件、交通、通信及供电情况;

(2)任务来源、项目名称、测区已有测量成果情况、本次施测的目的及基本精度要求;

(3)施工单位、施测时间、技术依据、作业人员的数量及技术状况等;

(4)作业仪器类型、精度、检验及使用状况;

(5)点位观测质量的评价,埋石与重合点情况;

(6)联测方法、完成各级点数量、补测与重测情况以及作业中存在问题的说明;

(7)外业观测数据质量分析与野外数据检核情况。

2. 内业技术总结

(1)数据处理方案、所采用的软件、所采用的星历、起算数据、坐标系统以及无约束、约束平差情况;

(2)误差检验及相关参数与平差结果的精度估计等;

(3)上交成果中存在的问题和需要说明的其他问题、建议或改进意见;

(4)综合附表与附图。

3. 上交资料

完成技术总结后就要上交资料,资料主要包含以下内容:

(1)测量任务及技术设计书;

(2)点之记、环视图、测量标志委托保管书、选点资料与埋石资料;

(3)接收设备、气象及其他仪器的检验资料;

(4)外业观测记录、测量手簿及其他记录。

第三节 全站仪与 GNSS‐RTK 数字化测图

传统的地形测量是以图解方式为主的测量技术,在这种图解方式下,测量工序多,且全部为手工作业,因此,成图周期长、劳动强度大、产品单一(只有模拟地图)已经成为传统地形测量的主要弱点。

　　数字化测图是在光电技术出现以后逐步发展起来的,初期是用电子计算机解算控制测量成果,随后是用电子测量仪器进行控制测量和测图的数据采集,并用计算机加工处理。

　　数字化测图的基本思想:用全站仪、GPS进行控制测量,然后采集地物和地貌的各种特征信息,将这些信息记录在数据终端上再传输给计算机,或直接传输给便携式微机;然后用计算机对有关信息进行加工处理形成绘图数据,再用数控绘图仪自动绘制出所需的地形图。数字化测图作业流程如图3-15所示,作业过程大致可分为数据采集、数据处理、地形图的数据输出(打印图纸、提供数据光盘等)三个步骤。

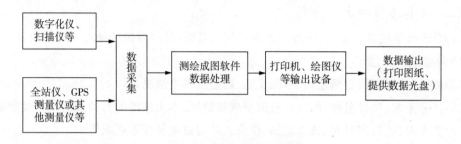

图3-15　数字化测图作业流程

　　外业数字化测图作业模式大致分为全站仪法、电子平板法、原图数字化、航测法、GNSS-RTK法。下面重点介绍全站仪法、GNSS-RTK法。

一、全站仪数字化测图

(一)编码法

　　编码法即利用成图系统的地形地物编码方案,在野外测图时不用绘草图,只需将每一点的编码和相邻点的连接关系直接输入全站仪或电子记录手簿中去,成图系统就会自动根据点的编码和连点信息进行图形生成,也称全要素编码法。该方法的内外业工作量分配不合理,外业编码工作时大,点位关系复杂,容易输入错误编码。

　　编码法突出的优点是自动化程度较高,内业工作量相对较少,符合测量作业自动化的大趋势。但这种作业模式要求观测员熟悉编码,并在测站上随观测随输入。另外,当司镜员离测站较远时,观测者很难看清地物属性和连接关系,这就要求观测员与司镜员密切配合,相互交流反馈有关信息。编码法测图作业流程如图3-16所示。

图3-16　编码法测图作业流程

(二)草图法

草图法是指在外业过程中只画草图就可以,不用为每一点都赋予编码,也不用加注点的连接信息,使外业的工作量减到最少,当系统把所测的点展到计算机屏幕上之后,对照草图就可以在屏幕上直接进行编辑成图。

编码法和草图法成图模式无法实时显示和处理图形,图形信息很大程度上靠数据来体现,这就给测绘地面情况比较复杂的地形图、地籍图等带来困难。不难得出这样的结论,以上两种方法中,全要素编码法外业编码复杂易出错,但内业工作量相对较少;草图法的外业工作量较少,数据采集过程最简单,并且不容易出错,但内业编辑工作量比较大,在一般的作业单位中应用较广,草图法测图作业流程如图3-17所示。

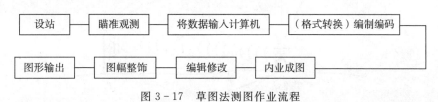

图3-17 草图法测图作业流程

二、GNSS-RTK数字化测图

GPS-RTK数字化测图与全站仪数字化测图的唯一区别是所用的设备不一样,即用GPS代替了全站仪,可不限时不限气候地进行数据采集,其作业方法及其流程与全站仪测图都是一样的。下面重点介绍GPS-RTK相关基本知识。(扫码观看实践教学视频)

GNSS-RTK大比例尺
数字化测图外业

(一)RTK测量方法概述

RTK技术是以载波相位观测量为根据的实时差分GSP-RTK测量技术。众所周知,GPS测量工作的模式已有多种,如静态、快速静态、准动态和动态相对定位等。但是,利用这些测量模式,如果不与数据传输系统相结合,其定位结果均需通过观测数据的测后处理而获得。由于观测数据需在测后处理,所以上述各种测量模式,不仅无法实时地给出观测站的定位结果,而且也无法对基准站和用户站观测数据的质量进行实时的检核,因而难以避免在数据后处理中发现不合格的测量成果,需要返工重测。

实时动态测量的基本思想是,在基准站上安置一台GPS接收机,对所有可见GPS卫星进行连续观测,并将其观测数据通过无线电传输设备,实时地发送给用户观测站(图3-18)。在用户站上,GPS接收机在接收卫星信号的同时,通过无线电接收设备接收基准站传输的观测数据,然后根据相对定位的原理,实时地计算并显示用户站的三

数字化测图内业

维坐标及其精度。这样,通过实时计算的定位结果,便可监测基准站与用户站观测成果的质量和解算结果的收敛数据,从而可实时地判定解算结果是否成功,以减少冗余观测,缩短观测时间。

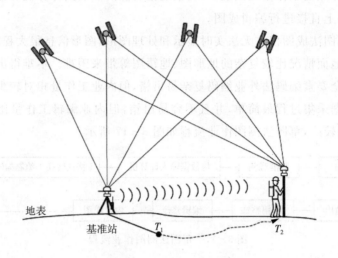

地表

基准站

T_1　　　　　T_2

图 3-18　RTK 作业原理

(二)实时动态(RTK)测量系统的组成

RTK 测量系统主要由 GNSS 接收机、数据传输系统和 RTK 测量软件系统组成。

1. GNSS 接收机

GNSS-RTK 测量系统中至少应包含两台 GNSS 接收机,其中一台安置于基准站上,另一台或若干台分别安置于不同的用户流动站上。基准站应设在测区内较高点且观测条件良好的已知点上。在作业中,基准站的接收机应连续跟踪全部可见 GNSS 卫星,并将观测数据传输系统实时地发送给用户站。GNSS 接收机可以是单频的或是双频的。当系统中包含多个用户接收机时,基准站上的接收机多采用双频接收机,采样本应与流动站接收机采样本相同。

2. 数据传输系统

基准站同用户流动站之间的联系是靠数据传输系统(简称为数据链)来实现的。数据传输设备是完成实时动态测量的关键设备之一,由调制解调器和无线电台组成。在基准站上,利用调制解调器将有关数据进行编码调制,然后由无线电发射台发射出去。在用户站上利用无线电接收机将其接收下来,再由解调器将数据还原,并送给用户流动站上的 GNSS 接收机。

3. RTK 测量软件系统

软件系统的功能和质量,对保障实时动态测量的可行性、测量结果的可靠性及精度具有决定性意义。实时动态测量软件系统应具备以下基本功能:

(1)整周未知数的快速解算。

(2)根据相对定位原理,实时解算用户站在 WGS-84 坐标系中的三维坐标。

（3）根据已知转换参数，进行坐标系统的转换。

（4）求解坐标系之间的转换参数。

（5）解算结果的质量分析与评价。

（6）作业模式（静态、准动态、动态等）的选择与转换。

（7）测量结果的显示与绘图。

（三）常规 RTK 测量作业模式

根据用户的要求，目前实时动态测量采用的作业模式主要有以下几种。

1. 快速静态测量

采用快速静态测量模式，要求 GNSS 接收机在每一用户站上静止地进行观测。在观测过程中，连同接收到的基准站的同步观测数据，实时地解算整周未知数和用户站的三维坐标。如果解算结果趋于稳定，且精度已满足设计的要求，便可适时地结束观测工作。采用这种模式作业时，用户站的接收机在流动过程中，可以不必保持对 GNSS 卫星的连续跟踪，其定位精度可达 1～2 cm。这种方法可应用于城市、矿山等区域性的控制测量、工程测量和地籍测量等。

2. 准动态测量

采用准动态测量模式，通常要求流动的接收机在观测工作开始之前，首先在某一起始点上静止地进行观测，以便采用快速解算整周未知数的方法实时地进行初始化工作。初始化后，流动的接收机在每一观测站上，只需静止观测几个历元，并连同基准站的同步观测数据，实时地解算流动站的三维坐标，目前，其定位的精度可达厘米级。但这种方法要求接收机在观测过程中，保持对所测卫星的连续跟踪。一旦发生失锁，便需要重新进行初始化工作。准动态实时测量模式通常应用于地籍测量、碎部测量、路线测量和工程放样等。

3. 动态测量

动态测量模式，一般需首先在某一起始点上，静止地观测数分钟，以便进行初始化工作。之后，运动的接收机按预定的采样时间间隔自动地进行观测，并连同基准站的同步观测数据，实时地确定采样点的空间位置。目前，其定位的精度可达厘米级。这种测量模式，仍要求在观测过程中，保持对观测卫星的连续跟踪。一旦发生失锁，则需重新进行初始化。这时，对陆上的运动目标来说，可以在卫星失锁的观测站上，静止地观测数分钟，以便重新初始化，或者利用动态初始化（AROF）技术，重新初始化。而对海上和空中的运动目标来说，则只有应用 AROF 技术，重新完成初始化的工作。实时动态测量模式主要应用于航空摄影测量和航空特探中采样点的实时定位，航道测量、道路中线测量以及运动目标的精密导航等。目前，实时动态测量系统已在约 30 km 的范围内得到了成功的应用。随着数据传输设备性能和可靠性的不断完善与提高，以及数据处理软件功能的增强，它的应用范围将会不断地扩大，其定位精度也将不断提高。

（四）RTK 测量系统的作业程序

RTK 测量系统的作业程序一般包括 RTK 仪器的选择与检验、基准站的选择与设置、流动站的设置、RTK 测量等工作。

1. RTK 仪器的选择与检验

（1）RTK 测量接收设备应符合下列规定

① 接收设备应包括双频接收机、天线和天线电缆、数据链套件（调制解调器或电台）、数据采集器等。

② 基准站接收设备应具有发送标准差分数据的功能。

③ 流动站接收设备应具有接收并处理标准差分数据功能。

④ 接收设备应操作方便、性能稳定、故障率低、可靠性高。

⑤ 宜选用优于下列测量精度（RMS）指标的 RTK 接收机。平面精度：$10\ \text{mm}+1\times10^{-6}D$；高程精度：$20\ \text{mm}+1\times10^{-6}D$，式中 D 是流动站至基准站的距离，单位为 km。

（2）接收设备的检验

① 接收机的一般检验应符合规程（规范）要求。

② RTK 测量前宜对设备进行以下的检验：基准站与流动站的数据链连通检验，数据采集器与接收机的通信连通检验。

2. 基准站站址的选择

在 RTK 测量中，数据链传送质量的好坏直接影响测绘成果的精度，因此，在测量前，进行测区踏勘，选好基准站站址，这样可以保证数据链传送质量。基准站选址应符合下列条件：

（1）站址应选在基础坚实稳定，易于长期保存，并有利于安全作业的地方。

（2）站址周围应便于安置接收设备和方便作业、视野应开阔、交通方便的地方。

（3）站址与周围大功率无线电发射源（如电视台、电台、微波站、通信基站、变电所等）的距离应大于 200 m，与高压输电线、微波通道的距离应大于 100 m。

（4）站址附近不应有强烈干扰接收卫星信号的物体，如大型建筑物、玻璃幕墙及大面积水域等。

（5）站址视场内高度角大于 $10°$ 的障碍物遮挡角累积不应超过 $30°$。

（6）站址应避开地质构造不稳定区域，如断层破碎带，易于发生滑坡、沉陷等局部变形的地点（如采矿区、油气开采区、地下水漏斗沉降区等），地下水水位变化较大的地点。

（7）站址应可方便地架设市电线路或具有可靠的电力供应，并应便于接入公共通信网络或专用通信网络。

3. 基准站的设置

（1）基准站的架设

① 基准站接收机天线可安置在已知点，也可架设在未知点上，包括对中、整平、量取天线高等。

② 连接主机与电台。

③ 连接电台与数据链发送天线。

④ 电源与接收机及电台连接。如图 3-19 所示为 GNSS-RTK 基准站连接图。

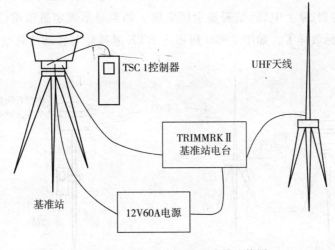

TSC 1控制器

UHF天线

TRIMMRK Ⅱ
基准站电台

基准站

12V60A电源

图 3-19 GNSS-RTK 基准站连接图

(2)基准站配置

① 电台的发射频率设置应与流动站的电台发射和接收的频率设置相同。

② 电台的发射功率设置与工作半径有关,一般情况下,工作半径大,选择较大功率,作业半径小,选择较小的功率。

③ 手工输入设置基站,设置类型及参数包含以下内容:

掌上电脑(数据采集器)与接收机连接,确保连通;建立项目,设置坐标系统;设置基准站发送差分数据模式为 RTK;设置差分数据格式;设置差分数据发射间隔;设置接收机类型、天线类型、天线高;设置卫星截止角;设置 PDOP 值限;设置基准站坐标。如果基准站架设在已知点上,输入当前点的已知坐标,进行启动;如果基准点架设在未知点上,把当前单点定位测出的 WGS-84 的经纬度坐标输送给 GPS 主机,进行启动。然后通过查看主机 LED 指示灯、查看电子手簿(数据采集器、掌上电脑)显示或查看基准站电台 LED 指示灯进行检查确认基准站是否正常工作。

4. 流动站设置

(1)流动站的点位要求

GNSS-RTK 流动站不宜在隐蔽地带、成片水域和强电磁波干扰源附近观测。

(2)流动站的架设

流动站安置与基准站通信的天线,电子手簿采集器(掌上电脑)与主机进行蓝牙连接或采用数据线连接。根据不同的精度要求,流动站的架设方式有所不同:对于一、二级控制点观测时应采用三脚架对中、整平;对于图根控制点、碎部点观测时可采用2 m对中杆对中、整平。

(3)配置流动站

设置流动站包含以下内容:掌上电脑(数据采集器)与接收机连接,确保连通;流动站电台的接收频率与基准站电台的频率一致;设置差分数据格式,与基准站一致;设置天线高;

设置卫星截止角;设置 PDOP 值限;查看主机 LED 指示灯,确认差分信号是否正常;查看电子手簿(数据采集器、掌上电脑)是否显示固定解。如果显示固定解说明设置成功,可以进行坐标采集或坐标放样了。如图 3-20 所示为 RTK 基准站与移动站数据链传输关系图。

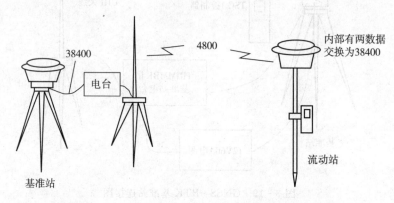

图 3-20　RTK 基准站与移动站数据链传输关系图

5. RTK 测量技术规范

RTK 测量的主要技术要求:

(1)RTK 平面测量按精度划分为一级、二级、三级,布设的平面 RTK 控制点应满足扩展的需要。RTK 测量的平面点位中误差(相对于起算点)不得超过 5 cm。技术要求应符合表 3-5 所列的规定。

表 3-5　RTK 平面控制点测量主要技术要求(RTK 测量规范)

等级	相邻点间距离/ m	点位中误差/ cm	边长相对中误差	与参考站的距离/ km	观测次数	起算点等级
一级	≥500	不超过±5	≤1/20000	≤5	≥4	四等及以上
二级	≥300	不超过±5	≤1/10000	≤5	≥3	一级及以上
三级	≥200	不超过±5	≤1/6000	≤5	≥2	二级及以上

注:① 点位中误差是指控制点相对于起算点的误差。

② 采用单参考站 RTK 测量一级控制点需更换参考站进行观测,每站观测次数不少于 2 次。

③ 采用网络 RTK 测量各级平面控制点可不受流动站到参考站距离的限制,但应在网络有效服务范围内。

(2)RTK 测量布设控制点时应符合下列规定:

① 同一地区应布设 3 个以上或 2 对以上的 RTK 控制点。

② 应采用三角支架方式架设天线进行作业,测量过程中仪器的圆气泡应严格稳定居中。

③ 平面控制点应进行 100% 外业校核,校核可按图形校核或进行同精度导线串测,测量技术要求应符合表 3-6 所列的规定。

　　　　　　　　　　　　　　　　　　　　　　　建筑工程测量技术

表 3-6 RTK 平面控制点检测精度要求(RTK 测量规范)

等级	边长校核		角度校核		坐标校核
	测距中误差/ mm	边长较差的 相对误差	测角中误差/ (″)	角度较差限差/ (″)	坐标较差中误差/ cm
一级	不超过±15	≤1⁄4000	不超过±5	14	不超过±5
二级	不超过±15	≤1/7000	不超过±8	22	不超过±5
三级	不超过±15	≤1/4500	不超过±12	34	不超过±5

(3)RTK 高程控制点测量的主要技术要求应符合表 3-7 所列的规定。

表 3-7 RTK 高程控制点测量的主要技术要求(RTK 测量规范)

等级	高程中误差/ cm	与基准站的距离/ km	观测次数	起算点等级
五等	不超过±3	≤5	≥3	四等水准及以上

(4)RTK 高程控制点检测精度要求应符合表 3-8 所列的规定。

表 3-8 RTK 高程控制点检测精度要求(RTK 测量规范)

等级	检核高差/mm
五等	$\leq 40\sqrt{D}$

注:D 为检测线路长度,以 km 为单位。

(5)RTK 地形测量主要技术要求应符合表 3-9 所列的规定。

表 3-9 RTK 地形测量主要技术要求(RTK 测量规范)

等级	点位中误差 (图上 mm)	高程中误差	与基准站的距离/ km	观测次数	起算点等级
图根点	不超过±0.1	1/10 等高距	≤7	2	平面三级、高程五等以上
碎部点	不超过±0.3	相应比例尺成图要求	≤10	1	平面图根、高程五等以上

注:① 点位中误差是指控制点相对于起算点的误差。

② 采用网络 RTK 测量可不受流动站到参考站间距离的限制,但宜在网络覆盖的有效服务范围内。

6. RTK 观测的基本条件

(1)RTK 作业中 GNSS 卫星状况的基本要求应符合表 3-10 所列的规定。

表 3-10 RTK 作业中 GNSS 卫星状况的基本要求(《规程》)

观测窗口状态	15°以上的卫星个数	PDOP 值
良好窗口	≥6	<6
勉强可用的窗口	5	≤8
避免观测的窗口	<5	>8

（2）检核点。在应用 RTK 测量时，应至少有一个已知点作为检核点。

（3）坐标系统转换参数的求取应符合下列规定：

① 基准站置于已知点上且收集到准确的转换参数，可直接输入。

② 基准站置于已知点上且收集到 3 个以上同时具有地心坐标系和参心坐标系的控制点结果时，可直接将地心坐标系和参心坐标输入数据采集器获取。

③ 基准站置于已知点上收集到 3 个以上参心坐标系的控制点结果时，可采用直接输入基准站坐标，流动站在控制点上采集地心坐标方式获取。

④ 使用的已知控制点应均匀分布在测区及周边。

⑤ 坐标转换的残差应不大于 2 cm。

数字化测图外业结束后，无论是全站仪法还是 GNSS‑RTK 法，依据外业采集的数据都可以进行内业绘图工作。大比例尺数字地形图绘图软件很多，不同的数字测图软件在数据采集方法、数据记录格式、图形文件格式和图形编辑功能等方面各有其特点，但基本上大同小异。CASS 系列地形地籍成图软件，是广州南方测绘科技股份有限公司基于 AutoCAD 平台推出的数字化测绘成图系统。该系统操作简便、功能强大、成果格式兼容性强，被广泛应用于地形、地籍成图，数字地形图工程应用，空间数据建库等领域。CASS 系统自推出以来始终保持与 AutoCAD 的同步升级。该软件的使用见本书第八章。

三、GNSS‑RTK 作业（扫码观看实践教学视频）

（一）GNSS‑RTK 作业设置介绍

在数字化大比例尺地形图测绘这一章里，讲了 GNSS‑RTK 坐标测量的相关知识。GNSS‑RTK 手簿操作无论哪个品牌其原理都是相同的，只是操作界面不同而已。它们都分为建立项目、设置基站、设置移动站、求四参数、碎部测量（放样）、数据导出六大步骤。下面以中海达 GNSS 配置的最新款 iHand30 手簿为例进行讲解。

GNSS‑RTK 大比例尺
数字化测图外业

1. 建立项目

（1）双击打开手簿软件 Hi‑Survey，进入 9 个子菜单的基本操作面（图 3‑21）。

（2）点击"项目信息"进入此界面进行项目名称的设置并点击确定（图 3‑22）。

（3）点击坐标系统对投影面的投影及中央子午线进行设置（图 3‑23、图 3‑24）。

数字化测图内业

图 3-21 基本操作面

图 3-22 建立项目

图 3-23 坐标系统设置

（4）点击基准面，对里面的源椭球、目标椭球进行选择。源椭球一般选 WGS84，目标椭球选与已知坐标点系统一致，如图 3-25 所示。

（5）对基准面、平面转换、高程拟合等所有转换模型选择"无"，并点击保存（图 3-26）。对"是否更新参数至对应投影列表？"点击确定（图 3-27）。

图 3-24 中央子午线设置

图 3-25 基准面设置

图 3-26 平面转换设置 A

图 3-27 平面转换设置 B

2. 设置基准站

（1）设备连接。在基本操作界面，点击最下栏"设备"，再点击界面上面"设备连接"，进入配置里的厂商与连接设置选择，连接方式选蓝牙，设置好后点击右下角"连接"，进入搜索设备序列号界面，选择基准站接收机对应的序列号（如果是第一次使用，会提示蓝牙配对），自动让手簿与基准站接收机进行蓝牙连接（图 3 - 28～图 3 - 31）。

（2）采集基准站坐标。点击返回到基站设置界面，点击界面中"基准站"进入设置基准站界面，在设置基准站界面中，对基站接收机量高的方式、高度和基站位置平滑采集进行坐标获取，采集完基准站参考坐标后点击右下角"确定"保存（图 3 - 32～图 3 - 34）。

（3）设置数据链。点击最下一栏中的"数据链"进行数据链参数的设置，如果数据链连接方式选内置电台或外部数据链，应对频道和空中波特率进行设置，频道数字应与后面移动站频道数字保持一致；如果数据链连接方式选择内置或外置网络模式，应对网络运营商、IP、端口号、分组号、小组号等进行设置（图 3 - 35、图 3 - 36）。

图 3 - 28 设备连接设置 A

图 3 - 29 设备连接设置 B

图 3 - 30 设备连接设置 C

图 3 - 31 基站连接设置

图 3 - 32 基站设置 A

图 3 - 33 基站设置 B

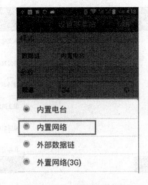

图 3-34 基站设置 C　　　图 3-35 基站设置 D　　　图 3-36 基站设置 E

(4)设置其他项目。点击最下一栏中的界面右下"其他"进入设置界面,对差分模式、电文格式、截止高度角等进行设置。设置完成后点击右上角"设置"进行保存并根据提示进入移动站参数设置环节(图 3-37、图 3-38)。

图 3-37 基站设置 F　　　　　　　　图 3-38 基站设置 G

3. 设置移动站

移动站的设置与基准站的设置过程基本上是一致的,都是从手簿与移动站接收机的连接、数据链、其他这三个方面进行设置,只有基准站位置的获取这个设置没有。里面相关的参数要与基准站保持一致,如电台模式下频率数字,波特率或网络模式下的网络运营商、IP、端口号、分组号、小组号,差分模式、电文格式等(图 3-39~图 3-42)。

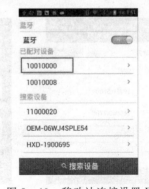

图 3-39 移动站连接设置 A　　　　　图 3-40 移动站连接设置 B

图 3-41　移动站设置 A　　　　　　图 3-42　移动站设置 B

4. 求四参数

求四参数是把当前 GPS 测量的自由坐标系转换到当地已知点坐标系上去。转换时至少要三个控制点,其中至少两个控制点求转换,一个控制点作精度校核。具体操作如下。

(1)已知点坐标输入。进入基本操作面,点击"坐标数据",进入控制点输入界面,点击"控制点",点击"添加",依次输入两个控制点点名及三维坐标值并保存(图 3-43~图3-46)。

图 3-43　添加控制点 A　　图 3-44　添加控制点 B　　图 3-45　添加控制点 C

(2)测量已知点。返回基本操作界面,点击最下一行"测量",再点击"碎部测量",分别精确测量现场与输入的两个控制点对应的 GNSS 坐标,并对点名和杆高设置后保存(图 3-47~图 3-50)。

图 3-46　添加控制点 D　　图 3-47　测量界面选择　　图 3-48　碎部测量界面

建筑工程测量技术

（3）参数计算。返回基本操作界面,点击"参数计算",计算类型选择"四参数＋高程拟合",在"点对坐标信息"界面,依次把源点(控制点对应的 GNSS 实测坐标点)与目标点(已输入的控制点)对应的坐标值调出配对并点击"保存"。再回到"参数计算"界面,点击右下角"计算",便显示计算结果的界面,里面显示了坐标平移量、旋转角度值及缩放尺度系数 K 值四参数。K 值越接近 1,精度表示越高。最后点击右下角"应用"便完成了当前 GPS 自由坐标系与当地已知坐标系统的转换(图 3 – 51～图 3 – 56)。

图 3 – 49　碎部测量 A

图 3 – 50　碎部测量 B

图 3 – 51　参数计算选择 A

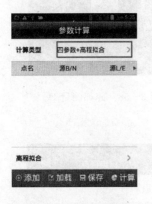
图 3 – 52　参数计算设置 B

图 3 – 53　参数计算设置 C

图 3 – 54　参数计算设置 D

图 3 – 55　参数计算设置 E

图 3 – 56　参数计算设置 F

第三章　数字化大比例尺地形图测绘

（4）校核控制点。到第三个已知点上进行坐标测量,实测坐标与已知点坐标 X、Y 值在 5 cm内表示四参数计算满足精度要求。

5. 碎部测量

在基本制作界面,点击最下面"测量",再在显示的界面里点击"碎部测量"进入测量界面。移动站对中杆移到待测点上对中整平后点击图中测量图标,在坐标点保存界面再点击"确定"便保存了当前测量点信息,保存前可对点名及杆高进行更改(图 3 - 57～图 3 - 60)。

在测量界面中,最上面显示"固定"表示当前点坐标值精度满足要求,可以使用,该界面最下面实时显示当前接收机三维坐标值,右侧实时显示坐标的精度。

图 3 - 57　碎部测量 C

图 3 - 58　碎部测量 D

图 3 - 59　碎部测量 E

图 3 - 60　碎部测量 F

6. 数据导出

（1）数据交换。在基本操作面,点击"数据交换"进入当前项目文件输出文件名的更改和输出文件格式的选择并点击确定保存(图3-61～图3-63)。

图3-61 数据导出

图3-62 数据导出A

图3-63 数据导出B

(2)数据导出。将手簿与电脑连接,由于手簿是安卓系统,电脑可以直接进入手簿对应路径,复制当前坐标项目到电脑桌面上(图3-64、图3-65)。

图3-64 数据导出C

图3-65 数据导出D

四、大比例尺数字化测图内业

数字化测图内业绘图软件很多,如清华山维EPS、南方CASS等。下面以CASS 9.0基于AutoCAD2006为例,介绍软件的主界面和基本绘图操作。

(一)软件的主界面

CASS主界面上下左右各栏名称如图3-66所示的标注。

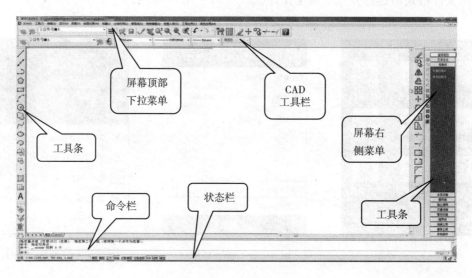

图 3 - 66　CASS 主界面

（二）数据传输

数据传输就是将全站仪内存的数据传输给计算机，进行地形图绘制，具体步骤如下。

（1）用通信电缆将全站仪与计算机连接好。

（2）自顶部菜单栏的"数据"项选择"读取全站仪数据"，出现如图 3 - 67 所示的对话框。

（3）选择对应的全站仪，将计算机与全站仪的通信参数（波特率、校验位、数据位和停止位等）设置一致，输入想要保存的文件名，保存再转换。

图 3 - 67　通信参数设置

（三）内业成图

1. 平面图绘制

（1）选择"展野外测点点号"选择碎部点坐标数据文件后，命令区提示：读点完成！共读入 n 点。

（2）绘制平面图。根据野外作业时绘制的草图，移动鼠标至屏幕右侧菜单区选择相应的地形图图式符号，然后在屏幕中将所有的地物绘制出来。系统中所有地形图图式符号都是按照图层来划分的，例如所有表示测量控制点的符号都放在"控制点"这一层，所有表示独立地物的符号都放在"独立地物"这一层，所有表示植被的符号都放在"植被园林"这一层。根据外业草图选择相应的地图图式符号，在屏幕上将平面图绘出来。

如图 3 - 68 所示，由 33、34、35 号点连成一间普通房屋，移动鼠标至右侧菜单"居民地/一般房屋"处按左键，系统便弹出如图 3 - 69 所示的对话框。再移动鼠标到"四点房屋"的图标处按左键，图标变亮表示该图标已被选中，然后移鼠标至"确定"处按左键，这时命令区提示：

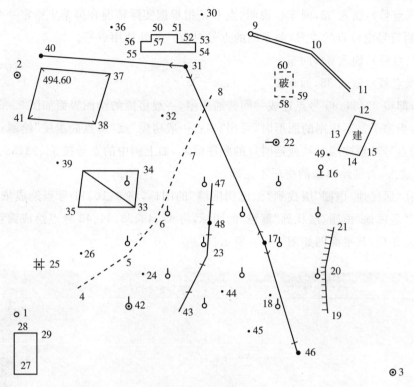

图 3-68　外业草图

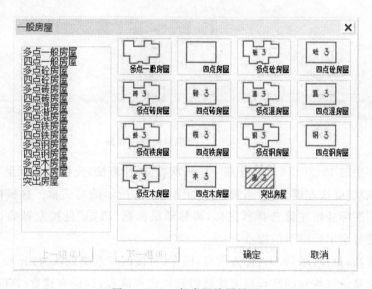

图 3-69　一般房屋绘图界面

绘图比例尺:输入 1000,回车。已知三点〈2〉,已知两点及宽度〈3〉。已知四点〈1〉:输入 1,回车(直接回车系统默认值 1)。说明:已知三点是指矩形房子测了 3 个点;已知两点及宽度点则是指测矩形房子时测了 2 个点及房子的 1 条边;已知四点是测了房子的 4 个角点。

点 P/〈点号〉:输入 33,回车。说明:点 P 是指根据实际情况在屏幕上指定一个点;点号是指绘地物符号定位点的点号(与草图的点号对应),此处使用点号。

点 P/〈点号〉:输入 34,回车。

点 P/〈点号〉:输入 35,回车。

至此,即将 33、34、35 号点连成一间普通房屋,一般房屋的绘图界面如图 3-69 所示。

注意:当房子是不规则的图形时,可用"多点一般房屋"或"多点砼房屋"绘制;绘制房子时,输入的点号必须按顺时针或逆时针的顺序输入,如上例中的点号按 34、33、35 或 35、33、34 的顺序输入,否则绘出来的房子不正确。

同样在"居民地/桓棚"层找到"依比例围墙"的图标,将 9、10、11 号点绘成依比例围墙的符号;在"居民地/桓棚"层找到"篱笆"的图标,将 47、48、23、44、43 号点绘成篱笆的符号,完成这些操作后,其平面图如图 3-70 所示。

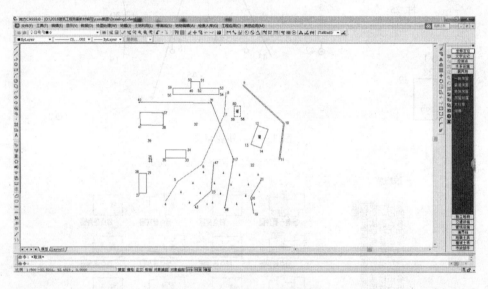

图 3-70 一般房屋的绘图界面

再把草图中的 19、20、21 号点连成一段陡坎,其操作方法:先移动鼠标至右侧屏幕菜单"地貌土质/坡坎"处按左键,这时系统弹出如图 3-71 所示的对话框。移鼠标到表示未加固陡坎符号的图标处按左键选择其图标,再移动鼠标到"确定"处按左键确认所选择的图标。命令区便分别出现以下的提示:

请输入坎高,单位:米〈1.0〉:输入坎高,回车(直接回车系统默认为1 m)。说明:在这里输入的坎高是系统将坎顶的高程减去坎高得到坎底点高程,这样在建立(DTM)时,坎底点便参与组网的计算。

点 P/〈点号〉:输入 19,回车。

点 P/〈点号〉:输入 20,回车。

点 P/〈点号〉:输入 21,回车。

点 P/〈点号〉:回车或按鼠标右键,结束输入。

建筑工程测量技术

图 3-71　人工地貌绘图界面

　　说明：如果需要在点号定位的过程中临时切换到坐标定位，可以按"P"键进入坐标定位状态，想回到点号定位状态时再按"P"键即可。

　　拟合吗？〈N〉：回车或按鼠标右键，默认输入 N。说明：拟合的作用是对复合线进行圆滑。这时，便在 19、20、21 号点之间绘成陡坎的符号（图 3-72）。注意：陡坎上的坎毛生成在绘图方向的左侧。

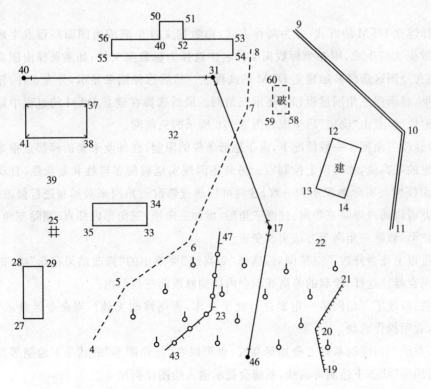

图 3-72　绘图界面

重复上述的操作便可以将所有测点用地图图式符号绘制出来。在操作过程中，可以嵌用 CAD 的透明命令，如放大显示、移动图纸、删除、文字注记等。

2. 等高线的绘制

绘制等高线包括以下步骤：

(1)选择"展高程点"(图 3－73)，根据规范要求输入高程点注记距离(即注记高程点的密度)，回车默认为注记全部高程点的高程。这时，所有高程点和控制点的高程均自动展绘到图上。

(2)打开"等高线"下拉菜单(图 3－74)。选择"建立 DTM"，出现如图 3－75 所示的对话框。

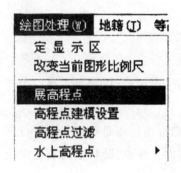

图 3－73　绘图处理菜单　　　图 3－74　等高线菜单　　　图 3－75　建立 DTM 界面

选择建立 DTM 的方式，分为两种方式：由数据文件生成或由图面高程点生成。如果选择由数据文件生成，则在坐标数据文件名中选择坐标数据文件；如果选择由图面高程点生成，则在绘图区选择参加建立 DTM 的高程点。然后选择结果显示，分为 3 种：显示建三角网结果、显示建三角网过程和不显示三角网。最后选择在建立 DTM 的过程中是否考虑陡坎和地性线，点击"确定"后生成如图 3－76 所示的三角网。

(3)修改三角网。一般情况下，由于地形条件的限制，在外业采集的碎部点很难一次性生成理想的等高线，如楼顶上控制点。另外还因现实地貌的多样性和复杂性，自动构成的数字地面模型与实际地貌不太一致，这时可以通过修改三角网来对局布进行修改，对不合理的地方可以通过删除三角形、过滤三角形、增加三角形、三角形内插点、删除三角形顶点、重组三角形、删除三角网等方法来改变正。

通过以上命令修改了三角网后，选择"等高线"菜单中的"修改结果存盘"项，把修改后的三角网存盘。这样，绘制的等高线不会内插到修改前三角形内。

注意：修改了三角网后一定要进行此步操作，否则修改无效！当命令区显示"存盘结束！"时，表明操作成功。

(4)在绘平面图的基础上叠加等高线，也可以在"新建图形"的状态下绘制等高线。如在"新建图形"状态下绘制等高线，系统会提示输入绘图比例尺。

用鼠标选择"等高线"下拉菜单的"绘制等高线"项，弹出如图 3－77 所示的对话框。对

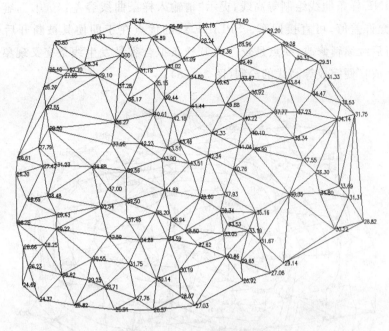

图 3 - 76　三角网形成界面

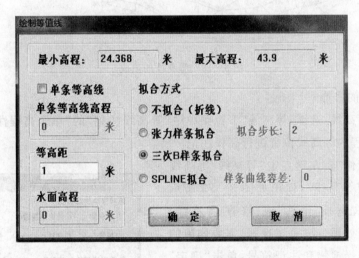

图 3 - 77　绘制等高线参数设置界面

话框中会显示参加生成 DTM 的高程点的最小高程和最大高程。如果只生成单条等高线，
则在单条等高线高程中输入这条等高线的高程；如果生成多条等高线，则在等高距框中输
入相邻两条等高线之间的等高距。最后选择等高线的拟合方式，共有 4 种拟合方式：不拟
合（折线）、张力样条拟合、三次 B 样条拟合和 SPLINE 拟合。观察等高线效果时，可输入较
大等高距并选择不光滑，以加快速度。如选张力样条拟合，则拟合步距以 2 为宜，但此时生
成的等高线数据较大，速度稍慢。测点较密或等高线较密时，最好选择光滑三次 B 样条拟
合，也可选择不光滑，然后再用“批量拟合”功能对等高线进行拟合。选择 SPLINE 拟合，则

用标准 SPLINE 样条曲线绘制等高线,提示"请输入样条曲线容差:〈0.0〉",容差是曲线偏离理论点的允许差值,可直接回车。SPLINE 线的优点在于即使其被断开后仍是样条曲线,可以进行后续编辑修改;缺点是较三次 B 样条拟合容易发生线条交叉现象。当命令区显示"绘制完成!"便完成等高线的绘制(图 3-78)。

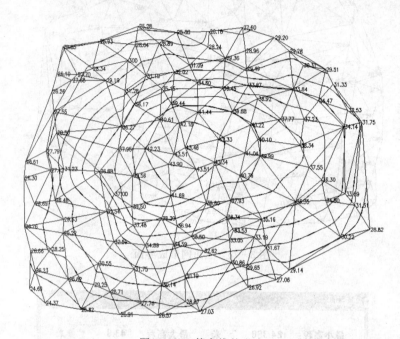

图 3-78　等高线的生成

3. 等高线的修饰

(1)注记等高线:选择"等高线"下拉菜单中"等高线注记"的"单个高程注记"项。光标移至要注记高程的等高线位置进行高程注记。

(2)等高线修剪:左键点击"等高线/等高线修剪/批量修剪等高线",弹出如图 3-79 所示的对话框。首先选择"消隐"或"修剪"等高线,然后选择"整图处理"或"手工选择"需要修剪的等高线,最后选择地物和注记符号,单击"确定"后会根据输入的条件修剪等高线(图 3-79)。

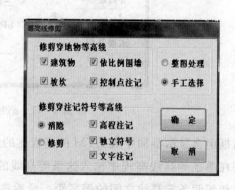

图 3-79　等高线修剪界面

(3)切除指定两线间等高线:命令区提示如下。选择第一条:用鼠标指定一条线,例如选择公路的一边。选择第二条线:用鼠标指定第二条线,例如选择公路的另一边。程序将自动切除等高线穿过此两线间的部分。

(4)切除指定区域内等高线:选择一封闭复合线,系统将该复合线内所有等高线切除。注意:封闭区域的边界一定要是复合线;如果不是,系统将无法处理。

⑤ 等值线滤波：此功能可能在很大程度上给绘制好等高线的图形文件"减肥"。一般的等高线都是用样条拟合的，这时虽然从图上看出来的节点数很少，如图 3-80 所示，但事实却并非如此。下面以高程为38 m的等高线为例进行说明。

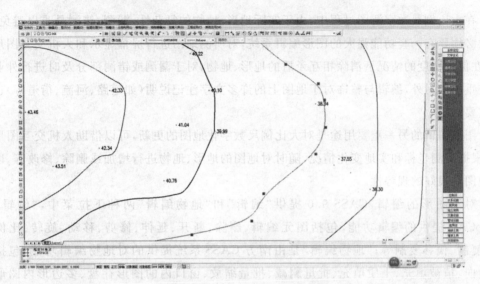

图 3-80　等高线形成界面

选中等高线后会发现图上出现了一些夹持点，这些点并不是这条等高线上实际的点，而是样条的描点。要还原它的真面目，应进行下面的操作：用"等高线"菜单下的"修剪穿高程注记等高线"，然后看结果（图 3-81）。

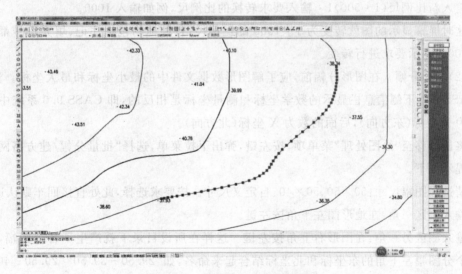

图 3-81　等高线夹持点显示界面

在等高线上出现了密布的夹待点，这些点才是这条等高线真正的特征点，所以，如果看到一个很简单的图生成了等高线后变得非常大，原因就在这里。如果想将这幅图的尺寸变小，用"复合线滤波"功能即可。执行此功能后，系统提示如下。

请输入滤波阈值(0.5 米):这个值越大,精简的程度就越大,但是会导致等高线失真(变形),因此,用户可根据实际需要选择合适的值(一般选系统默认值即可)。

(四)编辑与整饰

在大比例尺数字测图过程中,由于实际地形、地物的复杂性,漏测、错测是难以避免的,这时必须要有一套功能强大的图形编辑系统,对所测地图进行屏幕显示和人机交互图形编辑,在保证精度的情况下消除相互矛盾的地形、地物,对于漏测或错测部分及时进行外业补测或重测。另外,编辑与整饰对于地图上的许多文字注记说明(如道路、河流、街道等)也是很重要的。

图形编辑的另一重要用途是对大比例尺数字化地图的更新,可以借助人机交互图形编辑,根据实测坐标和实地变化情况,随时对地图的地形、地物进行增加或删除、修改等,以保证地图有很好的现势性。

对于图形的编辑,CASS 9.0 提供"编辑"和"地物编辑"两种下拉菜中,"编辑"由AutoCAD 提供的编辑功能,包括图元编辑、删除、断开、延伸、修剪、移动、旋转、比例缩放、复制、偏移复制等;"地物编辑"是由南方 CASS 系统提供的对地物编辑功能,包括线型换向、植被填充、土质填充、批量删减、批量缩放、窗口内的图形存盘、多边形内图形存盘等。

(1)改变比例尺。打开已有图形,选择"绘图处理"菜单项,按左键,选择"改变当前图形比例"功能,命令区提示如下。

当前比例尺为 1∶500。

输入新比例尺(1∶500)1∶输入要求转换的比例尺,例如输入 1000。

这时屏幕显示的图就转变为 1∶1000 的比例尺,各种地物包括注记、填充符号都已按1∶1000的图示要求进行转变。

(2)图形分幅。在图形分幅前,应了解图形数据文件中的最小坐标和最大坐标。注意:在 CASS 9.0 下侧信息栏显示的数学坐标和测量坐标是相反的,即 CASS 9.0 系统中前面的数为 Y 坐标(东方向),后面的数为 X 坐标(北方向)。

将鼠标移至"绘图处理"菜单项,按左键,弹出下拉菜单,选择"批量分幅/建方格网",命令区提示如下。

请选择图幅尺寸:50×50、50×40、自定义尺寸。按要求选择,此处直接回车默认选 1。

输入测区一角:在地形图左下角按左键。

输入测区另一角:在图形右上角按左键。这样在所设目录下就产生了各个图幅,自动以各个分图幅左下角的东坐标和北坐标结合起来命名,如"29.50 - 39.50""29.50 - 40.00"等。如果要求输入分幅图目录名时直接回车,则各个分幅图自动保存在安装 CASS 9.0 的驱动器的根目下。

选择"绘图处理/批量分幅/批量输出",在弹出的对话框中确定输出的图幅的存储目录名称,然后点"确定",即可批量输出图形到指定的目录。

（3）图幅整饰。把图形分幅所保存的图形打开，选择"文件"的"打开已有图形"项，在对话框中输入文件名，图形即被打开。

选择"绘图处理"中的"标准图幅（50 cm×50 cm）"项，显示如图 3 - 82 所示的对话框。输入图幅的名字、邻近图名、测量员、绘图员、检查员，在左下角坐标的"东""北"栏内输入相应坐标，例如此处输入 40000、30000，回车。在"删除图框外实体"前打钩则可删除图框外实体，按实际要求选择，例如此处打钩。最后用鼠标单击"确定"按钮即可。因为 CASS 9.0 系统所采用的坐标系统是测量坐标，即 1∶1 的真坐标，加入 50 cm×50 cm 图廓，即成一张标准分幅的地形图。

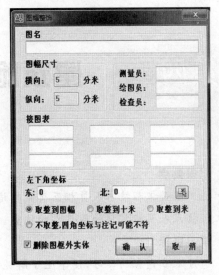

图 3 - 82　标准图幅对话框

思考题与习题

1. 什么叫比例尺？比例尺有哪几种？什么叫比例尺精度？

2. 什么叫等高线？等高线按其用途分为几种？

3. GPS 系统由哪几部分组成？

4. 全站仪测图常用哪两种方法？GPS - RTK 作业由哪几部分组成？

5. 简述 GNSS - RTK 坐标测量步骤。

6. 简述 RTK 作业的原理。

7. 简述 RTK 基站架设的注意事项。

第四章　建筑施工图识读

知识要点

施工图是工程技术人员相互交流的语言。了解施工图的基本内容、看懂施工图纸是建筑工程技术人员应掌握的最基本的技能。

学习目标

通过本章内容的学习,使学生了解施工图的种类、组成和用途。掌握平面图、立面图、剖面图、详图的图示内容,以及识读的方法。

本章重点

(1)了解施工图的分类及施工图首页的组成。

(2)掌握首页图、总平图的内容和读图要点。

(3)了解建筑平面图、立面图、剖面图、建筑详图的用途、形成和内容。

(4)掌握建筑平面图、立面图、剖面图、建筑详图的识图要点。

本章难点

剖面图和建筑详图识读。

第一节　建筑施工图首页

建筑施工图首页图包括施工图总封面、图纸目录、设计说明、建筑做法说明、门窗表等。

一、施工图总封面

施工图总封面如图 4-1 所示,应注明以下内容:建设项目名称、工程编号、建设单位、工程设计资质证书编号、完成日期。

二、图纸目录

图纸目录是用来方便查阅图纸的,排在施工图的最前面。目录分项目总目录和各专业图纸目录。其中建筑专业图纸目录排序:施工图设计说明、总平面布置图、平面图、立面图、剖面图、各种详图(墙身、楼

图 4-1　施工图总封面

梯间、卫生间、门窗立面）。施工图纸目录见表4-1所列，建筑施工图图纸目录见表4-2所列。

表4-1 施工图纸目录

编制单位名称

工程名称：设计编号：设计阶段：
建筑面积：建筑类型：

图纸目录

建筑			结构			给水排水			暖通与空调			电气					
												强电			弱电		
序号	图号	图纸名称	序号	图号	图纸名称	序号	图号	图纸名称	序号	图号	图纸名称	序号	图号	图纸名称	序号	图号	图纸名称
1																	
2																	
3																	
4																	
5																	
6																	
7																	
.																	

表4-2 建筑施工图图纸目录

图纸目录

序号	图号	图纸名称	图幅	备注
1	建施-01	建筑施工图设计总说明	A2	
2	建施-02	底层平面图	A2	
3	建施-03	标准层平面图	A2	
4	建施-04	屋面图	A2	
5	建施-05	立面图	A2	
6	建施-06	剖面图	A2	
7	建施-07	建筑详图	A2	
…	…	…	…	

三、建筑施工图设计说明

设计说明是工程的概貌和总设计要求的说明。内容包括工程概况、工程设计依据、工程设计标准、主要的施工要求和技术经济指标、建筑用料说明等。施工图设计说明主要介绍：

（1）施工图设计的依据性文件、批文、相关规范。

（2）项目概况。一般包括建筑名称、建设地点、建设单位、建筑面积、建筑基底面积、建筑工程等级、设计使用年限、建筑层数、建筑高度、防火设计建筑分类、耐火等级、人防工程防护等级、屋面防水等级、地下室防水等级、抗震设防烈度等。

（3）设计标高。建筑设计说明中要说明相对标高与绝对标高的关系。

（4）材料说明和室内外装修做法。

（5）门窗性能、用料、颜色、玻璃、五金件等的设计要求。

（6）幕墙工程、特殊屋面工程的性能及制作要求，平面图、预埋件安装图以及防火、安全、隔音构造等。

（7）电梯、自动扶梯选择及性能说明。

（8）建筑节能设计构造做法。

（9）墙体及楼板预留孔洞需封堵时的封堵方式说明。

四、建筑做法说明

建筑做法说明是对工程的细部构造及要求加以说明，内容包括楼地面、内外墙、踢脚线、天棚、卫生间、厨房、台阶等处的构造做法和装修做法（表4-3）。

表4-3　工程做法表

编号及名称	构造层次
地面细石混凝土面	100 mm厚C20细石钢筋混凝土，内配双层双向8@200钢筋网
	水泥浆一道（内掺建筑胶）
	现浇钢筋混凝土楼板
	素土夯实
楼面细石混凝土面地热防水	60 mm厚C20细石混凝土（上下配3@50钢丝网片，中间配乙烯散热管）
	0.2 mm厚真空镀铝聚酯薄膜
	20 mm厚挤塑板隔热层（密度大于32 kg/m³）
	1.5 mm厚聚氨酯涂料防水层
	现浇钢筋混凝土楼板
	注：结构面标高取值时按装修面层厚度100 mm考虑

建筑工程测量技术

编号及名称	构造层次
内墙大白墙面混合砂浆	刮大白两遍
	5 mm 厚 1∶0.5∶2.5 水泥石灰膏砂浆找平
	9 mm 厚 1∶0.5∶3 水泥石灰膏砂浆打底扫毛
	素水泥浆一道（内掺建筑胶）
基层墙体	螺栓连接次龙骨、锚固件、挂件，安装石材
	5 mm 厚抗裂砂浆保护层复合耐碱玻纤网格布一层
	20 mm 厚 1∶3 水泥砂浆找平
	预埋板焊接角码螺栓连接主龙骨，局部聚氨酯保温
	墙体

五、门窗表

为了便于装修和加工，列出门窗表，内容包括编号、尺寸、数量及说明（表4-4）。

表4-4 门窗表

类型	门窗编号	洞口尺寸/mm		门窗数量				
		宽	高	一层	二层	三层	屋面	小计
防火门	FM1221 甲	1200	2100		1			1
	FM1021 乙	1000	2100	2				
	FM1221 乙	1200	2100					1
钢制防盗门	M1221-1	1200	2100				2	2
木门	M0921	900	2100	1				1
门连窗	MLC1621	1600	2100	1				1
平开窗	C0921	900	2100	2	2	2		6
	C1521	1500	2100	6	6	6		18
固定窗	C0915	900	1500				4	4

第二节　建筑总平面图

建筑施工图主要包括建筑总平面图、建筑平面图、建筑立面图、建筑剖面图及建筑详图等。

一、建筑总平面图

总平面图主要表示整个建筑项目的总体平面布局，图中表示出新建房屋及构筑物的位置、朝向以及周围环境(原有建筑、室外场地、交通道路、绿化、地形、地貌等)基本情况。总图中用一条粗虚线来表示用地红线,所有新建、拟建房屋不得超出用地红线并满足消防、日照等规范。它是施工总平面设计及新建筑物施工定位的重要依据。

二、建筑总平面图内容

建筑总平面图包括:

1. 比例

总平面图包括的地方范围较大,所以绘制时都用较小比例,常用比例为:1:500、1:1000、1:2000。建筑总平面图计量单位:m。布置方向一般按上北下南方向。

2. 新建的建筑物

(1)用粗实线框表示;

(2)在线框内,用数字表示建筑层数(例如18F+1F的住宅表示18层的标准层+1层车库);

(3)标出标高。

3. 新建建筑物的定位

总平面图利用原有建筑物、道路、坐标等来定位新建建筑物的位置。建筑总平面图建筑常用坐标网格定位:$A \times B$,用细实线表示。按上北下南方向绘制。根据场地形状或布局,可向左或向右偏转,但不宜超过45°。施工坐标网:$X \times Y$,用交叉的十字细线表示。南北为Y,东西为X。以100 m×100 m或50 m×50 m画成坐标网格。

4. 新建建筑物的室内外标高

绝对标高是以一个国家或地区统一规定的基准面作为零点的标高。我国规定以青岛附近黄海的平均海平面作为标高的零点,又称之为黄海高程。在总平面图中,用绝对标高表示高度数值,单位为m。

相对标高是把室内地坪面定为相对标高的零点,用于建筑物施工图的标高标注。相对标高表示建筑物各部分的高度。

根据新建房屋底层室内地面和室外整平地面的绝对标高,可计算出室内外地面的高差及正负零与绝对标高的关系。

5. 相邻有关建筑、拆除建筑的位置或范围

原有建筑用细实线框表示,并在线框内,也用数字表示建筑层数。拟建建筑物用虚线表示。拆除建筑物用细实线表示,并在其细实线上打叉。

6. 指北针和风向频率玫瑰图

指北针用来明确新建房屋及构筑物的朝向。其符号应按国标规定绘制(图4-2)。圆内指针涂黑并指向正北,在指北针的尖端部写上"北"字或字母"N"。

风向频率玫瑰图是用来确定该地区常年风向频率,是根据某一地区多年统计各个方向平均吹风次数的百分数值,按一定比例绘制的,是新建房屋所在地区风向情况的示意图。风向频率玫瑰图如图4-3所示。

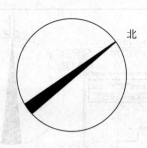

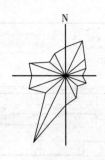

图 4-2　指北针图　　　　　　　　图 4-3　风向频率玫瑰图

在建筑总平面图上,通常绘制有当地的风向玫瑰图。没有风向玫瑰图的城市和地区,则在建筑总平面图上绘制有指北针。

7. 附近的地形地物

如等高线、道路、水沟、河流、池塘、土坡等。在总平面图上通常画有多条类似徒手画的波浪线,每条线代表一个等高面,称其为等高线。等高线上的数字代表该区域地势变化的高度。

8. 绿化规划、管道布置

9. 道路(或铁路)和明沟等的起点、变坡点、转折点、终点的标高与坡向箭头

10. 经济技术指标

经济技术指标包括:总用地面积、总建筑面积、建筑密度(指在一定范围内,建筑物的基底面积总和与占用地面积的比例)、容积率(地上总建筑面积与用地面积的比率)、机动车停车数、非机动车停车数等指标。

详细可参阅《总图制图标准》(GB/T 50103—2001),该标准分别列出了总平面图例、道路图例、绿化图例等,表 4-5 所列摘录了一部分常用图例。

三、识图举例

现以图 4-4 为例,介绍总平面图的识读方法。

(1)看图样的比例、图例及有关的文字说明。该图比例为 1:500,要建一个幼儿园。该图图例给出了新建建筑、原有建筑、室内标高及层数、室外标高、车库入口、出入口、道路、用地红线、绿化。该图说明可知:①定位坐标采用 1954 北京坐标系。定位坐标点为轴线交点。②高程采用吴淞高程系。③本图依据甲方提供的地形图。

(2)了解工程的性质、用地范围和地形地物情况。在建筑总平面图中新建建筑物用粗实线画出外轮廓,从该图中可知,新建建筑物是一个三层幼儿园,总高度为16.55 m,该幼儿园占地2702 m²,室内地坪的标高±0.000 m相当于绝对标高20.250 m。原有建筑物用细实线画出,从该图中可知有两栋 6 层的原有住宅,根据建筑位置与原有房屋的定位可知,与新建幼儿园相距12.6 m。

用地范围在用地红线范围内。该项目的用地范围为一个矩形,用地红线四角给出了坐标位置。

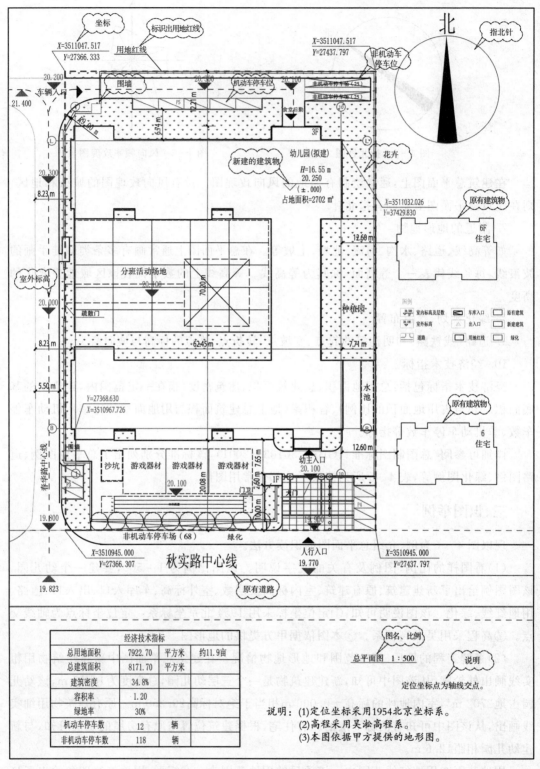

图 4-4　总平面图

经济技术指标			
总用地面积	7922.70	平方米	约11.9亩
总建筑面积	8171.70	平方米	
建筑密度	34.8%		
容积率	1.20		
绿地率	30%		
机动车停车数	12	辆	
非机动车停车数	118	辆	

说明：(1)定位坐标采用1954北京坐标系。
　　　(2)高程采用吴淞高程系。
　　　(3)本图依据甲方提供的地形图。

表4-5　总平面图中的常用图例

名称	图例	说明
新建的建筑物	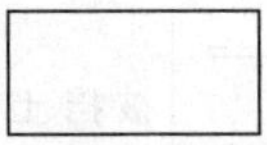 不画出入口图例	新建建筑物以粗实线表示与室外地坪相接处±0.00外墙定位轮廓线
	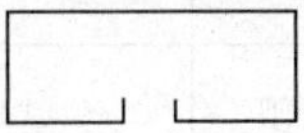 画出入口图例	
	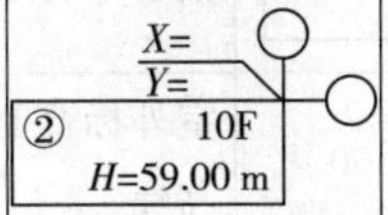 X= Y= ② 10F H=59.00 m 在图形内右上角以点数或数字表示层数	
		粗虚线表示地下建筑
	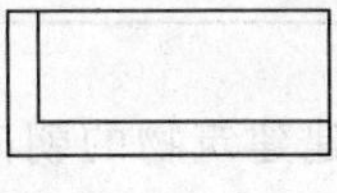	建筑物上部(±0.00以上)外挑建筑用细实线表示
原有的建筑物	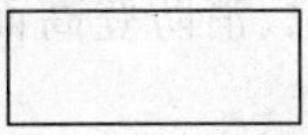	用细实线表示
计划扩建的预留地或建筑物	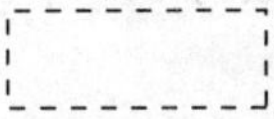	用中粗虚线表示
拆除的建筑物	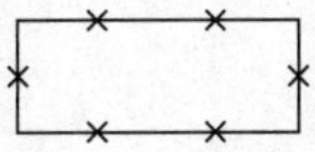	用细实线表示
散状材料露天堆场	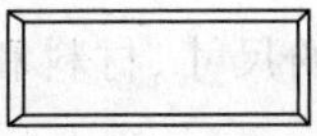	需要时可注明材料名称

名称	图例	说明
铺砌场地	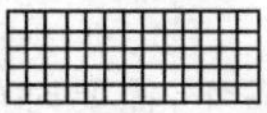	
消火栓井	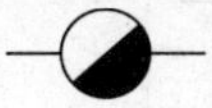	
雨水井		
水塔、贮罐	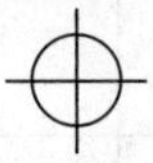	水塔或立式贮罐
烟囱	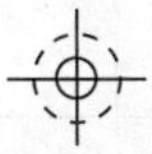	实线为烟囱下部直径，虚线为基础
冷却塔（池）	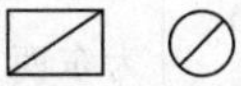	
水池、水坑	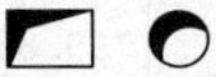	
新建的道路	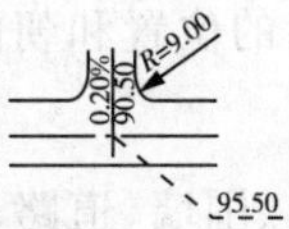 R=9.00 0.20% 90.50 95.50	“R=5.00”表示道路转弯半径 “95.50”表示道路中心线交叉点设计标高 “90.50”表示变坡点之间的距离 “0.20%”表示道路坡度
原有的道路	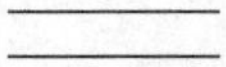	用细实线表示
计划扩建的道路		用中虚线表示
围墙及大门	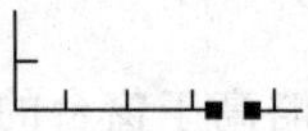	实体性质的围墙
	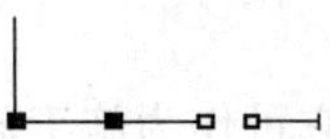	通透性质的围墙，若仅表示围墙时不画大门

名称	图例	说明	名称	图例	说明
其他材料露天堆场或作业场	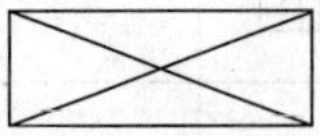	需要时可注明材料名称	挡土墙	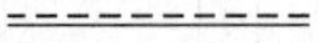	被挡土在"突出"的一侧
			挡土墙上设围墙		
地下车库入口	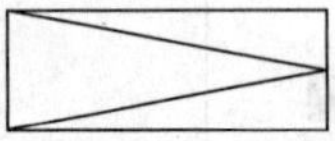		护坡	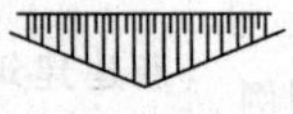	
台阶及无障碍坡道	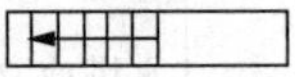		室内标高	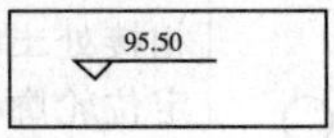 95.50	数字平行于建筑书写
无障碍坡道	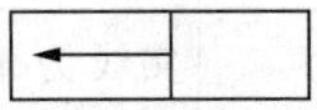		室外标高	 ▼95.50	室外标高也可采用等高线
地形测量坐标系	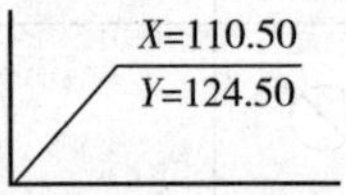 $X=110.50$ $Y=124.50$	X 为南北方向，Y 为东西方向	自设坐标系	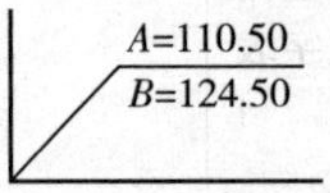 $A=110.50$ $B=124.50$	坐标数字平行于建筑，标注 A 为南北方向，B 为东西方向
方格网交叉点标高	-0.60 | 99.85 / 99.25		"99.85"表示原地面标高，"99.25"表示设计标高，"−0.60"表示施工高度，"−"表示挖方，"+"表示填方		

（3）明确新建房屋的位置和朝向。根据图中的指北针可知新建建筑物的朝向。上北下南，左西右东。

（4）了解主次入口、围墙、道路、机动车停车位、非机动车停车位、消防登高面、绿化用地等布置。详见图中注解。

（5）了解经济技术指标。总用地面积为7922.70 m²，总建筑面积为8171.70 m²，建筑密度为 34.8%，容积率为 1.2，机动车停车数为 12 个，非机动车停车数为 118 个。

第三节　建筑平面图

一、建筑平面图

建筑平面图是在略高于窗台的位置用一假想水平进行水平剖切，对剖切面以下部分所作的水平投影图。它表达出房屋的平面布置、形状和大小；墙、柱的尺寸、材料和位置；门窗的类型和位置等。

在施工过程中，它可作为施工放线、砌墙、预留孔洞、预埋构件、安装门窗、室内装修、编制预算、施工备料等的重要依据。

二、建筑平面图的主要类别

建筑平面图包括底层平面图、标准层平面图、屋顶平面图、其他平面图,按施工顺序从下往上依次表示。如"3 层平面图"是以层数来命名;"3～20 层平面图"表示 3～20 层为相同楼层或仅有局部线条不同的相似楼层,局部线条不同用详图索引标志加以区分。

(一)底层平面图

底层平面图主要表示建筑物的底层形状、大小、房间名称及平面布置、走道、门窗、楼梯、墙、柱等情况。此外,还反映出室外台阶、花池、散水、雨水管、指北针以及剖面的剖切符号,以便与剖面图对照查阅。

(二)标准层平面图

标准层平面图表示房屋中间几层的布置情况,表示内容与底层平面图相同。需要画出下层室外的雨篷、遮阳板等。

(三)屋顶平面图

屋顶平面图表示房屋最顶层的平面图,是由屋顶的上方向下作屋顶外形的水平投影而得到的平面图,主要表示屋顶的情况,如屋顶排水的方向、坡度、雨水管的位置及屋顶的构造等。

除了上面所讲的平面图外,在有些建筑中局部较为复杂,为了表达清楚,将其单独画出来,称为局部平面图。

三、建筑平面图的主要内容

建筑平面图的主要内容如下:

(1)图名、比例。平面图通常采用 1 : 100 的比例。

(2)建筑物的朝向。根据首层平面图中的指北针确定。

(3)建筑物的平面形状及其组成房间的名称、尺寸、定位等。

(4)走廊、楼梯位置及尺寸。

(5)平面的尺寸标注。建筑平面图里有三道尺寸线,最外的一道尺寸线是外包尺寸,它标注建筑物的总长度和总宽度;中间一道的是轴线尺寸,它标注开间和进深;轴线中间的是细部尺寸,它标注门窗洞口、墙垛、内外墙厚、阳台、雨篷尺寸位置等细部尺寸。除此之外,首层平面图局部尺寸标注还标注出外围部分的室外台阶、散水等。

(6)门窗尺寸、编号位置及开启方向。窗的代号是 C,门的代号是 M。在代号后面写上编号,同一编号表示同一类型的门窗,如 M-1,C-1。编号也可以按照门窗宽高来表示,例如 C2024,即为窗户宽为 2000 mm,窗户高为 2400 mm。内墙中若有高窗用虚线表示,通过标注窗下皮到地面的距离尺寸来定高窗的位置。

(7)图中的标高:平面图中的标高通常为相对标高,首层平面图上标有±0.000 m,室内外有高差。有排水要求的部位(例如卫生间、雨棚、阳台)会注明排水坡度。

(8)首层地面上应画出剖面图的剖切位置线,如 1—1 剖切位置,以便与剖面图对照查阅。

(9)详图索引。表示出该部位有详图,图4-5表示该部位对应着第 2 张图纸上的 4 号大样;图4-6表示 1 号大样详图。小型的标准构配件有时直接用详图索引图集来表示。

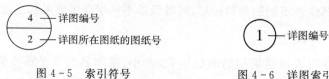

图 4-5 索引符号   图 4-6 详图索引

(10)设备专业(水、暖、电、通风)对土建的要求。设备专业需要设置消防水池、排水沟、截水沟、集水坑、泵座、消火栓、检查井、配电箱、楼板或者墙上开洞、预埋件等,在平面图中相应位置注有其尺寸和位置。

(11)构造及配件图例(表4-6)。

(12)文字说明。无法用图形表示的内容或者图中未说明的事项可在文字说明中注写。比如:未注明的墙厚等。

表 4-6 常用的构造及配件图例

名　称	图　例			说　明
电梯				电梯应按实际情况绘制出门和导轨或平衡锤的位置
楼梯	底层	中间层	顶层	楼梯形式和踏步步数应按实际情况绘制
台阶				
门口坡道	(两侧垂直)(两侧找坡加防滑条) (两侧垂直)			

名　称	图　例	说　明
墙预留洞	$a \times b$或d 标高 a　　　　d b ① 洞为矩形　　② 洞为圆形	① 平面定位可以按洞中心来定位 ② 竖向定位可以按洞底标高或洞中心标高来定位 ③ 也可以涂色以示区别
墙预留槽	$a \times b \times c$或$d \times c$ 标高 c a　　　　d b ① 洞为矩形　　② 洞为圆形	① 平面定位可以按槽中心来定位 ② 竖向定位可以按槽底标高或槽中心标高来定位 ③ 也可以涂色以示区别
检查口	① 可见检查口　　② 不可见检查口	
孔洞		填充灰度
坑槽		
通风道		与墙体为同一材料,其相接处墙身线应连通
烟道		与墙体为同一材料,其相接处墙身线应连通
高差	d	

名　称	图　例	说　明
空门洞	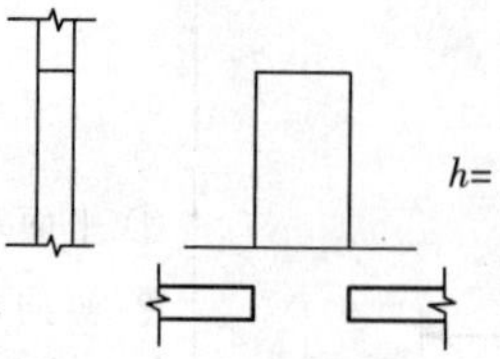 $h=$	h 为门洞高度
单扇门	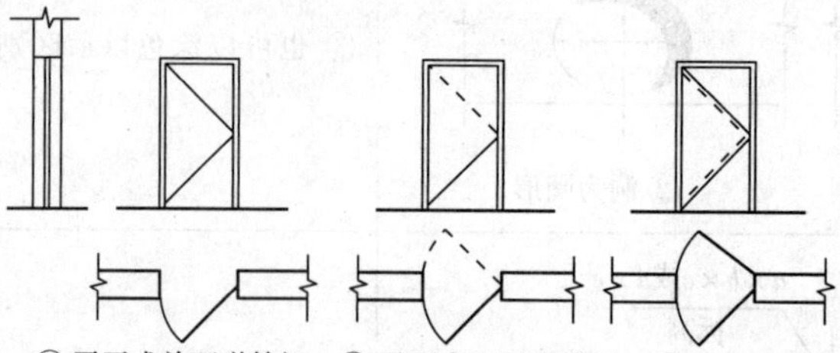 ①平开或单面弹簧门　②平开或双面弹簧门　③双层平开门	①M 表示门的名称代号 ②平面图中，开启弧线在一般设计图上可不表示。仅在制图图上表示；下为外，上为内；开启线为 45°、60°或 90° ③立面图中，开启线在建筑立面图中可不表示，仅在立面大样图中表示；实线为外开，虚线为内开；开启线交角的一侧为安装合页一侧 ④剖面图中，左为外，右为内 ⑤立面形式应按实际情况绘制
双扇门	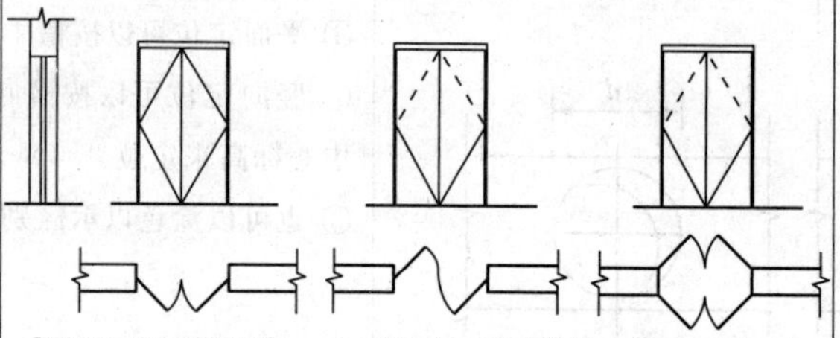 ①平开或单面弹簧门　②平开或双面弹簧门　③双层平开门	
旋转门	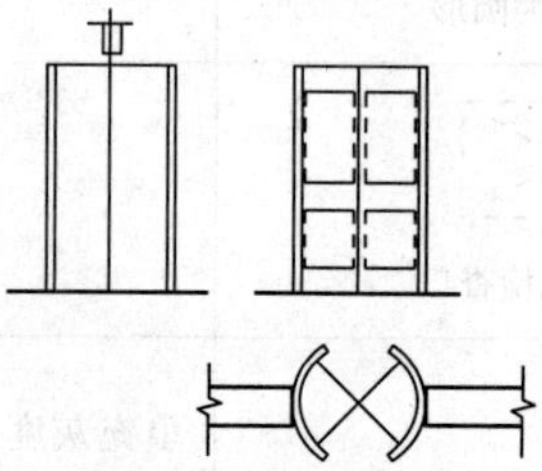	①M 表示门的名称代号 ②立面形式应按实际情况绘制
门连窗	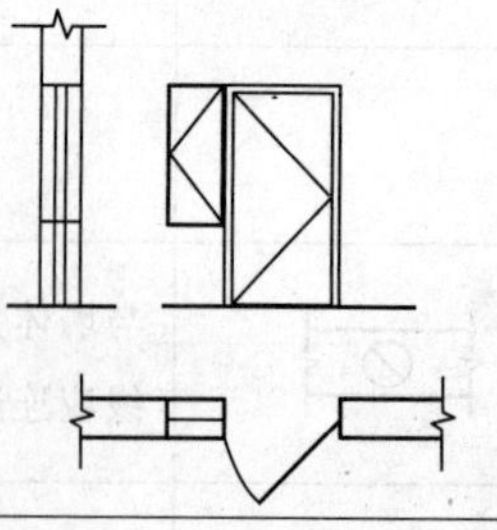	
卷帘门	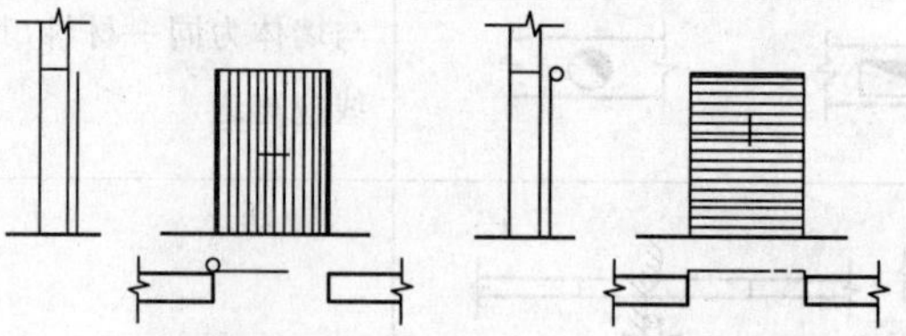 ①横向卷帘门　　②竖向卷帘门	

建筑工程测量技术

名　称	图　例	说　明
推拉门	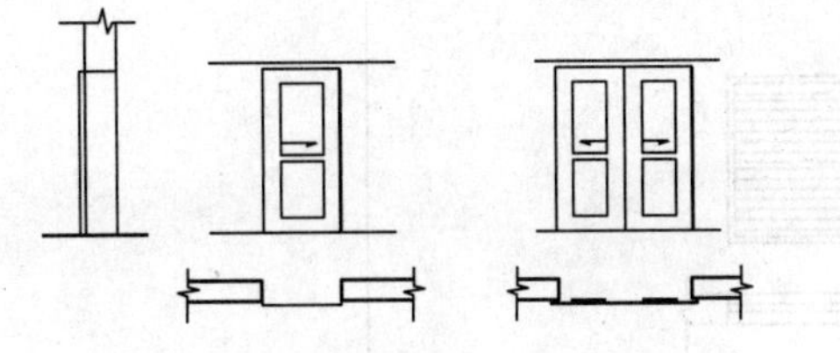 ①墙外单扇推拉门　②墙中双扇推拉门 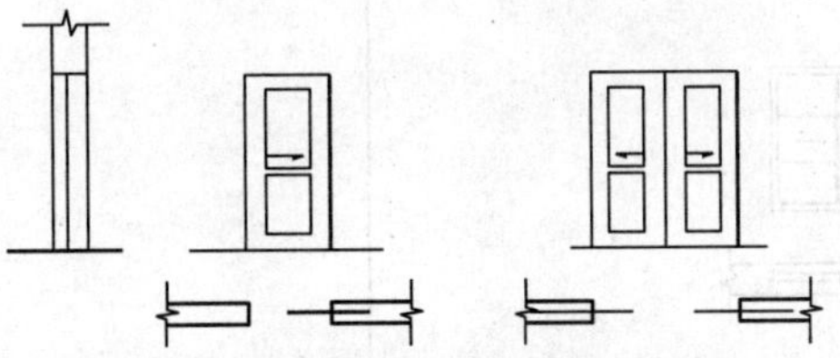 ①墙中单扇推拉门　②墙中双扇推拉门	①M 表示门的名称代号 ②立面形式应按实际情况绘制
固定窗	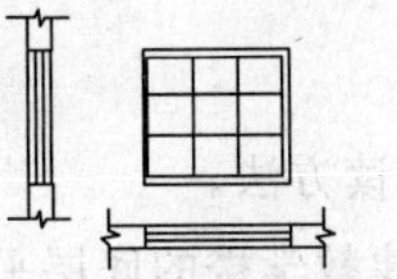	
悬窗	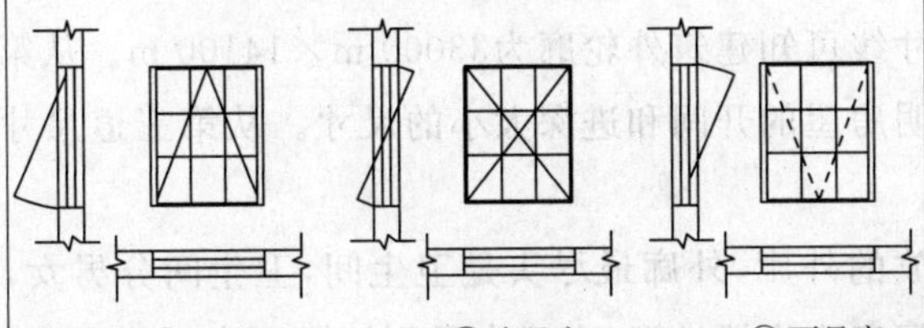 ①上悬窗　②中悬窗　③下悬窗	①C 表示窗的名称代号 ②平面图中,下为外,上为内 ③立面图中,实线为外开,虚线为内开;开启线交角的一侧为安装合页一侧。开启线在建筑立面图中可不表示,在门窗立面大样图中可根据需要绘出 ④剖面图中,左为外,右为内 ⑤立面形式应按实际情况绘制
平开窗	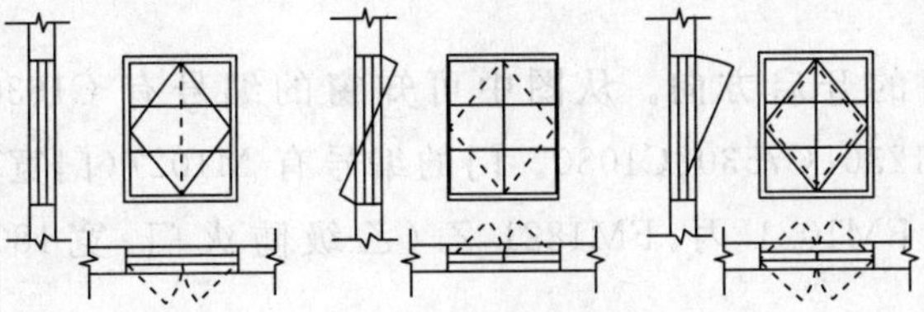 ①单层外开　②单层内开　③双层内外开	
高窗	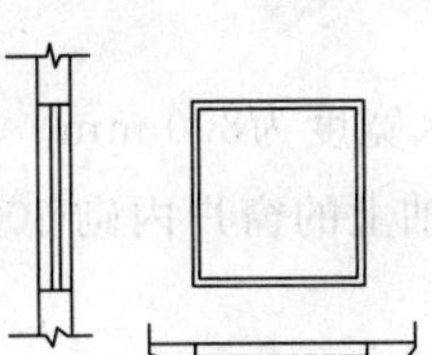	

名　称	图　例	说　明
百叶窗	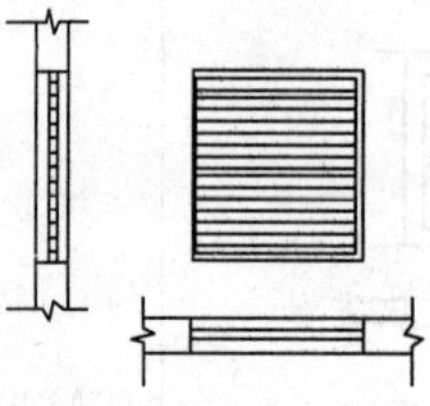	
推拉窗	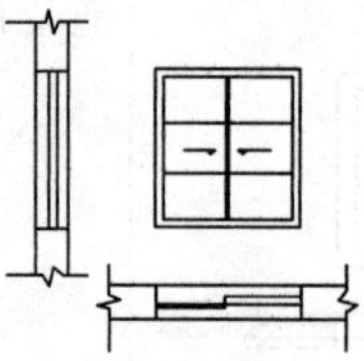	

四、识图举例

下面以图 4-7 为例，介绍底层平面图的识读方法。

(1)看图名比例。看图名可知该工程为新建教学楼的底层平面图，比例为 1∶100。

(2)看指北针知建筑的朝向。根据图中的指北针可知该教学楼为坐北朝南。

(3)看尺寸线。从第一道尺寸线可知建筑外轮廓为33000 m×14100 m。从第二道尺寸线可以看出轴线间距离，可以说明房屋的开间和进深大小的尺寸。从第三道尺寸线可以看出门窗洞口、窗间墙及柱等尺寸。

(4)看各个房间的布置。开放的外廊，外廊最尽头是卫生间，卫生间分男女，设备有蹲式大便器、小便斗和水池。卫生间旁边为楼梯间，由于水平剖切平面在楼梯平台下剖切，所以楼梯间只画出第一个梯段的下半部分，并标注向上的箭头。楼梯间旁边为两间教师休息室。最后是两间实训室。

(5)门窗的数量、类型及门的开启方向。从图中可知窗的编号有 C1630（窗户宽1600 mm、高3000 mm，余同）、C1230、C7530、C1030。门的编号有 M1027（门宽1000 mm、门高2700 mm，余同）、M1527、FM1021 丙、FM1821 乙（乙级防火门，宽1800 mm、高2100 mm）。

(6)看标高。室内标高均为±0.000 m，卫生间标高为－0.050 m，外廊标高为－0.030 m，室外地面标高为－0.300 m。

(7)看细部。图中可以看到散水构造。散水宽度为800 mm。3 轴交 E 轴处卫生间设置了防雨百叶风口，尺寸为 320 mm×200 mm。3 轴上的窗户内砌 600 mm 高墙，墙厚100 mm，上装 300 mm 高栏杆。

(8)底层平面图中有两个剖切符号，表面剖切位置。1—1 剖在轴线 D～E 之间，通过楼梯间所作的阶梯剖，2—2 剖在轴线 B～C 之间，通过外廊，穿过实训室。

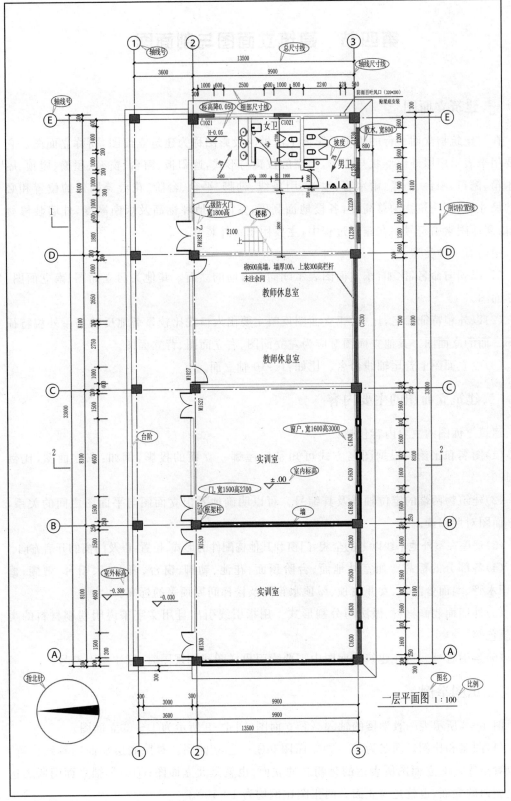

图4-7 底层平面图

一层平面图 1:100

第四节　建筑立面图与剖面图

一、建筑立面图

在与建筑物立面平行的铅垂投影面上所做的投影图称为建筑立面图,简称立面图。它主要用来表示房屋外部形状与大小,门窗的位置与形式,遮阳板、窗台、窗套、屋檐、屋顶、屋顶水箱、檐口、阳台、雨篷、雨水管、水斗、引条线、勒脚、平台、台阶、花台等构件的位置和必要的尺寸,以及建筑物的总高度,各楼地面高度,室内外地坪标高及烟囱高度,外墙装修材料,内部详图索引符号。在施工过程中,主要用于室外装修。

图名有三种类型:

(1)以朝向命名,比如:东立面图表示朝向东方向的立面。其他为西立面图、南立面图、北立面图。

(2)以外貌特征命名,比如:正立面图反映主要出入口或比较显著地反映房屋外貌特征的那一面的立面图。其他立面图对应为左立面图、右立面图、背立面图。

(3)以立面图上首尾轴线命名。比如:1~10轴立面。

二、建筑立面图的主要内容

建筑立面图的主要内容包括:

(1)图名和比例。根据图名方式可知是房屋哪一立面的投影,例如:东立面图,比例1∶100。

(2)建筑物两端的定位轴线及其编号。可以明确地看出立面图与平面图之间的关系,与平面图对照阅读。

(3)房屋在室外地平线以上的全貌,门窗和其他构配件的形式、位置,以及门窗的开启方向。

(4)各部分的标高。如室外地面、台阶顶面、花池、勒脚、窗台、窗上口、阳台、雨棚、檐口、雨水管、墙面分割线、女儿墙顶、屋顶水箱间及楼梯间屋顶等的标高。

(5)外墙面装修材料、做法与分割形式。用指引线引出且用文字来说明粉刷材料的类型、颜色等。

(6)索引符号。当在建筑立面图中需要索引出详图或剖视图时,标注索引符号。

三、识图举例

图4-8所示为一教学楼的轴Ⓐ~Ⓔ立面图,图4-9所示为①~③立面图。

(1)图名和比例。图名为Ⓐ~Ⓔ立面图和①~③立面图。对照底层平面图轴线位置,可以看出Ⓐ~Ⓔ立面图所表达的是朝北的立面,也就是北立面图;①~③轴立面图所表达的是朝西的立面,也就是西立面。两张图比例均为1∶100。

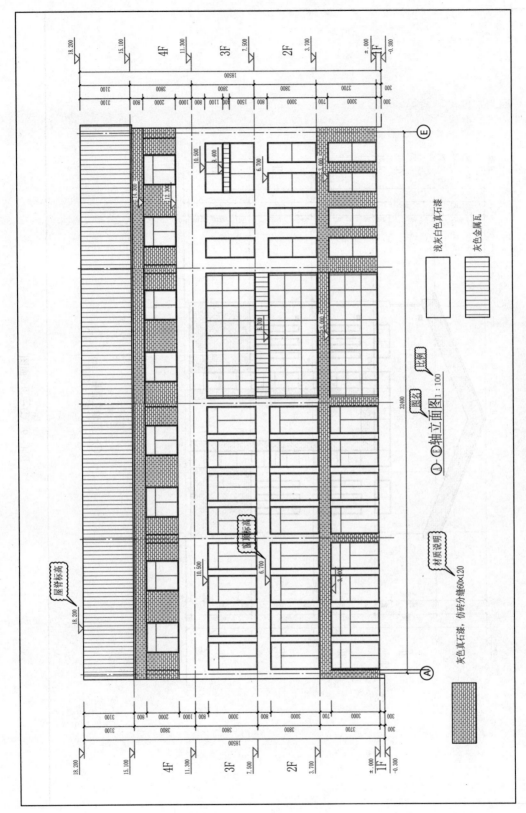

图4-8　轴Ⓐ~Ⓔ立面图

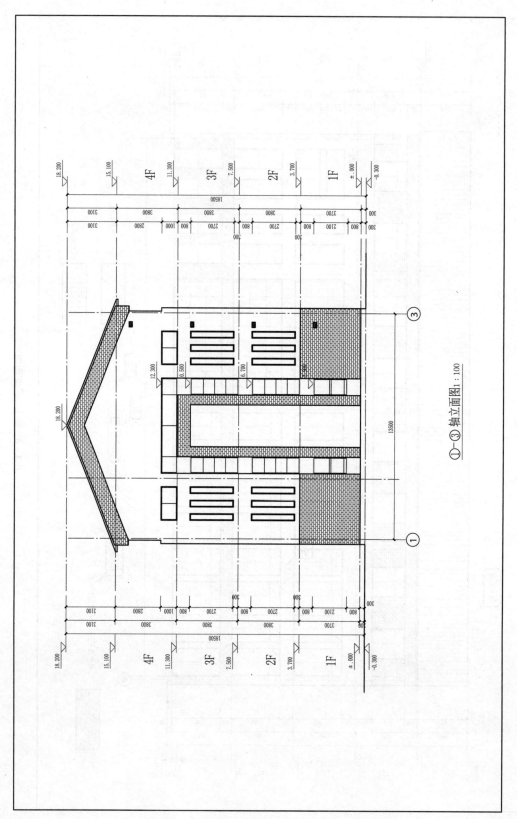

①-③轴立面图 1:100

图4-9 ①~③立面图

建筑工程测量技术

（2）看轴线和标号。在立面图上通常只画出两端的轴线及其编号，即两端的轴线为Ⓐ、Ⓔ，①③，其编号与建筑平面图上的编号一致，可以和平面图对照起来阅读。

（3）房屋的外貌特征。图中的粗实线表示建筑的外形轮廓，特粗实线表示室外地坪线；中实线表示门窗、阳台、雨篷等主要部分的轮廓线；细实线表示其他门窗扇、墙面分割线等。

（4）通过立面图可以看到立面门窗的分布和式样，墙面的分割、装饰材料的选择。一层和四层墙面采用青灰色真石漆，仿砖分缝 $60×120$。二、三层采用浅灰白色真石漆，屋顶采用青灰色金属瓦。

（5）看立面图的标高尺寸，从轴Ⓐ～Ⓔ立面图可以知道室外地坪标高为-0.300 m，和平面图相一致。各层窗顶标高为 3.000 m、6.700 m、10.500 m、14.300 m。屋脊高度 18.200 m同平面图相一致。

（6）看立面图上的尺寸线，第一道尺寸线可以看出建筑高度为18.500 m（即18.200 m＋0.300 m）。第二道尺寸线可以看出一层层高为3.700 m，二、三、四层层高为3.800 m，屋顶层为3.100 m。第三道尺寸线可以看出窗台高度、窗户高度。

四、建筑剖面图

建筑剖面图，指的是假想用一个或多个垂直于外墙轴线的铅垂剖切面将房屋剖开，所得的投影图，简称剖面图。剖面图用以表示房屋内部的结构或构造形式、分层情况和各部位的联系、材料及其高度等，是与平、立面图相互配合的不可缺少的重要图样之一。

在施工过程中，建筑剖面图是进行分层、砌筑内墙、铺设楼板、屋面和楼梯、内部装修等施工依据。

剖面图的数量是根据房屋的具体情况和施工实际需要而决定的。剖切面一般横向，即平行于侧面，必要时也可纵向，即平行于正面。其位置应选择在能反映出房屋内部构造比较复杂与典型的部位，并应通过门窗洞的位置。若为多层房屋，应选择在楼梯间或层高不同、层数不同的部位。剖面图的图名应与平面图上所标注剖切符号的编号一致，如 $1-1$ 剖面图、$2-2$ 剖面图等。

五、建筑剖面图的主要内容

建筑剖面图的主要内容包括：

（1）墙、柱及其定位轴线。

（2）剖到的建筑构配件。

① 室外地面的地坪线（包括台阶、平台、散水、排水沟、地坑、地沟等）、室内地面和面层、各层的楼面和面层。两条实线并中间涂实表示混凝土板，两条实线的距离等于板厚。细实线表示面层线，在比例小于 $1：50$ 的剖面图中，可以不示出抹灰层，宜画出楼地面、屋面的面层线。

② 被剖到的屋顶。通过剖面图可以看出屋顶的形式是剖屋顶还是平屋顶。剖面图中可以示出排水坡度，平屋顶的排水坡度有两种做法：结构找坡，将支承屋面板的结构构

件筑成需要的坡度,然后在其上设屋面板。材料找坡,将屋面板平铺,然后在屋面板上,用建筑材料填成需要的坡度。剖面图中还示出隔热层或保温层、天窗、烟囱、水箱等构配件。

③ 被剖到的外墙,内墙、女儿墙(外墙延伸出屋面的女儿墙)以及这些墙面上的门、窗、窗套、过梁、框架梁、圈梁等构配件的截面形状、图例和留洞等构造,墙体一般只画到地坪线,或者地坪线以下适当位置用折断线断开。此外,示出了阳台、雨篷等构件。

④ 被剖到的楼梯梯段、楼梯梁、休息平台、休息平台梁。剖面图中断线涂实表示钢筋混凝土断面。图中可示出平台的面层线,梯段上的面层线可以示出也可以省略。

(3)按剖视方向画出未剖到的可见构配件。

① 室内的可见构配件。

剖面图示出看到的门窗、踢脚线、可见的楼梯段、栏杆、扶手等。

② 室外的可见构配件。

包括室外台阶平台、平台挡板、花坛以及可见的雨篷等。

③ 屋顶上的可见构配件。

屋面检修孔、水箱、设备等。

(4)各部位完成面(即建筑标高或包括粉刷层的高度尺寸)的标高和高度方向尺寸。

① 标高内容。室内外地面、各层楼面与楼梯平台、檐口或女儿墙顶面、高出屋面的水池顶面、烟囱顶面、楼梯间顶面、电梯间顶面等处的标高。

② 高度尺寸内容。

外部尺寸:门、窗洞口(包括洞口上部和窗台)高度,层间高度及总高度(室外地面至檐口或女儿墙顶)。有时,后两部分尺寸可不标注。

内部尺寸:地坑深度和隔断、搁板、平台、墙裙及室内门、窗等的高度。

注写的标高及尺寸应与立面图和平面图相一致。

(5)表示需画详图之处的索引符号。

表示楼、地面各层构造。一般可用引出线说明。引出线指向所说明的部位,并按其构造的层次顺序,逐层加以文字说明。若另画有详图,或已有"构造说明一览表"时,在剖面图中可用索引符号引出说明(如果是后者,习惯上这时可不做任何标注)。

六、剖面图的识图举例

图 4-10 所示为一教学楼的 1—1 剖面图,图 4-11 所示为 2—2 剖面图。

(1)了解图名和比例。图名为 1—1 剖面图、2—2 剖面图,比例为 1∶100。根据剖面图上剖切平面位置代号 1—1、2—2,在底面图上找到相应地剖切位置。1—1 剖在轴线 D~E 之间,通过楼梯间所作阶梯剖,2—2 剖在轴线 B~C 之间,通过外廊,穿过实训教室。

(2)了解每个房间的功能。在 2—2 剖面图中,根据平面图中的剖切位置及投影方向,可以看出,在 1F~3F,从①轴~③轴分别是走廊和实训教室。在 4F,从①轴~③轴分别是走廊和创业中心。

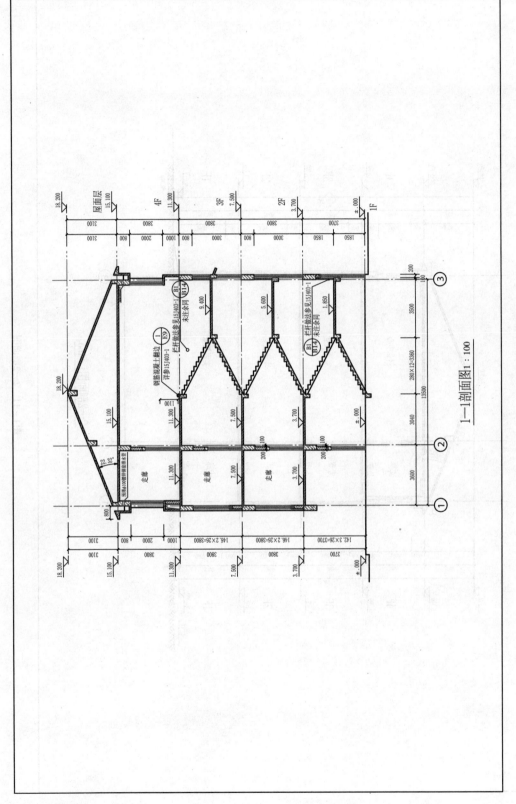

图4-10 1—1剖面图

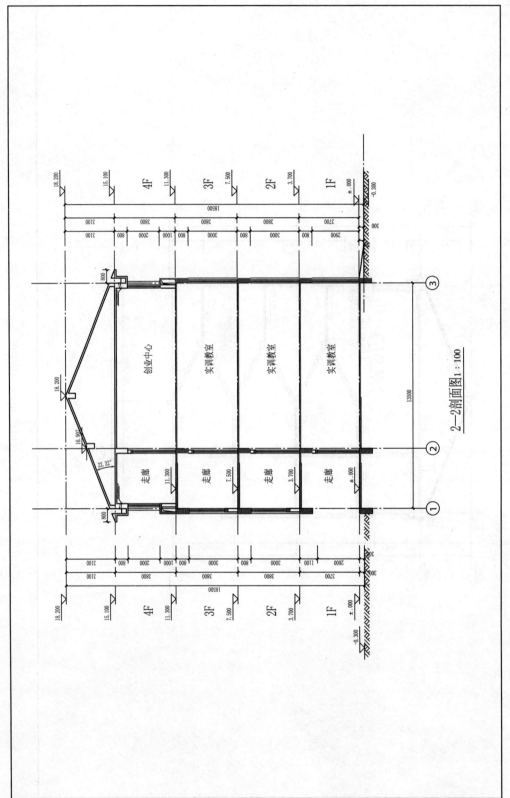

2—2剖面图1:100

图4－11　2—2剖面图

建筑工程测量技术

（3）读懂竖向的尺寸和标高。从两个剖面图中的标注可知底层的地面标高为±0.000 m，室外地坪标高−0.300 m，说明室内外高差为300 mm。一层层高为3.7 m，二、三、四层层高为3.8 m。从两个剖面图中还可知各层楼面的标高、窗户的高度和标高等。屋脊标高＋18.200 m。与平面图、立面图对照同时看，核对剖面图表示的内容与平面图和立面图是否一致。

（4）读懂详图索引符号、某些装修做法及用料注释。在1—1剖面图中，可以看到钢筋混凝土翻边大样索引，栏杆做法索引参见图集15J403−1。

第五节　建筑详图

一、建筑详图

建筑平面图、立面图、剖面图作为建筑施工图的基本图样，虽然已将建筑主体表达出来，但由于它们所采用的绘制比例都较小，无法把建筑物的细部构造及构配件形状、构造关系等表达清楚。根据施工需要，可采用较大比例详细绘制出建筑构配件、建筑剖面节点的详细构造。这种图称为建筑详图。

建筑详图主要用来表示细部的详细构造、形状、层次、尺寸、材料和做法，以及各部位的详细尺寸等。如今很多构件、配件可采用标准图集说明详细构造，施工图中可仅注明所采用的图集名称、编号或页次，施工时可配合相应图集施工。

二、建筑详图的类型

建筑详图的类型如下：

（1）构件详图，如门窗详图、阳台详图等详图。

（2）局部构造详图，如墙身详图、楼梯详图、卫生间详图等详图。

（3）装饰构造详图，如门窗套装饰构造详图等详图。

本节对墙身详图、楼梯详图加以介绍。

三、索引符号和详图符号

（一）索 引 符 号

用索引符号索引图样中的某一局部或需要另附详图的构件，索引符号可以清楚地表达出详图的编号、详图位置和详图所在图纸的编号，以方便查找构件详图。如图4−12所示。

如图4−12(a)所示，详图和与索引的图样在一张图纸上。水平细线将索引符号分成两半，上半圆中的数字表示详图编号，下半圆中的"—"表示详图在本张图纸上。

如图4−12(b)所示，详图与被索引的图样不在同一张纸上。水平细线将索引符号分成两半，上半圆中的数字表示详图编号，下半圆中的数字表示详图所在图纸的图纸号。

如图 4-12(c)所示,详图为标准图集上的详图。索引符号水平直线的延长线上加注标准图集的编号。

如图 4-12(d)所示,索引符号用于索引剖视详图。在被剖切的部位绘制剖切位置线,并以引出线引出索引符号,引出线所在的一侧应为投射方向。

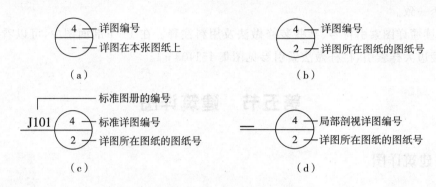

图 4-12 索引符号

(二)详图符号

详图的位置和编号,应以详图符号表示。

如图 4-13(a)所示,详图和与索引的图样在一张图纸上。详图符号内用阿拉伯数字表示详图的编号。

如图 4-13(b)所示,详图与被索引的图样不在同一张纸上。水平细线将详图符号分成两半,上半圆中的数字表示详图编号,下半圆中的数字表示被索引图纸的图纸号。

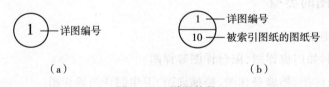

图 4-13 详图符号

四、外墙详图

外墙详图是建筑剖面图中外墙身部分的局部放大图,也称为墙身大样图或外墙身详图。

外墙详图主要表达的内容:①地面、楼面、屋面与墙身的关系。②排水沟、散水、防潮层、勒脚、窗台、过梁、屋檐、天沟、女儿墙等部位的细部构造、材料、尺寸大小与墙身的关系。

外墙详图配合建筑平面图使用,可作为施工砌墙、门窗安装、室内外装修、放预支构、配件、编制施工预算及材料估算的重要依据。

外墙详图的主要内容:

(1)图名比例。图名是按照该墙身在底层平面图中的局部剖切线的编号来命名的。比如"1-1墙身剖面图"。它要与平面图中的剖切位置或立面图上的详图索引标志、朝向、轴线编号要一致。外墙详图一般采用1∶20的比例绘制。

（2）定位轴线编号。外墙详图上需标注定位轴线的编号，当几个轴线上的墙体可用一个外墙详图表示时，应同时注明各有关轴线的编号。通用详图的定位轴线应只画圆，不注写轴线编号。

（3）外墙厚度及定位。墙是居轴线中还是偏向一侧，墙体线条变化在外墙详图上都可以表达清楚。

（4）首层室内、外地面的节点做法。①明沟做法、散水做法、台阶或坡道做法，室外勒脚做法。②首层地面与暖气沟和暖气槽以及暖气管件做法、室内踢脚板和墙裙做法。③墙身防潮层做法、首层室内外窗台做法。

（5）中间楼层处节点做法。①楼地面、内外墙、踢脚板或墙裙、顶棚、吊顶做法。②门窗过梁、圈梁、遮阳板、雨篷、空调机位、阳台、栏杆、栏板。③内外窗台、窗帘及窗帘盒（窗帘杆）。

（6）屋顶处节点做法。①屋面、顶层屋面板、室内顶棚、吊顶做法。②女儿墙、雨篷、遮阳板、过梁等做法。③檐口、天沟、下水口、雨水斗、雨水管等屋面排水做法。

（7）各个部位的标高及详图索引符号。标高包括：①室内外地坪、各层楼面、屋顶的标高。②防潮层、底层窗下墙、门窗洞口、过梁、窗间墙、墙顶、檐口、女儿墙的标高。

（8）内外墙粉刷线。墙身详图中应用细实线画出粉刷线并填充材料图例。

五、外墙详图的识图举例

图4-14所示为一墙身详图，图示内容如下：

（1）图名比例。图名为"1-1墙身剖面图"。比例为1∶20。

（2）定位轴线编号。定位轴线为19轴。

（3）外墙厚度及定位。墙体厚度为200 mm。墙是偏向外一侧，墙外侧距轴线300 mm。一层处窗台高800 mm，窗台压顶高1100 mm，窗户高1800 mm，窗上为窗过梁。二层为落地窗，窗高3000 mm，窗内侧做了600 mm的栏板和300 mm的栏杆。

（4）首层室内、外地面的节点做法。地面做法见±0.000 m标高处，由下而上：①素石夯实；②60 mm厚的C20混凝土；③20 mm厚的防水砂浆；④20 mm厚1∶2.5的水泥砂浆。

（5）中间楼层处节点做法。2层（3层、4层）楼层处做法由下而上：①刷白色涂料两道；②20 mm厚1∶2.5混合砂浆；③120 mm厚的现浇混凝土楼板；④20 mm厚1∶2.5水泥砂浆。其中①和②为一层（二层、三层）顶棚做法，③为结构层，④为二层（三层、四层）地面做法。

（6）屋顶处节点做法。屋顶形式为坡屋顶，在标高15.100 m处的做法由下往上：①刷白色涂料两道；②20 mm厚1∶2.5混合砂浆；③120 mm厚的现浇混凝土楼板。其中①和②为四层的顶棚做法，③为结构层。屋面做法由下往上：①结构板；②隔汽层为油膏一道；③保护层为苯板100 mm；④20 mm厚M15预拌砂浆找平层；⑤3 mm厚SBS聚酯胎Ⅰ型改性沥青防水卷材；⑥10 mm厚低强度等级砂浆隔离层；⑦轻型钢条；⑧0.4 mm彩色瓦楞板。图中还示出了坡屋面的角度为22.32°，表示出了檐口、天沟、排水管等屋面排水做法。

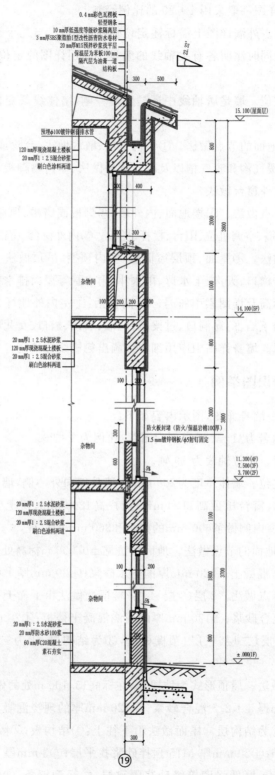

图 4-14　1—1 墙身剖面图 1：20

(7)各个部位的标高及详图索引符号。标高包括：①室内外地坪标高为±0.000 m、二层标高为3.700 m，三层标高为7.500 m，四层标高为11.300 m，屋面层标高为15.100 m。根据楼地面标高和尺寸标注可以得出底层窗下墙、门窗洞口、过梁、墙顶、檐口等标高。

(8)内外墙粉刷线。墙身详图中应用细实线画出粉刷线并填充材料图例。

六、楼梯详图

楼梯是建筑构造比较复杂的部分，通常单独画出。楼梯详图表达了楼梯形式、结构类型、各部位的尺寸和细部做法。楼梯详图是楼梯施工放样的依据。

楼梯详图通常按建筑详图与结构详图来绘制，建筑详图表达楼梯建筑构造部分，列入建筑施工图中。结构详图表达钢筋混凝土结构部分，列入结构施工图中。有些简单的楼梯，可将建筑详图和结构详图合并绘制。列入建筑施工图或结构施工图中均可。

楼梯包括以下部分：楼梯段(板式楼梯包括梯板及踏步，梁式楼梯包括梯板、踏步及斜梁)、休息平台(包括平台板和平台梁)、栏杆(或者栏板)。

根据楼梯构件的分类，楼梯详图需要绘制楼梯平面图(首层平面图、标准层平面图、顶层平面图)、楼梯剖面图、楼梯节点详图(踏步、栏杆、栏板和扶手详图)。

(一)楼梯平面图

楼梯平面图是在距地面一米以上的位置，用一个假想的水平剖切面去剖切，然后向下做的投影图。被剖到的梯段用一根45°的折断线表示。为了表明该层往上或往下走多少步数可以到达上一层或下一层的楼面，需在每一个梯段上画一个箭头表走向，在旁边注写"上"或"下"以及步数。楼梯平面图应分层绘制，主要分别绘制首层平面图、标准层平面图、顶层平面图。

下面以双跑楼梯举例说明楼梯平面图的主要内容。

(1)底层平面图表示出第一跑楼梯剖切以后剩下的部分梯段，绘制一个箭头，并注写"上 X 步"。第一梯段下，如果设置了储藏间或卫生间，还要显示出该跑楼梯下面的隔墙和门。首层平面图中，还标出楼梯剖面图的剖切符号。

(2)标准层平面图，绘出被剖切的向上走的梯段、向下走的完整的梯段、休息平台、从休息平台向下走的梯段。从休息平台向下走的梯段与被剖切的向上走的梯段的投影重合，以45°折断线为分界。

(3)顶层平面图，绘出两个完整的梯段和休息平台以及安全栏杆的位置。并标注"下"的长箭头。

(4)图中标明楼地面和休息平台的标高。

(5)各部位尺寸标注。注明楼梯段的宽度，上下两端之间的水平距离，休息平台板的宽度，楼梯段的水平投影长度，即踏步宽×(楼梯段的踏步数-1)=楼梯段的水平投影长度，楼层板的宽度。

(6)楼梯间墙厚、门窗的位置及尺寸。

(二)楼梯剖面图

楼梯剖面图是假想用一个铅锤平面,沿着各层的一个梯段、平台及门窗洞将楼梯剖切,向另一个未剖到的梯段方向所作的正投影图。

楼梯剖面图的主要内容:

(1)楼梯结构形式及所用材料。

(2)墙体、门窗、地面、休息平台、楼面、栏杆及扶手的构造做法。

(3)楼梯段的长度、梯井宽度、踏步级数、踏步宽度、踏步高度。

(4)各个楼层和各层休息平台的标高和详图索引。

(三)楼梯节点详图

楼梯节点主要包括踏步、扶手、栏杆、防滑条、钢筋混凝土翻边。楼梯节点详图需用更大的比例才能更清晰地表示节点的材料、尺寸以及构造做法。楼梯节点详图是详图中的详图,所以要用详图索引标志画详图。

楼梯踏步有水平踏步和垂直踢面组成。踏步详图有表面踏步截面形状及大小、材料与面层做法。在踏步平面靠沿部位设置一条或两条防滑条,防止踏面边沿磨损较大易滑倒。

栏杆与扶手是在靠梯段和平台悬空一侧设置栏杆或栏板来保障上下行人的安全。栏杆上设置满足一般手握适度弯曲的扶手。

如采用标准图集上的做法。可直接索引注明图集名称以及节点编号。

七、楼梯详图识图举例

图 4-15 所示为一双跑楼梯详图。其主要内容如下:

1. 楼梯平面图

(1)楼梯一层平面图表示出第一跑楼梯剖切以后剩下的部分梯段,绘制一个箭头,并注写"上 13 步+13 步"表示第一梯段和第二梯段级数均为 13 步。图中标出楼梯剖面图的剖切符号 1—1。

(2)楼梯二、三层平面图中,绘出 3.700 m(7.500 m)处楼层、第三跑被剖切以后的下半部、第二跑的全部、标高为 1.850 m(5.600 m)处的休息平台、第一跑的上半部。第三跑被剖切以后的下半部和第一跑的上半部以 45°折断线为分界。

(3)顶层平面图,绘出两个完整的梯段和标高为 9.400 m 处的休息平台以及安全栏杆的位置。并标注"下"的长箭头。

(4)图中标明楼地面和休息平台的标高。一楼地面±0.000 m,一楼休息平台 1.850 m,二楼地面 3.700 m,二楼休息平台 5.600 m,三楼地面标高 7.500 m,三楼休息平台 9.400 m,屋面层标高 11.300 m。

(5)各部位尺寸标注。楼梯段的水平投影长度为 12×280=3360(mm),即踏步宽×(楼梯段的踏步数-1)=楼梯段的水平投影长度,楼层板的宽度为 3040 mm。标高 1.850 m、标高 5.600 m 处的休息平台宽度为 3600 mm。标高 9.400 m 处休息平台宽度为

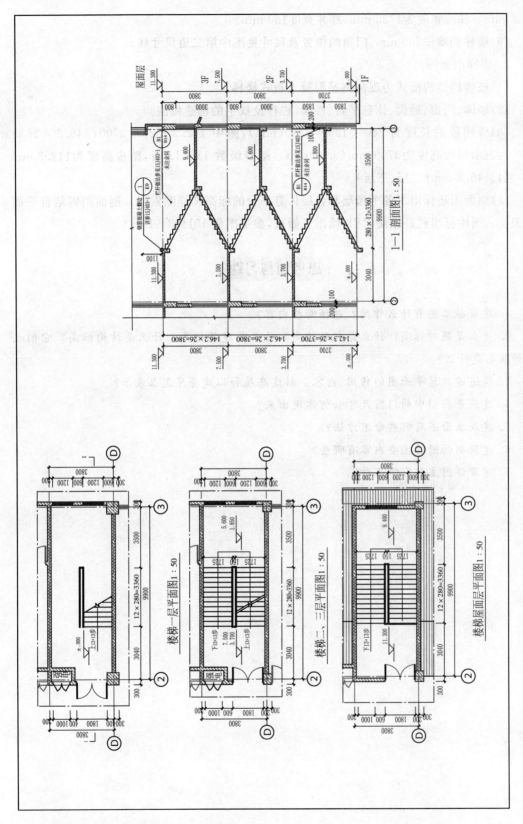

图4－15　楼梯详图

3200 mm。梯段宽度为1725 mm,梯井宽度150 mm。

(6)楼梯间墙厚200 mm、门窗的位置及尺寸见图中第二道尺寸线。

2. 楼梯剖面图

(1)该楼梯结构形式为现浇钢筋混凝土板式楼梯。

(2)墙体、门窗、地面、休息平台、楼面、栏杆及扶手的构造做法。

(3)楼梯段的长度为 $280 \times 120 = 3360 (mm)$,图中 $142.3 \times 26 = 3700 (146.2 \times 26 = 3800)$,表示梯段高度为3700 mm(3800 mm),踏步级数 $13+13$ 级,踏步高度为142.3 mm(一层)、146.2 mm(二层、三层)。

(4)剖面图还标出了各个楼层和各层休息平台的标高和详图索引。剖面图需结合平面图识读。图中标出栏杆做法索引,给出了做法,参见图集15J403-1。

思考题与习题

1. 建筑施工图有什么作用? 包括哪些内容?

2. 什么是绝对标高? 什么是相对标高? 什么是建筑标高? 什么是结构标高? 它们之间的联系是什么?

3. 简述建筑总平面图的作用、内容。新建房屋和拟建房屋怎么表示?

4. 建筑平面图中的门窗尺寸如何体现出来?

5. 建筑立面图有哪些命名方法?

6. 建筑剖面图的主要内容有哪些?

7. 建筑详图主要有哪几种?

第五章　施工控制测量

知识要点

施工控制测量是施工的基础。了解施工控制测量基本概念基本原理,掌握施工测量基本方法。

学习目标

通过本章内容的学习,使学生学会施工控制测量外业内业基本方法,能对不同的施工项目采取不同的测量方法。

本章重点

(1)了解控制测量的分类及基本概念。

(2)掌握导线控制测量、三四等水准测量的内外业及用水准仪、经纬仪与全站仪等测量仪器进行施工测设的基本工作。

(3)掌握施工坐标与测图坐标的关系,以及建筑平面控制线的布置与测设。

本章难点

控制测量的内外业及建筑平面控制线的布置与测设。

第一节　导线测量

一、概述

在绪论中已经指出测量工作必须遵循"从整体到局部,由高级到低级,先控制后碎部"的原则。因此,必须先建立控制网,然后根据控制网进行碎部测量和测设。由在测区内所选定的若干个控制点而构成的几何图形称为控制网。控制网分为平面控制网和高程控制网两种。测定控制点平面位置(x,y)的工作称为平面控制测量。测定控制点高程 H 的工作称为高程控制测量。

在全国范围内建立的控制网称为国家控制网。它是全国各种比例尺测图的基本控制,并为确定地球的形状和大小提供研究资料。国家控制网是用精密测量仪器和方法依照施测精度按一等、二等、三等、四等四个等级建立的,从精度上讲,其低级控制点受高级控制点逐级控制。

如图 5-1 所示,一等三角锁是国家平面控制网的骨干;二等三角网布设于一等三角锁环内,是国家平面控制网的全面基础;三、四等三角网为二等三角网的进一步加密。建立国家平面控制网主要采用三角测量的方法。近几年来电磁波测距技术在测量工作中得到广泛的应用,国家三角网的起始边(图5-1中用双线标明)采用电磁波测距仪直接测定。

如图5-2所示,一等水准网是国家高程控制网的骨干。二等水准网布设于一等水准环内,是国家高程控制网的全面基础。三、四等水准网为国家高程控制网的进一步加密。建立国家高程控制网采用精密水准测量的方法。

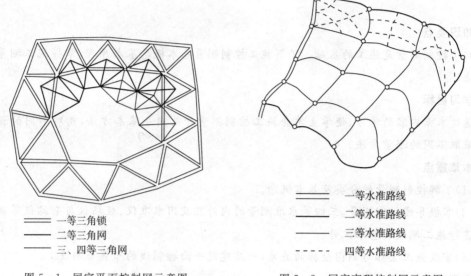

一等三角锁
二等三角网
三、四等三角网

一等水准路线
二等水准路线
三等水准路线
四等水准路线

图5-1　国家平面控制网示意图　　　　图5-2　国家高程控制网示意图

在城市或厂矿等地区一般应在上述国家控制点的基础上根据测区的大小和施工测量的要求布设不同等级的城市平面控制网和高程控制网以供地形测图和施工放样使用。国家或城市控制点的平面直角坐标和高程均已求得其数据,可向有关测绘机关索取。

在小区域(面积15 km²以下)内建立的控制网称为小区域控制网。测定小区域控制网的工作称为小区域控制测量。小区域控制网分为平面控制网和高程控制网两种。小区域控制网应尽可能以国家或城市已建立的高级控制网为基础进行连测,将国家或城市高级控制点的坐标和高程作为小区域控制网的起算和校核数据。若测区内或附近无国家或城市控制点或附近有这种高级控制点而不便连测时则建立测区独立控制网。此外,为工程建设而建立的专用控制网或个别工程出于某种特殊需要在建立控制网时也可以采用独立控制网。高等级公路的控制网一般应与附近的国家或城市控制网连测。

小区域平面控制网应视测区面积的大小分级建立测区首级控制和图根控制。直接供地形测图使用的控制点称为图根控制点,简称图根点。测定图根点位置的工作称为图根控制测量。图根点的密度取决于测图比例尺和地物、地貌的复杂程度。

小区域高程控制网也应视测区面积大小和工程要求采用分级的方法建立。一般以国家或城市等级水准点为基础在测区建立三、四等水准线路或水准网;再以三、四等水准点为基础测定图根点的高程。

二、导线测量

导线测量是平面控制测量中的一种方法,主要用于隐蔽地区、带状地区、城建区、地下工程、公路、铁路和水利等控制点的测量。

将测区内相邻控制点连成直线而构成的折线图形称为导线。构成导线的控制点称为导线点,折线边称为导线边。导线测量就是依次测定各导线边的长度和各转折角,根据起算数据推算各边的坐标方位角,从而求出各导线点的坐标。

(一)导线测量的布设形式

根据测区的情况和要求,导线可布设成以下三种形式:

(1)闭合导线。如图5-3(a)所示,从一个高级控制点出发经过若干个未知控制点最后仍回到这一高级控制点组成闭合多边形。导线起始方位角和起始坐标可以分别测定和假定。导线附近若有高级控制点(三角点或导线点)应尽量使导线与高级控制点连接,如图5-3(b)和图5-3(c)所示是导线直接连接和间接连接的形式,其中 β_A 和 β_B 为连接角,D_{A_1} 为连接边。连接后可获得起算数据使之与高级控制点连成统一的整体。闭合导线多用在面积较宽阔的独立地区作为测设控制。

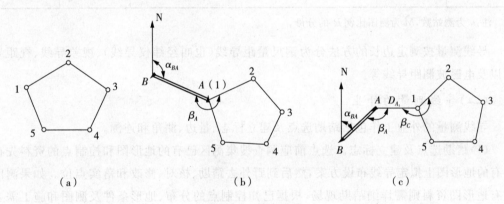

图5-3 闭合导线

(2)附合导线。如图5-4所示,从一个高级控制点出发经过若干个未知控制点最后附合到另一高级控制点上。附合导线多用在带状地区作测图控制。此外也广泛用于公路、铁路、水利等工程的勘测与施工。

(3)支导线。如图5-5所示,从一个控制点出发既不闭合也不附合于已知控制点上。局部区域控制点的密度不够而采用此方法进行加密。

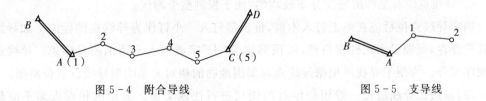

图5-4 附合导线　　　　　　　　图5-5 支导线

闭合导线和附合导线在外业测量与内业计算中都能校核,它们是布设导线的主要形式。支导线没有校核条件,差错不易发现,故支导线的点数不宜超过两个,一般仅作补点使用。

在局部地区的地形测量和一般工程测量中,根据测区范围及精度要求,导线测量分为一级导线、二级导线、三级导线和图根导线四个等级。它们可作为国家四等控制点或国家 E 级 GPS 点的加密,也可以作为独立地区的首级控制。各级导线测量的主要技术要求参考表 5-1 所列。

表 5-1　导线测量的主要技术要求

等级	导线长/ km	平均边长/ km	测角中误差/ (″)	测回数		角度闭合差/ (″)	相对闭合差
				DJ$_6$	DJ$_2$		
一级	4.0	0.50	5	4	2	$10\sqrt{n}$	1/15000
二级	2.4	0.25	8	3	1	$16\sqrt{n}$	1/10000
三级	1.2	0.10	12	2	1	$24\sqrt{n}$	1/5000
图根	≤1.0M	≤1.5 测图 最大视距	20	2	—	$40\sqrt{n}$	1/2000

注:n 为测站数,M 为测图比例 R 的分母。

导线测量按测定边长的方法分为钢尺量距导线(也叫经纬仪导线)、视差导线、视距导线以及电磁波测距导线等。

(二)导线测量的外业

导线测量的外业工作包括踏勘选点及建立标志、量边、测角和连测。

(1)踏勘选点及建立标志。选点前应调查搜集测区已有的地形图和控制点的资料先在已有的地形图上拟定导线布设方案,然后到野外去踏勘、核对、修改和落实点位。如果测区没有地形图资料则需详细踏勘现场,根据已知控制点的分布、地形条件及测图和施工需要等具体情况合理地选定导线点的位置。选点时应满足下列要求:

① 相邻点间必须通视良好,地势较平坦,便于测角和量距;

② 点位应选在土质坚实处,便于保存标志和安置仪器;

③ 视野开阔便于测图或放样;

④ 导线各边的长度应大致相等,除特殊条件外,导线边长一般为 50～350 m,平均边长符合表 5-1 所列的规定;

⑤ 导线点应有足够的密度分布较均匀,便于控制整个测区。

确定导线点位后应在地上打入木桩,桩顶部钉入一小钉作为导线点的标志。如导线点需长期保存,可埋设水泥桩或石桩,桩顶部刻凿"十"字或嵌入不锈钢测量标志。导线点应按顺序编号。为便于寻找可根据导线点与周围地物的相对关系绘制导线点点位略图。

(2)量边。导线边长一般用检定过的钢尺进行往返丈量。丈量的相对误差不应超过

表 5-1 中的规定。满足要求时取其平均值作为丈量的结果。如果导线边遇障碍不能直接丈量可采用电磁波测距仪测定。用电磁波测距仪测定导线边长的中误差一般为 ±1 cm。无测距仪时可采用间接方法测定。如图 5-6 所示,导线边 FG 跨越河流,这时选定一点 P,要求基线 FP 便于丈量且 △FGP 接近等边三角形。丈量基线长度 b,观测内角 α、β、γ,当内角和与 180° 之差不超过 60″时则将闭合差反符号均分于三个内角。然后用正弦定律算出导线边 FG 边长

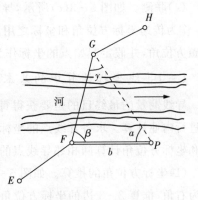

图 5-6 详图符号

$$FG = b\frac{\sin\alpha}{\sin\gamma} \tag{5-1}$$

(3)测角。导线的转折角有左、右之分,在导线前进方向左侧的称为左角而右侧的称为右角。对于附合导线,应统一观测左角或右角(在公路测量中一般是观测右角);对于闭合导线则观测内角。当采用顺时针方向编号时,闭合导线的右角即为内角,逆时针方向编号时则左角为内角。

导线的转折角通常采用测回法进行观测。各级导线的测角技术要求参见表 5-1 所列。对于图根导线,一般用 DJ$_6$ 级光学经纬仪测一个测回,盘左、盘右测得角值的较差不大于 40″时则取其平均值作为观测结果。

当测角精度要求较高而导线边长又比较短时,为了减少对中误差和目标偏心误差,可采用三联脚架法作业。如图 5-7(a)所示,经纬仪置于导线点 2 时,在点 1、3 上安置与观测仪器同型号的三脚架和基座,基座上插入照准用的觇标。导线点 2 测角结束后将经纬仪照准部和 3 点上的觇标自基座上取出,并互相对调,将 1 点的三脚架连同觇标迁至 4 点,这样在 3 点又进行角度观测。依次向前作业直到测完全部转折角为止。图 5-7(b)所示为觇标实物。

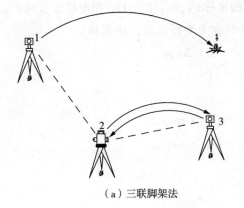

(a)三联脚架法

(b)觇标

图 5-7 三联脚架法作业及觇标的示意图

(4)联测。如图 5-3(c)所示，导线与高级控制网联测，必须观测连接角 β_A、β_C，连接边 D_{A_1} 作为传递坐标方位角和坐标之用。若附近无高级控制点，可用罗盘仪观测导线起始边的磁方位角，并假定起始点的坐标作为起算数据。

(三)导线坐标计算中的基本公式

导线测量的最终目的是要获得每个导线点的平面直角坐标，因此，外业工作结束后就要进行内业计算。求各导线点的坐标需要依次推算各导线边的坐标方位角，由导线边的边长和坐标方位角计算两相邻导线点的坐标增量，然后推算各点的坐标。

(1)坐标方位角的推算。如图 5-8 所示，α_{12} 为起始方位角。图 5-8(a)所示的 β_2 转折角为右角，推算 2-3 边的坐标方位角为

$$\alpha_{23} = \alpha_{12} + 180° - \beta_2 \tag{5-2}$$

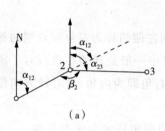
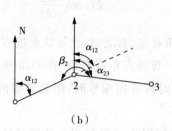
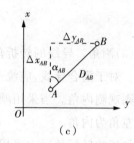

(a)　　　　　　　　(b)　　　　　　　　(c)

图 5-8　坐标方位角

因此用右角推算方位角的一般公式为

$$\alpha_{前} = \alpha_{后} + 180° - \beta_{右} \tag{5-3}$$

式中：$\alpha_{前}$ 表示前一条边的方位角；$\alpha_{后}$ 表示后一条边的方位角。

同理，图 5-8(b)所示的 β_2 转折角为左角，推算方位角的一般式为

$$\alpha_{前} = \alpha_{后} + \beta_{左} - 180° \tag{5-4}$$

必须注意推算出的方位角如大于 360° 则应减去 360°，若出现负值时则应加上 360°。

(2)坐标正算。根据已知点坐标、边长和坐标方位角计算未知点坐标。如图 5-8(c)所示，设 A 为已知点，B 为未知点，当 A 点的坐标 x_A、y_A，边长 D_{AB} 和坐标方位角 α_{AB} 均为已知时，则可求得 B 点的坐标 x_B、y_B。这种计算称为坐标正算。由图知

$$\begin{cases} x_B = x_A + \Delta x_{AB} \\ y_B = y_A + \Delta y_{AB} \end{cases} \tag{5-5}$$

其中：

$$\begin{cases} \Delta x_{AB} = D_{AB} \cdot \cos\alpha_{AB} \\ \Delta y_{AB} = D_{AB} \cdot \sin\alpha_{AB} \end{cases} \tag{5-6}$$

所以式(5-4)又可写成

$$\begin{cases} x_B = x_A + D_{AB} \cdot \cos\alpha_{AB} \\ y_B = y_A + D_{AB} \cdot \sin\alpha_{AB} \end{cases} \tag{5-7}$$

式中:Δx_{AB} 和 Δy_{AB} 称为 AB 边的坐标增量。

坐标方位角和坐标增量均带有方向性,注意下标的书写。当坐标方位角位于第一象限时,坐标增量均为正数;当坐标方位角位于第二象限时,Δx_{AB} 为负数,Δy_{AB} 为正数;当坐标方位角位于第三象限时,坐标增量均为负数;当坐标方位角位于第四象限时,Δx_{AB} 为正数,Δy_{AB} 为负数。

(3)坐标反算。由两个已知点的坐标反算坐标方位角和边长。边的坐标方位角可根据两端点的已知坐标反算出来,这种计算称为坐标反算。如图 5-8(c)所示,设 A、B 为两已知点,其坐标分别为 x_A、y_A 和 x_B、y_B,则可得

$$\tan\alpha_{AB} = \Delta y_{AB} / \Delta x_{AB} \tag{5-8}$$

$$D_{AB} = \sqrt{\Delta x_{AB}^2 + \Delta y_{AB}^2} \tag{5-9}$$

式中:$\Delta x_{AB} = x_B - y_A$;$\Delta y_{AB} = y_B - y_A$。

按式(5-8)求得的 α_{AB} 可在四个象限之内,它由 Δx_{AB} 和 Δy_{AB} 的正负符号确定,计算时应注意按下列关系区别:

① 当 $\Delta x_{AB} > 0$ 且 $\Delta y_{AB} \geqslant 0$ 时,

$$\tan\alpha_{AB} = \arctan\frac{\Delta y_{AB}}{\Delta x_{AB}}$$

② 当 $\Delta x_{AB} = 0$ 且 $\Delta y_{AB} > 0$ 时,

$$\alpha_{AB} = 90°$$

③ 当 $\Delta x_{AB} = 0$ 且 $\Delta y_{AB} < 0$ 时,

$$\alpha_{AB} = 270°$$

④ 当 $\Delta x_{AB} < 0$ 时,

$$\alpha_{AB} = 180° + \arctan\frac{\Delta y_{AB}}{\Delta x_{AB}}$$

⑤ 当 $\Delta x_{AB} > 0$ 且 $\Delta y_{AB} < 0$ 时,

$$\alpha_{AB} = 360° + \arctan\frac{\Delta y_{AB}}{\Delta x_{AB}}$$

(四)闭合导线坐标计算

闭合导线坐标计算是按一定的次序在表 5-2 中进行,也可以用计算程序在计算机上计算。计算前应检查观测成果是否符合技术要求,然后将角度、起始边方位角、边长和起算点坐标分别填入表中 2、5、6、10、14 栏或输入计算机。计算时还应绘制导线略图。现以闭合四边形导线为例说明闭合导线坐标计算的步骤。

(1)角度闭合差的计算与调整。闭合导线实测的 n 个内角总和 $\sum\beta_{测}$ 不等于其理论值 $180°(n-2)$,其差称为角度闭合差,以 f_β 表示:

$$f_\beta = \sum \beta_测 - 180°(n-2) \tag{5-10}$$

各级导线角度闭合差的容许值 $f_{\beta容}$ 见表 5-1 所列,例如,图根导线: $f_{\beta容} = \pm 40'' \sqrt{n}$。

若 $f_\beta \leqslant f_{\beta容}$,则可进行角度闭合差的调整,否则应分析情况进行重测。角度闭合差的调整原则是将 f_β 以相反的符号平均分配到各观测角中,即各角的改正数为

$$V_\beta = -f_\beta / n \tag{5-11}$$

计算时,根据角度取位的要求,改正数可凑整到 $1''$。若不能均分,一般情况下给短边的夹角多分配一点使各角改正数的总和与反号的闭合差相等,即 $\sum V_\beta = -f_\beta$。

表 5-2 所列为四边形图根导线的计算实例,分配的改正数与各观测角值的和为改正后的角值,填入第 3 栏。

表 5-2 四边形图根导线的计算实例

点号	观测角值 β/ (° ′ ″)	角度改正数/ (″)	改正后角值/ (° ′ ″)	坐标方位角/ (° ′ ″)	边长 D/m	纵坐标增量 Δx 计算值/m	改正数/cm	改正后的值/m	纵坐标 x/m	横坐标增量 Δy 计算值/m	改正数/cm	改正后的值/m	横坐标 y/m
1	2	3	4	5	6	7	8	9	10	11	12	13	14
A	97 39 35	−5	97 39 30						500.00				500.00
1	116 18 47	−6	116 18 41	141 05 21	132.59	−103.17	−2	−103.19	396.81	+83.28	+3	+83.31	583.31
2	11 26 06	−6	11 26 00	77 24 02	87.11	+19.00	−1	+18.99	415.80	+85.01	+2	+85.03	668.34
3	121 52 22	−6	121 52 16	12 50 02	96.27	+93.86	−1	+93.85	509.65	+21.38	+2	+21.40	689.74
4	88 43 39	−6	88 43 33	314 42 18	131.25	+92.33	−2	+92.31	601.96	−93.28	+2	−93.26	596.48
A				223 25 51	140.38	−101.94	−2	−101.96	500.00	−96.51	+3	−96.48	500.00
1				141 05 21									
$\sum$	540 00 29	−29	540 00 00		587.60	$f_x = +0.08$	−8	0		$f_y = -0.12$	+12	0	
辅助计算	\multicolumn{13}{l}{$f_\beta = 540°00'29'' - 540°00'00'' = +29''$ $f_x = +0.08$ $f_y = -0.12$}

辅助计算: $f_\beta = 540°00'29'' - 540°00'00'' = +29''$　$f_x = +0.08$　$f_y = -0.12$

$f = \sqrt{f_x^2 + f_y^2} = 0.144 \text{(m)}$　$f_{\beta容} = \pm 40'' \sqrt{n} = \pm 40'' \sqrt{5} \approx \pm 89''$　$k = \dfrac{f}{\sum D} = \dfrac{0.144}{587.60} \approx \dfrac{1}{4080}$

(2)推算各边的坐标方位角。根据起始方位角及改正后的转折角可按下式依次推算各边的坐标方位角填入表中第 5 栏。

$$\beta_前 = \alpha_后 + \beta_左 - 180° \tag{5-12}$$

$$\alpha_前 = \alpha_后 + 180° - \beta_右 \tag{5-13}$$

在推算过程中,如果算出 $\alpha_前 > 360°$,则应减去 $360°$;如果算出 $\alpha_前 < 0°$,则应加上 $360°$。

为了发现推算过程中的差错,最后必须推算至起始边的坐标方位角,看其是否与已知值相等,以此作为计算校核。

（3）计算各边的坐标增量。根据各边的坐标方位角 α 和边长 D，按式（5-5）计算各边的坐标增量将计算结果填入表中第 7、11 栏。

（4）坐标增量闭合差的计算与调整。闭合导线的纵横坐标增量总和的理论值应为零，即

$$\begin{cases} \sum \Delta_{x理} = 0 \\ \sum \Delta_{y理} = 0 \end{cases} \tag{5-14}$$

由于测量误差，改正后的角度仍有残余误差，坐标增量总和的 $\sum \Delta_{x测}$、$\sum \Delta_{y测}$ 一般都不为零，其值称为坐标增量闭合差（图5-9），以 f_x、f_y 表示，即

$$\begin{cases} f_x = \sum \Delta_{x测} \\ f_y = \sum \Delta_{y测} \end{cases} \tag{5-15}$$

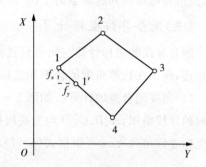

图 5-9　坐标增量闭合差

这说明，实际计算的闭合导线并不闭合而存在一个缺口 $1-1'$，这个缺口的长度称为导线全长闭合差以 f 表示。

$$f = \sqrt{f_x^2 + f_y^2} \tag{5-16}$$

由图知导线越长全长闭合差也越大。因此，通常用相对闭合差来衡量导线测量的精度，导线的全长相对闭合差按下式计算：

$$K = \frac{f}{\sum D} = \frac{1}{\dfrac{\sum D}{f}} \tag{5-17}$$

式中：$\sum D$ 为导线边长的总和。导线的全长相对闭合差应满足表5-1的规定。否则，应首先检查记录和全部内业计算，必要时到现场检查，重测部分或全部成果。若 K 值符合精度要求，则可将增量闭合差以 f_x、f_y 相反符号按与边长成正比分配到各增量中。任一边分配的改正数按下式计算

$$\begin{cases} V_{\Delta_{xi}} = -\dfrac{f_x}{\sum D} D_i \\ V_{\Delta_{yi}} = -\dfrac{f_y}{\sum D} D_i \end{cases} \tag{5-18}$$

改正数应按增量取位的要求凑整至厘米或毫米，并且必须使改正数的总和与反符号闭合差相等，即

$$\begin{cases} \sum V_{\Delta_x} = -f_x \\ \sum V_{\Delta_y} = -f_y \end{cases} \quad (5-19)$$

改正数分别写在表中第 8、12 栏,然后计算改正后的坐标增量,将其填入表中第 9、13 栏。

(5)坐标计算。根据起始点的已知坐标和改正后的坐标增量按式(5-19)依次推算各点的坐标,并填入表中第 10、14 栏。

如果导线未与高级点连接,则起算点的坐标可自行假定。为了检查坐标推算中的差错,最后还应推回到起算点的坐标,看其是否和已知值相等,以此作为计算校核。

(五)附合导线坐标计算

附合导线的坐标计算与闭合导线的坐标计算基本上相同,但由于附合导线两端与已知点相连,所以在计算角度闭合差和坐标增量闭合差上不同。下面介绍这两项的计算方法。

(1)角度闭合差的计算。如图 5-10 所示,(a)为观测左角时的导线略图,(b)为观测右角时的导线略图,A、B、C、D 均为高级控制点,它们的坐标均已知,起始边 AB 和终止边 CD 的坐标方位角 α_{AB}、α_{CD} 可根据式(5-7)求得。

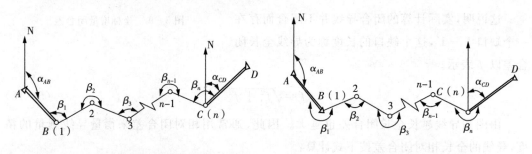

(a)观测左角时的导线略图　　　　　　　(b)观测右角时的导线略图

图 5-10　附合导线示意图

由起始边方位角 α_{AB} 经各转折角推算终止边的方位角 α'_{CD},理论上应与已知值 α_{CD} 相等,但由于测角有误差,推算的 α'_{CD} 与已知值 α_{CD} 不相等,其差数即为附合导线角度闭合差 f_β,即

$$f_\beta = \alpha'_{CD} - \alpha_{CD} \quad (5-20)$$

参照图 5-10,按式(5-2)或式(5-3)可推算终止边的坐标方位角。

β 为左角时:

$$\alpha'_{12} = \alpha_{AB} + \beta_1 - 180°$$

$$\alpha'_{23} = \alpha'_{12} + \beta_2 - 180°$$

$$\cdots$$

$$\alpha'_{CD} = \alpha'_{(n-1)n} + \beta_n - 180°$$

$$\alpha'_{CD} = \alpha_{AB} + \sum \beta_{左} - n \cdot 180°$$

同理可得，β 为右角时：

$$\alpha'_{CD} = \alpha_{AB} - \sum \beta_{右} + n \cdot 180°$$

代入式(5-16)后角度闭合差为：

$$f_\beta = (\alpha_{AB} - \alpha_{CD}) + \sum \beta_{左} - n \cdot 180°$$

或

$$f_\beta = (\alpha_{AB} - \alpha_{CD}) - \sum \beta_{右} + n \cdot 180°$$

将上式写成一般式为：

$$\begin{cases} f_\beta = (\alpha_{始} - \alpha_{终}) + \sum \beta_{左} - n \cdot 180° \\ f_\beta = (\alpha_{始} - \alpha_{终}) - \sum \beta_{左} + n \cdot 180° \end{cases} \quad (5-21)$$

必须特别注意，在调整角度闭合差时，若观测角为左角，则应以与闭合差相反的符号分配角度闭合差；若观测角为右角，则应以与闭合差相同的符号分配角度闭合差。

（2）坐标增量闭合差的计算。

增量的总和，在理论上应等于终点与起点的坐标差值，即

$$\begin{cases} \sum \Delta_{x理} = x_{终} - x_{始} \\ \sum \Delta_{y理} = y_{终} - y_{始} \end{cases} \quad (5-22)$$

由于量边和测角有误差，因此算出的坐标增量总和 $\sum \Delta_{x测}$、$\sum \Delta_{y测}$ 与理论值不相等，其差数即为坐标增量闭合差：

$$\begin{cases} f_x = \sum \Delta_{x测} - (x_{终} - x_{始}) \\ f_y = \sum \Delta_{y测} - (y_{终} - y_{始}) \end{cases} \quad (5-23)$$

附合导线起始边及终止边的坐标方位角可按式(5-8)计算。

附合导线坐标计算实例见表5-3所列。

表5-3　附合导线坐标计算实例

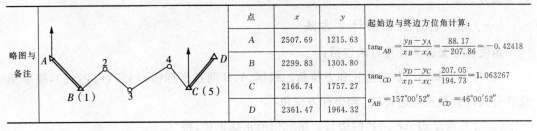

略图与备注	点	x	y	起始边与终边方位角计算：
	A	2507.69	1215.63	$\tan\alpha_{AB} = \dfrac{y_B - y_A}{x_B - x_A} = \dfrac{88.17}{-207.86} = -0.42418$
	B	2299.83	1303.80	$\tan\alpha_{CD} = \dfrac{y_D - y_C}{x_D - x_C} = \dfrac{207.05}{194.73} = 1.063267$
	C	2166.74	1757.27	$\alpha_{AB} = 157°00'52''$　$\alpha_{CD} = 46°00'52''$
	D	2361.47	1964.32	

点号	观测角（右角）/(°′″)	改正后的角值/(°′″)	坐标方位角/(°′″)	边长/m	坐标增量计算值/m		改正后的坐标增量/m		坐标/m		点号
					Δx	Δy	Δx	Δy	x	y	
1	2	3	4	5	6	7	8	9	10	11	1
A			157 00 32								A
B(1)	−06 192 14 24	192 14 18							2299.83	1303.80	B(1)
			144 46 34	139.03	−0.03 113.57	−0.03 80.19	−113.60	80.16			
2	−06 236 48 36	236 48 30							2186.23	1383.96	2
			87 58 04	172.57	−0.04 6.12	−0.04 172.46	6.08	172.42			
3	−06 170 39 36	170 39 30							2192.31	1556.36	3
			97 18 34	100.07	−0.02 −12.51	−0.02 99.29	−12.53	99.27			
4	−07 180 00 48	180 00 41							2179.76	1655.65	4
			97 17 53	102.48	−13.02	−0.03 101.65	−13.04	101.62			
C(5)	−06 230 32 36	230 32 30							2166.74	1757.27	C(5)
			46 45 23								
D											D

辅助计算

$\sum \beta_{右} = 1010°16'00''$

$f_\beta = (157°00'52'' - 46°45'23'') + 5 \times 180° - 1010°16'00'' = -31''$

$f_{\beta容} = \pm 40'' \sqrt{5} = \pm 89''$

$\sum D = 514.15 \quad \sum \Delta x = -132.98 \quad \sum \Delta y = 453.59$

$f_x = \sum \Delta x - (x_C - x_B) = 0.11 \quad f = \sqrt{f_x^2 + f_y^2} = 0.16$

$f_y = \sum \Delta y - (y_C - y_B) = 0.12 \quad k = \dfrac{0.16}{514.15} \approx \dfrac{1}{3200} < \dfrac{1}{2000}$

第二节　交会定点

当测区内已有控制点的密度不能满足工程施工或测图要求，而且需要加密的控制点数量又不多时，可以采用交会法加密控制点，称为交会定点。交会定点的方法有前方交会、侧方交会、后方交会和距离交会等。前三种统称为测角交会法，最后一种称为测边交会法。本节仅介绍测角前方交会、距离交会和后方交会的计算方法。

一、前方交会

如图 5-11 所示，A、B 为坐标已知的控制点，P 为待定点。在 A、B 点上安置经纬仪，观测水平角为 α、β，根据 A、B 两点的已知坐标和 α、β 的值，通过计算可得出 P 点的坐标，这就是前方交会。

（一）角度前方交会的计算方法

角度前方交会的计算方法包括：

(1)计算已知边 AB 的边长和方位角。根据 A、B 两点坐标 (x_A, y_A)，(x_B, y_B)，按坐标反算公式计算两点间边长 D_{AB} 和坐标方位角 α_{AB}。

(2)计算待定边 AP、BP 的边长。按三角形正弦定律，得

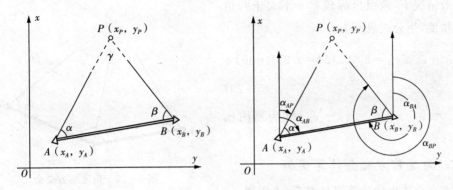

图 5-11 前方交会

$$\begin{cases} D_{AP} = \dfrac{D_{AB}\sin\beta}{\sin\gamma} = \dfrac{D_{AB}\sin\beta}{\sin(\alpha+\beta)} \\[2mm] D_{BP} = \dfrac{D_{AB}\sin\alpha}{\sin(\alpha+\beta)} \end{cases} \tag{5-24}$$

(3)计算待定边 AP、BP 的坐标方位角。

$$\begin{cases} \alpha_{AB} = \alpha_{AP} - \alpha \\[2mm] \alpha_{BP} = \alpha_{BA} + \beta \end{cases} \tag{5-25}$$

(4)计算待定点 P 的坐标。

$$\begin{cases} x_P = x_A + \Delta x_{AP} = x_A + D_{AP}\cos\alpha_{AP} \\[2mm] y_P = y_A + \Delta y_{AP} = y_P + D_{AP}\sin\alpha_{AP} \end{cases} \tag{5-26}$$

$$\begin{cases} x_P = x_B + \Delta x_{BP} = x_B + D_{BP}\cos\alpha_{BP} \\[2mm] x_P = x_B + \Delta x_{BP} = x_B + D_{BP}\cos\alpha_{BP} \end{cases} \tag{5-27}$$

适用于计算器计算的公式：

$$\begin{cases} x_P = \dfrac{x_A\cot\beta + x_B\cot\alpha + (y_B - y_A)}{\cot\alpha + \cot\beta} \\[3mm] x_P = \dfrac{y_A\cot\beta + y_B\cot\alpha + (x_A - x_B)}{\cot\alpha + \cot\beta} \end{cases} \tag{5-28}$$

在应用式(5-27)时,要注意已知点和待定点必须按 A、B、P 逆时针方向编号,在 A 点观测角编号为 α,在 B 点观测角编号为 β。

(二)角度前方交会的观测检核

在实际工作中,为了保证定点的精度,避免测角错误的发生,一般要求从三个已知点 A、B、C 分别向 P 点观测水平角 α_1、β_1、α_2、β_2 作两组前方交会。如图 5-12 所示,按式(5-27)分别在 $\triangle ABP$ 和 $\triangle BCP$ 中计算出 P 点的两组坐标 $P'(x_P'、y_P')$ 和 $P''(x_P''、y_P'')$。当两组坐标较差 e 符合规定要求时,取其平均值作为 P 点的最后坐标。

一般情况下,两组坐标较差 e 不大于两倍
比例尺精度,用公式表示为

$$e=\sqrt{\delta_x^2+\delta_y^2}\leqslant e_{容}=2\times0.1M=0.2M(mm)$$

$$(5-29)$$

式中:$\delta_x=x'_P-x''_P$,$\delta_y=y'_P-y''_P$,M 为测图比
例尺分母。

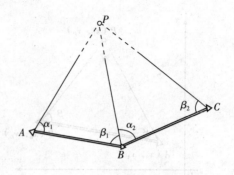

图 5-12 角度前方交会

(三)角度前方交会计算实例

前方交会法坐标计算表见表 5-4 所列。

表 5-4 前方交会法坐标计算表

略图		点号	x/m	y/m
	已知数据	A	116.942	683.295
		B	522.909	794.647
		C	781.305	435.018
	观测数据	α_1	59°10′42″	
		β_1	56°32′54″	
		α_2	53°48′45″	
		β_2	57°33′33″	
计算结果	(1)由第1组角度计算得 $x'_p=398.151$ m,$y'_p=413.249$ m (2)由第2组角度计算得 $x'_p=398.127$ m,$y'_p=413.215$ m (3)两组数据较差 $e=\sqrt{\delta^2+\delta^2}=0.042(m)\leqslant e_{容}=2\times0.1\times M=0.2$(m) (4)$P$ 点坐标 $x_P=398.139$ m,$y_P=413.215$ m				

注:测图比例尺分母 $M=1000$。

二、距离交会

(一)距离交会的计算

如图 5-13 所示,A、B 为已知控制点,P 为待定点,测量了边长 D_{AP} 和 D_{BP},根据 A、B
点的已知坐标及边长 D_{AP} 和 D_{BP},通过计算求出 P 点坐标,这就是距离交会。随着电磁波测
距仪的普及应用,距离交会也成为加密控制点的一种常用方法。

(1)计算已知边 AB 的边长和坐标方位角。与角度前方交会相同,根据已知点 A、B 的
坐标,按坐标反算公式计算边长 D_{AP} 和坐标方位角 α_{AB}。

(2)计算 $\angle BAP$ 和 $\angle ABP$。按三角形余弦定理,得

建筑工程测量技术

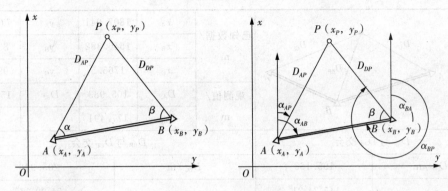

图 5-13 距离交会

$$
\left.\begin{array}{l}
\angle BAP = \arccos \dfrac{D_{AB}^2 + D_{AP}^2 - D_{BP}^2}{2\,D_{AB}D_{AP}} \\[4mm]
\angle ABP = \arccos \dfrac{D_{AB}^2 + D_{BP}^2 - D_{AP}^2}{2\,D_{AB}D_{BP}}
\end{array}\right\}
\tag{5-30}
$$

(3)计算待定边 AP、BP 的坐标方位角。

$$
\left.\begin{array}{l}
\alpha_{AP} = \alpha_{AB} - \angle BAP \\[3mm]
\alpha_{BP} = \alpha_{BA} - \angle ABP
\end{array}\right\}
\tag{5-31}
$$

(4)计算待定点 P 的坐标。

$$
\left\{\begin{array}{l}
x_P = x_A + \Delta x_{AP} = x_A + D_{AP}\cos\alpha_{AP} \\[3mm]
y_P = y_A + \Delta y_{AP} = y_P + D_{AP}\sin\alpha_{AP}
\end{array}\right.
\tag{5-32}
$$

或

$$
\left\{\begin{array}{l}
x_P = x_B + \Delta x_{BP} = x_B + D_{AP}\cos\alpha_{BP} \\[3mm]
y_P = y_B + \Delta y_{BP} = y_B + D_{BP}\sin\alpha_{BP}
\end{array}\right.
\tag{5-33}
$$

以上两组坐标分别由 A、B 点推算,所得结果应相同,可作为计算的检核。

(二)距离交会的观测检核

在实际工作中,为了保证定点的精度,避免边长测量错误的发生,一般要求从三个已知点 A、B、C 分别向 P 点测量三段水平距离 D_{AP}、D_{BP}、D_{CP},作两组距离交会。计算出 P 点的两组坐标,当两组坐标较差满足式(5-29)时,取其平均值作为 P 点的最后坐标。

(三)距离交会计算实例

距离交会坐标计算表见表 5-5 所列。

表 5-5　距离交会坐标计算表

略图	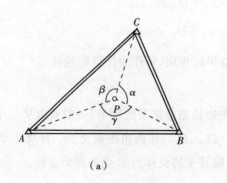	已知数据/ m	x_A	1807.041	y_A	719.853
			x_B	1646.382	y_B	830.66
			x_C	1765.5	y_C	998.65
		观测值/ m	D_{AP}	105.983	D_{BP}	159.648
			D_{CP}	177.491		

D_{AP} 与 D_{BP} 交会				D_{BP} 与 D_{CP} 交会			
D_{AP}/m		195.165		D_{BC}/m			205.936
α_{AB}		145°24′21″		α_{BC}			54°39′37″
$\angle BAP$		54°49′11″		$\angle CBP$			56°23′37″
α_{AP}		90°35′10″		α_{BP}			358°16′00″
$\Delta x_{AP}/m$	−1.084	y'_P/m	105.977	$\Delta x_{BP}/m$	159.575	$\Delta y_{BP}/m$	−4.829
x'_P/m	1805.957	$\Delta y_{AP}/m$	825.83	x'_P/m	1805.957	y'_P/m	825.831
x_P/m		1805.957		$y_P(m)$			825.83
辅助 计算	$\delta_x=0$　　$\delta_y=-1\ mm$　　$e=\sqrt{\delta_x^2+\delta_y^2}=1(mm)\leqslant e_{容}=2\times0.1\times M=200(mm)$						

注:测图比例尺分母 $M=1000$。

三、后方交会

如图 5-14 所示,后方交会是在待定点 P 设站,对三个已知点 A、B、C 进行观测,然后根据测定的水平角 α、β、γ 和已知点的坐标计算未知点 P 的坐标。计算后方交会点坐标的方法很多,通常采用仿权计算法。其计算公式的形式和带权平均值的计算公式相似,因此得名"仿权公式"。未知点 P 按下式计算:

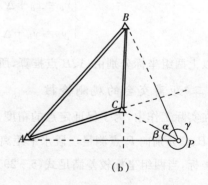

图 5-14　后方交会

$$\begin{cases} x_P = \dfrac{P_A x_A + P_B x_B + P_C x_C}{P_A + P_B + P_C} \\[4mm] y_P = \dfrac{P_A y_A + P_B y_B + P_C y_C}{P_A + P_B + P_C} \end{cases} \qquad (5-34)$$

$$\begin{cases} P_A = \dfrac{1}{\cot\angle B - \cot\alpha} \\[4mm] P_B = \dfrac{1}{\cot\angle B - \cot\beta} \\[4mm] P_C = \dfrac{1}{\cot\angle C - \cot\gamma} \end{cases} \qquad (5-35)$$

式中 $\angle A$、$\angle B$、$\angle C$ 为已知点 A、B、C 构成的三角形的内角,其值可根据三条已知边的方位角计算。未知点 P 上的三个角 α、β、γ 必须分别与点 A、B、C 按图 5-14(a)所示的关系相对应,三个角 α、β、γ 可以按方向观测法测量,其总和应该等于 $360°$。

如果 P 点选在三角形任意两条边延长线的夹角之间,如图 5-14(b)所示,应用式(5-34)计算坐标时,α、β、γ 均以负值代入式(5-35)。

仿权公式计算过程中重复运算较多,因而这种方法用计算机程序进行计算比较方便。另外,在选择 P 点位置时,应特别注意 P 点不能位于或接近三个已知点 A、B、C 组成的外接圆上,否则 P 点坐标为不定解或计算精度低。测量上把这个外接圆称为"危险圆",一般 P 点离开危险圆的距离应大于 $\dfrac{1}{5}R$(R 为圆半径)。后方交会计算实例见表 5-6 所列。

表 5-6　后方交会计算实例

示意图			野外图	
x_A	1432.566	y_A	4488.226	α	79°25′24″
x_B	1946.723	y_B	4463.519	β	216°52′04″
x_C	1923.556	y_C	3925.008	γ	63°42′32″
$x_A - x_B$	−514.157	$y_A - y_B$	24.707	α_{BA}	177°14′55.8″
$x_B - x_C$	23.167	$y_B - y_C$	538.511	α_{CB}	87°32′11.9″

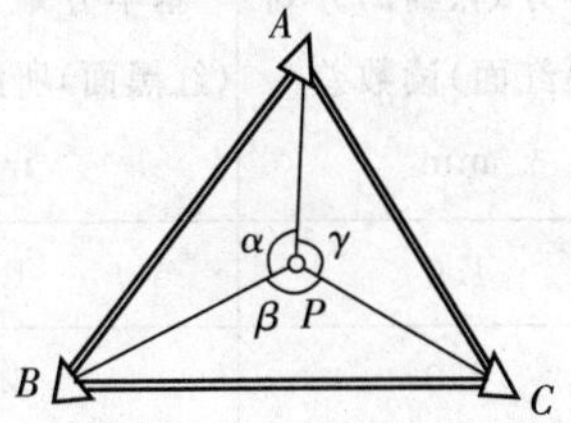

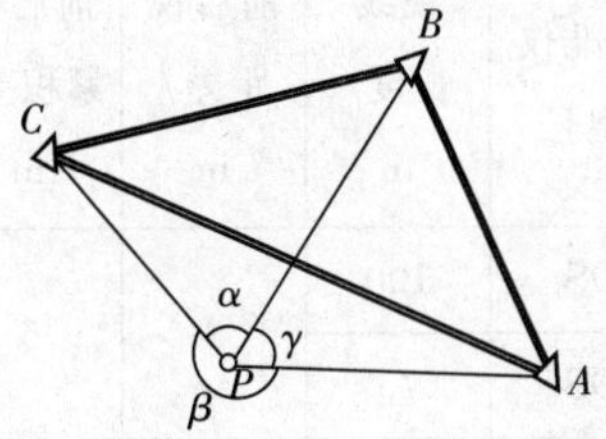

示意图			野外图		
$x_A - x_C$	−490.990	$y_A - y_C$	563.218	α_{CA}	131°04′50.0″
$\angle A$	46°10′05.8″	P_A	1.29315		
$\angle B$	90°17′16.1″	P_B	−0.747128	x_P	1644.555
$\angle C$	43°32′38.1″	P_C	1.79171	y_P	4064.458
$\sum$	180°00′00.0″	$\sum$	2.33773		

第三节 高程控制测量

一、三、四等水准测量

在地形测图和施工测量中多采用三、四等水准测量作为首级高程控制。在进行高程控制测量之前必须事先根据精度和需要在测区布置一定密度的水准点。水准点标志及标石的埋设应符合有关规范要求。

（一）三、四等水准测量的技术要求

三、四等水准路线的布设在加密国家控制点时，多布设为附合水准路线结点网的形式；在独立测区作为首级高程控制时，应布设成闭合水准路线形式；在山区、带状工程测区可布设为水准支线。三、四等水准测量的主要技术要求详见表5-7和表5-8所列。

表5-7 三、四等水准测量的主要技术要求（一）

等级	水准仪型号	视线长度/m	前后视距差/m	前后视累积差/m	视线离地面最低高度/m	基本分划、辅助分划（黑红面）读数差/mm	基本分划、辅助分划（红黑面）所测高差之差/mm
三	DS₁	100	3	6	0.3	1.0	1.5
	DS₃	75				2.0	3.0
四	DS₃	100	5	10	0.2	3.0	5.0
五	DS₃	100	大致相等				
图根	DS₁₀	≤100					

注：① 当成像显著清晰、稳定时，视线长度可按表中规定放长20%；

② 当进行三、四等水准观测采用单面标尺变更仪器高度时，所测两高差之差应与黑红面所测高差之差的要求相同。

表 5-8   三、四等水准测量的主要技术要求(二)

等级	水准仪型号	水准尺	路线长度/km	观测次数		每千米高差中误差/mm	往返较差、附合或环线闭合差	
				与已知点联测	附合或环线		平地/mm	山地/mm
三	DS₁	铟瓦	≤50	往返各一次	往一次	6	12√L	4√L
	DS₃	双面			往返各一次			
四	DS₃	双面	≤16	往返各一次	往一次	10	20√L	6√L
五	DS₃	单面		往返各一次	往一次	15	30√L	
图根	DS₁₀	单面	≤5	往返各一次	往一次	20	40√L	12√L

注：① 结点之间或结点与高级点之间，其路线的长度不应大于表中规定的 0.7 倍。

　　② L 为往返测段、附合或环线的水准路线长度，单位为 km。

(二)三、四等水准测量的方法(扫码观看实践教学视频)

测站观测程序：

(1)照准后视标尺黑面，按下、上、中丝读数；

(2)照准前视标尺黑面，按下、上、中丝读数；

(3)照准前视标尺红面，按中丝读数；

(4)照准后视标尺红面，按中丝读数。

四等水准测量观测与记录

这样的顺序简称为"后—前—前—后"(黑、黑、红、红)。

四等水准测量每站观测顺序也可为：后—后—前—前(黑、红、黑、红)。

(三)四等水准测量的观测记录及计算示例

四等水准测量，如果采用单面尺观测，则可按变更仪器高法进行观测，顺序为后—前—变仪器高度—前—后，变更仪器高前按三丝读数，以后则按中丝读数，记录格式见表 5-9 所列。

无论何种顺序，视距丝和中丝的读数均应在仪器精平时读数。

表 5-9   三、四等水准测量记录、计算表(双面尺法)

测站编号	后尺 下丝 / 上丝	前尺 下丝 / 上丝	方向及尺号	标尺读数		K+黑 一红	高差中数	备注
	后视距	前视距		黑面	红面			
	视距差 d	∑d						
	(1)	(4)	后	(3)	(8)	(14)		
	(2)	(5)	前	(6)	(7)	(13)		K₁₀₅=4.787
	(9)	(10)	后一前	(15)	(16)	(17)	(18)	K₁₀₆=4.687
	(11)	(12)						

测站编号	后尺	下丝	前尺	下丝	方向及尺号	标尺读数		K+黑 −红	高差 中数	备注
		上丝		上丝						
	后视距		前视距			黑面	红面			
	视距差 d		$\sum d$							
1	1.571		0.739		后 105	1.384	6.171	0		
	1.197		0.363		前 106	0.551	5.239	−1		
	37.4		37.6		后−前	+0.833	+0.932	+1	+0.8325	
	−0.2		−0.2							$K_{105}=4.787$
2	2.121		2.196		后 106	1.934	6.621	0		$K_{106}=4.687$
	1.747		1.821		前 105	2.008	6.796	−1		
	37.4		37.5		后−前	−0.074	−0.175	+1	−0.0745	
	−0.1		−0.3							
3	1.914		2.055		后 105	1.726	6.513	0		
	1.539		1.678		前 106	1.866	6.554	−1		
	37.5		37.7		后−前	−0.14	−0.041	+1	−0.1405	
	−0.2		−0.5							
4	1.965		2.141		后 106	1.832	6.519	0		
	1.700		1.874		前 105	2.007	6.793	+1		$K_{105}=4.787$
	26.5		26.7		后−前	−0.175	−0.274	−1	−0.1745	$K_{106}=4.687$
	−0.2		−0.7							
5	1.540		2.813		后 105	1.304	6.091	0		
	1.069		2.357		前 106	2.585	7.272	0		
	47.1		45.6		后−前	−1.281	−1.181	0	−1.281	
	+1.5		+0.8							
每页 检核										

1. 计算与校核

首先将观测数据(1),(2),…,(8)按表5-9的形式记录。

(1)视距计算。后视距离(9)=100[(1)−(2)]。

前视距离(10)=100[(4)−(5)]。

前后视距差值(11)=(9)−(10),此值应符合表5-7的要求。

视距差累积值(12)=前站(12)+本站(11),其值应符合表5-7的要求。

(2)高差计算先进行同一标尺红、黑读数校核,后进行高差计算。

前视黑、红读数差$(13) = K_{106} + (6) - (7)$;

后视黑、红读数差$(14) = K_{105} + (3) - (8)$。

(13)、(14)应等于零,不符值应满足表 5 - 7 的要求。否则应重新观测。

黑面高差$(15) = (3) - (6)$;

红面高差$(16) = (8) - (7)$;

红、黑面高差之差$(17) = (15) - (16) \pm 0.100$;

计算校核$(17) = (14) - (13)$;

平均高差$(18) = \frac{1}{2}[(15) + (16) \pm 0.100]$。

式中,0.100 为单、双号两尺常数 K 值之差。

(3)计算的校核。高差部分按页分别计算后视红、黑面读数总和与前视红、黑面读数总和之差,它应等于红、黑面高差之和。

测站数为偶数时:

$$\sum[(3) + (8)] - \sum[(6) + (7)] = \sum[(15) + (16)] = 2\sum(18)$$

测站数为奇数时:

$$\sum[(3) + (8)] - \sum[(6) + (7)] = \sum[(15) + (16)] = 2\sum(18) \pm 0.100$$

视距部分,后视距总和与前视距总和之差应等于末站视距差累积值。校核无误后可计算水准路线的总长度 $L = \sum(9) + \sum(10)$。

2. 成果计算

在完成一个测段单程测量后,须立即计算其高差总和。完成一个测段往、返观测后,应立即计算高差闭合差,进行成果检核。其高差闭合差应符合表 5 - 8 的规定。然后对闭合差进行调整。最后按调整后的高差计算各水准点的高程。

二、二等水准测量

(一)水准网的布设

1. 水准网的技术设计

水准网布设前,必须进行技术设计,获得水准网和水准路线的最佳布设方案。技术设计的要求、内容和审批程序按照《测绘技术设计规定》执行。

2. 高程系统和高程基准

水准点的高程采用正常高系统,按照"1985 国家高程基准"起算。

海上岛屿不能与国家高程网直接连测时,可建立局部水准原点。凡采用局部水准原点测定的水准点高程,应在水准点成果表中注明,并说明局部高程基准的有关情况。

3. 水准测量的精度

每千米水准测量的偶然中误差 M_Δ 和每千米水准测量的全中误差 M_W 一般不得超过表 5-10 规定的数值。

表 5-10　二等水准测量精度要求

测量等级	二等
M_Δ	1.0 mm
M_W	2.0 mm

M_Δ 和 M_W 的计算方法见式(5-36)和式(5-37)。

(二)选点与埋石

1. 选点

选定水准路线时,应尽量沿坡度较小的公路、大路进行,应避开土质松软的地段和磁场甚强的地段,应避开行人、车辆来往繁多的街道和大的火车站等,应尽量避免通过大的河流、湖泊、沼泽与峡谷等障碍物。选定水准点时,必须能保证点位地基坚实稳定、安全僻静,并利于标石长期保存与观测。

每一个水准点点位选定后,应设立一个注有点号、标石类型的点位标志,并按规定填绘点之记;在选定水准路线的过程中,须按规定绘制水准路线图;对于水准网的结点,还须按规定格式填绘结点接测图。

2. 埋石

水准标石,含基岩水准标石、基本水准标石和普通水准标石三大类型。

(三)仪器的技术要求

1. 仪器的选用

二等水准测量仪器主要参数要求见表 5-11 所列。

表 5-11　二等水准测量仪器主要参数要求

序号	仪器名称	最低型号	备　注
1	自动安平水准仪或气泡式水准仪	DSZ$_1$　DS$_1$	用于水准测量,其基本参数见 GB/T 3160—1991
2	两排分划的线条式钢瓦合金标尺		用于水准测量
3	经纬仪	DJ$_1$	用于跨河水准测量,其基本参数见 GB/T 3161—2015
4	光电测距仪	Ⅱ级	用于跨河水准测量,其精度分级见 A76 002《中、短程光电测距规范》(GB/T 16818—1997)

2. 仪器的检校

仪器应按规范在作业前后或作业过程中作相应的检校。

3. 仪器技术指标

二等水准测量的主要仪器指标要求见表5-12所列。

表5-12 二等水准测量的主要仪器指标要求

序号	仪器技术指标项目	指标限差	超限处理办法
1	标尺弯曲差	4.0 mm	对标尺施加改正
2	一对标尺零点不等差	0.10 mm	调整
3	标尺基辅分划常数偏差	0.05 mm	采用实测值
4	标尺底面垂直性误差	0.10 mm	采用尺圈
5	标尺名义米长偏差	100 μm	禁止使用,送厂校正
6	一对标尺名义米长偏差	50 μm	调整
7	测前测后一对标尺名义米长变化	30 μm	分析原因,根据情况正确处理所测成果
8	一对标尺名义米长野外检测结果与前一次室内测定结果偏差	50 μm	送有关单位重新测定
9	标尺分划偶然中误差	13 μm	禁止使用
10	标尺尺带拉力与标称值偏差	1.0 kg	
11	倾斜螺旋隙动差	2.0″	只许旋进使用
12	测微器分划值偏差	1 μm	禁止使用,送厂修理
13	测微器分划值隙动差	2.0 格	
14	自动安平水准仪补偿误差	0.20″	
15	视线观测中误差	0.55″	禁止使用
16	调焦透镜运行误差	0.50 mm	
17	i 角	15.0″	校正(自动安平水准仪应送厂校正)超过20″所测成果作废
18	$2c$ 角	40.0″	禁止使用送厂校正
19	测站高差观测中误差	0.15 mm	
20	竖轴误差	0.10 mm	
21	自动安平水准仪磁致误差	0.04″	禁止使用
22	垂直度盘测微器行差	1.00″	
23	一测回垂直角观测中误差	1.50″	

（四）水准观测（扫码观看实践教学视频）

1. 观测方式

（1）二等水准测量采用单路线往返观测。一条路线的往返测须使用同一类型的仪器和转点尺承,沿同一道路进行。

（2）在每一区段内,先连续进行所有测段的往测（或返测）,随后再连续进行该区段的返测（或往测）;若区段较长,也可将

二等水准测量观测与记录

区段分成 20～30 km 的几个分段,在分段内连续进行所有测段的往返观测。

(3)同一测段的往测(或返测)与返测(或往测)应分别在上午与下午进行。在日间气温变化不大的阴天和观测条件较好时,若干里程的往返测可同在上午或下午进行。但这种里程的总站数,不应该超过该区段总站数的 30%。

2. 观测的时间和气象条件

水准观测应在标尺分划线成像清晰而稳定时进行。下列情况下,不应进行观测:

(1)日出后与日落前30 min 内;

(2)太阳中天前后各 2 h 内(可根据地区、季节和气象情况,适当增减中午间歇时间);

(3)标尺分划线的影像跳动而难于照准时;

(4)气温突变时;

(5)风力过大而使标尺与仪器不能稳定时。

3. 设置测站

(1)二等水准观测,须根据路线土质选用尺桩或尺台(尺台重量不轻于5 kg)作转点尺承,所用尺桩或尺台数,应不少于 4 个。特殊地段可采用大帽钉。

(2)测站视线长度(仪器至标尺距离)、前后视距差、视线高度按表 5 - 13 规定执行。

表 5 - 13　二等水准测量观测的主要技术要求三线表

等级	仪器型号	视线长度	前后视距差	任一测站上前后视距差累积	视线高度(下丝读数)
二等	DS_1、$DS_{0.5}$	≤50 m	≤1.0 m	≤3.0 m	≥0.3 m

注:下丝为近地面的视距丝。

4. 间歇与检测

(1)观测间歇时,最好在水准点上结束。否则,应在最后一站选择两个坚稳可靠、光滑突出、便于放置标尺的固定点,作为间歇点。如无固定点可选择,则间歇前应对最后两站的转点尺桩(用尺台作转点时,可用三个带帽钉的木桩)做妥善安置作为间歇点。

(2)间歇后应对间歇点进行检测,比较任意两尺承点间歇前后所测高差,若符合限差要求(表 2 - 8),即可由此起测;若超过限差,可变动仪器高度再检测一次,如仍超限,则须从前一水准点起测。

(五)测站观测限差

测站观测限差应不超过表 5 - 14 的规定。

表 5 - 14　二等水准测量观测限差要求

等级	上下丝读数平均值与中丝读数的差		基辅分划读数的差	基辅分划所测高差的差	检测间歇点高差的差
	0.5 cm 刻划标尺	1 cm 刻划标尺			
二等	1.5 mm	3.0 mm	0.4 mm	0.6 mm	1.0 mm

建筑工程测量技术

使用双摆位自动安平水准仪观测时,不计算基辅分划读数差。

测站观测误差超限,在本站发现后可立即重测,若迁站后才检查发现,则应从水准点或间歇点(须经检测符合限差)起始,重新观测。

(六)各类高程点的观测

当观测水准点以及"其他固定点"时,须仔细检查该点的位置、编号和名称是否与计划的点之记相符。

在水准点及"其他固定点"上放置标尺前,须卸下标尺底面的套环。标尺的整置位置如下:

观测基岩水准标石时,标尺置于主标志上;观测基本水准标石时,标尺置于上标志上。若主标志或上标志损坏时,则标尺置于暗标志或下标志上。对于未知上、下标志(或主、暗标志)高差的水准标石,须测定上、下标志(或主、暗标志)间的高差。观测时使用同一标尺,变换仪器高度测定两次,两次高差之差不得超过1.0 mm。高差结果取中数后列入高差表,用括号加注。

观测"其他固定点"时,标尺置于需测定高程的位置上,在手簿中应予说明。水准点的"其他固定点"的观测结束后,应按原埋设情况填埋妥当,并按规定进行外部整饰。

(七)结点的观测

观测至水准网的结点时,须在观测手簿中详细记录接测及检测情况,填绘格式与规范所定结点接测图相同。

经观测证实位于地面变形地区的结点,应与当地变形观测网连测,并纳入该地变形观测规划。

位于变形量较大地区的结点,应由几个观测组协同作业,尽量缩短连测时间。

往返测高差不符值、闭合环差往返测高差不符值、闭合环差和检测高差较差的限差应不超过表5-15的规定。

表5-15 二等水准测量主要技术要求

等级	测段、区段、路线往返测高差不符值/mm	附合路线闭合差/mm	环闭合差/mm	检测已测测段高差之差/mm
二等	$4\sqrt{K}$	$4\sqrt{L}$	$4\sqrt{F}$	$6\sqrt{R}$

注:K——测段、区段或路线长度,km;

L——附合路线长度,km;

F——环线长度,km;

R——检测测段长度,km。

(八)外业成果的整理

(1)水准测量外业计算的项目:

① 外业手簿的计算;

② 外业高差和概略高程表的编算;

③ 每千米水准测量偶然中误差的计算；

④ 附合路线环线闭合差的计算；

⑤ 每千米水准测量全中误差的计算。

(2)每完成一条水准路线的测量,须进行往返测高差不符值及每千米水准测量的偶然中误差 M_Δ 的计算(小于100 km或测段数不足 20 个的路线,可纳入相邻路线一并计算),并应符合表 5-10 及表 5-15 的规定。

每千米水准测量的偶然中误差 M_Δ 由下式计算:

$$M_\Delta = \pm\sqrt{\frac{[\Delta\Delta/R]}{4 \cdot n}} \qquad (5-36)$$

式中:Δ——测段往返测高差不符值,mm;

R——测段长度,km;

n——测段数。

(3)每完成一条附合路线或闭合环线的测量,须对观测高差施加改正,然后计算附合路线或环线的闭合差,并应符合规定。当构成水准网的水准环超过 20 个时,还需按环线闭合差 W 计算每千米水准测量的全中误差 M_W,并应符合上表的规定。

每千米水准测量的全中误差 M_W 按下式计算:

$$M_W = \pm\sqrt{\frac{[WW/F]}{N}} \qquad (5-37)$$

式中:W——经过各项改正后的水准环闭合差,mm;

F——水准环线周长,km;

N——水准环数。

三、三角高程测量

(一)三角高程测量的基本原理

一百多年以前,三角高程测量是测定高差的主要方法。自水准测量方法出现以后,它已经退居次要地位。但因其作业简单,在山区和丘陵地区仍得到广泛应用。

三角高程测量是通过观测两点间的水平距离和天顶距(或高度角)求定两点间的高差的方法。它观测方法简单,不受地形条件限制,是测定大地控制点高程的基本方法。

如图 5-15 所示,在地面上 A,B 两点间测定高差 h_{AB},A 点设置仪器,在 B 点竖立标尺。量取望远镜旋转轴中心至地面点上 A 点的仪器高 i_1,用望远镜中的十字丝的横丝照准 B 点标尺上的一点 M,它距 B 点的高度称为目标高 i_2,测出倾斜视线与水平线所夹的竖角为 α_{12},若 A,B 两点间的水平距离已知为 s_0,则由图可得 AB 两点间高差的公式为

$$h_{AB} = s_0 \cdot \tan\alpha_{12} + i_1 - i_2 \qquad (5-38)$$

若 A 点的高程已知为 H_A,则 B 点的高程为

$$H_B = H_A + h_{AB} = H_A + s_0 \cdot \tan\alpha_{12} + i_1 - i_2 \qquad (5-39)$$

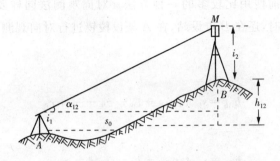

图 5-15   三角高程测量示意图

(二)三角高程测量的技术要求

经纬仪三角高程测量可替代图根水准测量,电磁波三角高程测量可代替四等水准和图根水准测量。电磁波三角高程测量代替四等水准测量时起算点等级不低于三等,起算点间高程传递路线长度不大于15 km,观测边长不大于1 km;竖直角观测测回数过半时,应改变仪器高或棱镜高,变动范围大于0.1 m。全站仪进行三角高程测量前应严格进行仪器的检较,包括三脚架稳定性和镜站对中杆的检校。根据《水运工程测量规范》(JTJ 205—2001)的规定,三角高程测量主要技术要求见表5-16所列。

表 5-16   三角高程测量主要技术要求

等级	仪器等级	竖直角测回数	指标差互差/″	竖直角互差/″	对向观测高差互差/mm	附合或环线闭合差/mm
四等	2″	3	8	8	$\pm 40\sqrt{D}$	$\pm 20\sqrt{[D]}$
图根	2″	2	15	15	$\pm 60\sqrt{D}$	$\pm 40\sqrt{[D]}$
	6″	3	25	25		

注:① D 为高程传递边的水平距离(km);

② 经纬仪三角高程测量对向观测互差可放宽至 0.1D;当边长大于2 km时,其测回数应增加1倍;

③ 边长小于600 m时,测回数可减少1测回。

(三)三角高程测量的观测方法

在实际的三角高程测量中,地球曲率、大气折光等因素对测量结果精度的影响非常大,必须纳入考虑分析的范围。因而,出现了各种不同的三角高程测量方法,主要为单向观测法、对向观测法以及中间观测法。

1. 单向观测法

单向观测法是最基本、最简单的三角高程测量方法,它直接在已知点对待测点进行观测,然后在上面公式的基础上加上大气折光和地球曲率的改正,就得到待测点的高程。这种方法操作简单,但是大气折光和地球曲率的改正不便计算,因而精度相对较低。

2. 对向观测法

对向观测法是目前使用比较多的一种方法。对向观测法同样要在 A 点设站进行观测，不同的是，在此同时，还在 B 点设站，在 A 架设棱镜进行对向观测。从而就可以得到两个观测量：

直觇：

$$h_{AB} = s_{往} \tan\alpha_{往} + i_{往} - v_{往} + c_{往} + r_{往} \qquad (5-40)$$

反觇：

$$h_{BA} = s_{返} \tan\alpha_{返} + i_{返} - v_{返} + c_{返} + r_{返} \qquad (5-41)$$

式中：s——A、B 间的水平距离；

$\quad\alpha$——观测时的高度角；

$\quad i$——仪器高；

$\quad v$——棱镜高；

$\quad c$——地球曲率改正；

$\quad r$——大气折光改正。

然后对两次观测所得高差的结果取平均值，就可以得到 A、B 两点之间的高差值。由于是在同时进行的对向观测，而观测时的路径也是一样的，因而，可以认为在观测过程中，地球曲率和大气折光对往返两次观测的影响相同，所以在对向观测法中可以将它们消除掉。

$$
\begin{aligned}
h &= 0.5(h_{AB} - h_{BA}) \\
&= 0.5[(s_{往} \tan\alpha_{往} + i_{往} - v_{往} + c_{往} + r_{往}) - (s_{返} \tan\alpha_{返} + i_{返} - v_{返} + c_{返} + r_{返})] \\
&= 0.5(s_{往} \tan\alpha_{往} - s_{返} \tan\alpha_{返} + i_{往} - i_{返} + v_{返} - v_{往}) \qquad (5-42)
\end{aligned}
$$

与单向观测法相比，对向观测法不用考虑地球曲率和大气折光的影响，具有明显的优势，而且所测得的高差也比单向观测法精确。

3. 中间观测法

中间观测法是模拟水准测量而来的一种方法，它像水准测量一样，在两个待测点之间架设仪器，分别照准待测点上的棱镜，再根据三角高程测量的基本原理，类似于水准测量进行两待测点之间的高差计算。

此种方法要求将全站仪尽量架设在两个待测点的中间位置，使前后视距大致相等，在偶数站上施测控制点，从而有效地消除大气折光误差和前后棱镜不等高的零点差，这样就可以像水准测量一样将地球曲率的影响降到最低。而且这种方法不需要测量仪器高，这样在观测时可以相对简单些，且减少了一个误差的来源，提高了观测的精度。全站仪中间观测法三角高程测量可代替三、四等水准测量。在测量过程中，应选择硬地面作转点，用对中脚架支撑对中杆棱镜，棱镜上安装觇牌，保持两棱镜等高，并轮流作为前镜和后镜，同时将测段设成偶数站，以消除两棱镜不等高而产生的残余误差的影响。

建筑工程测量技术

（四）三角高程测量的误差分析

根据三角高程测量的基本原理以及在观测过程中的各种影响因素可知,三角高程法测量高差主要的误差来源有测距误差、测量高度角的误差、测量仪器高和棱镜高的误差、大气折光误差以及地球曲率所引起的误差。

1. 测距误差

在上述的基本计算式中,用到的平距或者斜距都是用全站仪直接测量所得,而仪器本身有其精度限制,因而不可避免地会产生误差。因此,可以采用相对精确的测距仪器来获取两点之间的水平距离或者斜距。然后根据仪器本身提供的相关参数对测得的数据进行相应的改正,提高数据的精度。

2. 测角误差

垂直角观测误差对高差的影响随边长的增大而增大。竖直角观测误差包括仪器误差、观测误差及外界条件的影响等。仪器误差不可避免,可以根据具体情况选取更精密的仪器来测量。垂直角的观测误差主要有照准误差、读数误差、气泡居中误差。由于人眼的分辨力有限,在工作中垂直角用红外全站仪观测两个测回,则可以在一定程度上提高测量精度。外界环境条件对观测也会产生一定的影响,如空气清晰程度,会很大程度地干扰观测时的瞄准质量,从而影响观测值的精度。

对于上述误差,有的也可以通过观测方法来减弱或者消除:事先仔细检验仪器竖盘分划误差;改进觇标结构;在观测程序上采用盘左、盘右分别依次照准觇标,即可使竖直角观测精度提高。

3. 测量仪器高和棱镜高的误差

仪器高和棱镜高量取误差直接影响着高差值,因此应认真、细致地量取仪器高和棱镜高,以控制其在最小误差范围内。在量测时,可以采取三次测量取平均值的方式来获取仪器高和棱镜高,从而使得精度提高,还可以通过改变测量方式,如采用中间观测法,避免仪器高的量测,减少了一个误差的来源。

4. 大气折光和地球曲率引起的误差

在三角高程测量中,由于相邻两点之间的距离相对比较大,必须考虑大气折光和地球曲率对测量结果的影响。

大气折光误差系数随地区、气候、季节、地面、覆盖物和视线超出地面高度等因素而变化,目前还不能精确测定它的数值。一般认为,气象条件变化在同一地区该系数变化可达 ±0.2,平原丘陵地区日平均变化达 ±0.08,在山区视线位于远离地表的较稳定的大气层中,它的日变化大都小于 ±0.05。为了解决这个问题,采用对向观测法,用往返测单向观测值取平均值,得到的对向观测中就不含有大气折光。另外,为减少大气折光误差对观测视线的影响,可以选择阴天或夜间进行测量。

地球是一个椭球体,在较小范围内可以不考虑地球曲率的影响,但三角高程测量涉及的两相邻点间的距离都比较大,必须考虑它的影响。尤其是在地形起伏较大的地区,地球曲率的影响更加明显。对于该项误差,我们也必须进行相应的改正,而大地水准面是一个不规则的曲面,地球曲率改正很难做到十分精确。所以,我们可以根据实际情况改变测量方式,如采用对向观测法进行观测,以减弱或消除掉地球曲率的影响。

在以上的几种误差中,垂直角的误差对测量结果的影响最大。由于在基本测量公式中垂直角需要与距离相乘,而距离一般都比较大,进行乘法运算后的值也就相应地变得比较大,所以在观测中垂直角的精度一定要得到保证。

第四节　建筑施工控制测量

由于在勘探设计阶段所建立的控制网是为测图而建立的,当时并未考虑施工的需要,所以控制点的分布、密度和精度都难以满足施工测量的要求;另外,在平整场地时,大多控制点被破坏。因此,施工之前,应在建筑场地重新建立专门的施工控制网。在大中型建筑施工场地上,施工控制网多用正方形或矩形网格组成,称为建筑方格网。在面积不大又不十分复杂的建筑场地上,常布设一条或几条基线作为施工的平面控制。建筑施工场地的控制测量主要包括建筑基线的布设和建筑方格网的布设。

施工高程控制网采用水准网。与测图控制网相比,施工控制网具有控制范围小、控制点密度大、精度要求高及使用频繁等特点。

一、建筑基线的布设

建筑基线是建筑场地的施工控制基准线,即在建筑场地布置一条或几条轴线。它适用于建筑设计总平面图布置比较简单的小型建筑场地。

建筑基线的布设形式应根据建筑物的分布、施工场地地形等因素来确定。常用的布设形式有"三点一字形""三点 L 形""三点 T 形"和"五点十字交叉形"(图 5 - 16)。

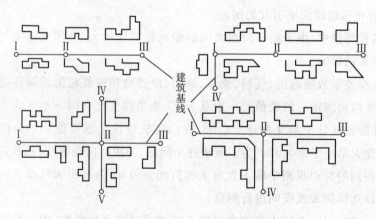

图 5 - 16　建筑基线布设图

建筑工程测量技术

1. 建筑基线的布设要求

(1)建筑基线应尽可能靠近拟建的主要建筑物,并与其主要轴线平行,以便使用比较简单的直角坐标法进行建筑物的定位。

(2)建筑基线上的基线点应不少于三个,以便相互检核。

(3)建筑基线应尽可能与施工场地的建筑红线相联系。

(4)基线点位应选在通视良好和不易被破坏的地方,尽量靠近主要建筑边,边长为100~400 m为宜,为能长期保存,要埋设永久性的混凝土桩。

2. 建筑基线的测设方法

根据施工场地的条件不同,建筑基线的测设方法有以下几种:

(1)根据建筑红线测设建筑基线

由城市测绘部门测定的建筑用地界定基准线,称为建筑红线。在城市建设区,建筑红线可用作建筑基线测设的依据。如图 5-17 所示的 1、2、3 点就是在地面上标定出来的边界点,其连线 12、23 通常是正交的直线为建筑红线。一般情况下,建筑基线与建筑红线平行或垂直,故可根据建筑红线用平行推移法测设建筑基线 OA、OB。当把 A、O、B 三点在地面上用木桩标定后,安置经纬仪于 O 点,观测 ∠AOB 是否等于 90°,其不符值不应超过 ±24″。量 OA、OB 距离是否等于设计长度,其不符值不应大于 1/10000。若误差超限,应检查推平行线时的测设数据。若误差在许可范围之内,则适当调整 A、B 点的位置。

(2)根据附近已有控制点测设建筑基线

在新建筑区,可以利用建筑基线的设计坐标和附近已有控制点的坐标用极坐标法测设建筑基线。测设步骤如下:

① 计算测设数据。如图 5-18 所示,根据建筑基线主点 C、P、D 及测量控制点 7、8、9 的坐标,反算测设数据 d_1、d_2、d_3 及 β_1、β_2、β_3。

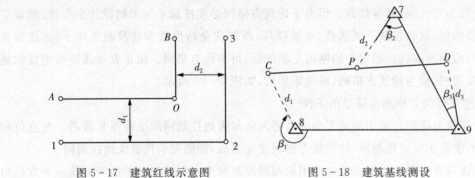

图 5-17 建筑红线示意图   图 5-18 建筑基线测设

② 测设主点。分别在控制点 7、8、9 处安置经纬仪,按极坐标法测设出三个主点的定位点 C'、P'、D',并用大木桩标定。

③ 检查三个定位点的直线性。安置经纬仪于 P',检测 ∠$C'P'D'$,如图 5-19 所示,若观测角值 β 与 180° 之差大于 24″,则进行调整。

④ 调整三个定位点的位置。先根据三个主点之间的距离 a 和 b 按下式计算出改正数 δ，即

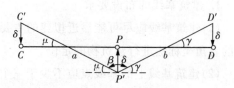

图 5-19　定位点的检查

$$\delta = \frac{ab}{a+b} \cdot \left(90° - \frac{\beta}{2}\right) \qquad (5-43)$$

$$\delta = \frac{a}{2} \cdot \left(90° - \frac{\beta}{2}\right) \cdot \frac{1}{\rho} \qquad (5-44)$$

式中：$\rho = 206265''$。然后将定位点 C'、P'、D' 三点移动（注意：P' 移动的方向与 C'、D' 两点的相反）。按 δ 值移动三个定位点之后，再重复检查和调整 C、P、D，至误差在允许范围为止。

⑤ 调整三个定位点之间的距离。先检查 C、P 及 P、D 间的距离，若检查结果与设计长度之差的相对误差大于 1/10000，则以 P 点为准，按设计长度调整 C、D 两点，最后确定 C、P、D 三点位置。

（3）根据已有建筑物、道路中心线测设建筑基线，方法同建筑红线测设建筑基线。

二、建筑方格网的布设

为了进行施工放样测量，并且能够达到精度要求，必须以测图控制点为定向依据建立施工控制网。施工控制网的布设应根据总平面设计图和施工地区的地形条件来确定。建筑方格网是施工现场常用的平面控制网之一。

建筑方格网的布设应根据总平面图上各种已建和待建的建筑物、道路及各种管线的布置情况，结合现场的地形条件来确定。方格网的形式有正方形、矩形两种。当场地面积较大时，常分两级布设，首级可采用"十"字形、"口"字形或"田"字形，然后再加密方格网。建筑方格网适用于按矩形布置的建筑群或大型建筑场地。

建筑方格网的轴线与建筑物轴线平行或垂直，因此，可用直角坐标法进行建筑物的定位，测设较为方便，且精度较高。但由于建筑方格网必须按总平面图的设计来布置，测设工作量成倍增加，其点位缺乏灵活性，易被破坏，所以在全站仪逐步普及的条件下，正逐步被导线或三角网所取代。确定方格网的主轴线后，再布设方格网。由正方形或矩形组成的施工平面控制网，称为建筑方格网，或称矩形网，如图 5-20 所示。

1. 建立建筑方格网应满足的条件

（1）建筑方格网所采用的施工坐标系必须能与大地控制网的坐标系相联系。在点位和精度上不能低于大地控制网，使建筑方格网建立之后，能够完全代替大地控制网。

（2）建筑方格网的坐标系统应选用原测图控制网中一个控制点平面坐标及一个方位角作为建筑方格网的平面起算数据，应与工程设计所采用的坐标系统一致。

（3）建筑方格网的高程系统应选用原测图控制网中一个高程控制点作为建筑方格网的高程起算数据，应与工程设计所采用的高程系统一致。

（4）对于扩建工程，坐标和高程系统应与已建工程的坐标和高程系统保持一致。

（5）建筑方格网必须在总平面图上布置。

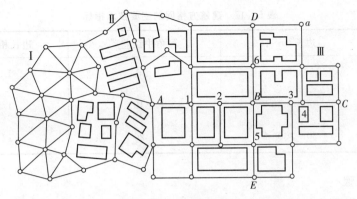

图 5-20　建筑方格网

2. 建筑方格网的设计

(1)建筑方格网设计时应收集的参考资料。在设计建筑方格网时应对整个场区的平面布置、施工总体规划、原有测量资料等相关资料有一个全面的了解。

(2)主轴线及方格网点的设计。建筑方格网的设计,应根据设计院提供的总平面布置图、施工布置图及现场的地形情况进行。其设计步骤:首先选择主轴线,其次选择方格网点。建筑方格网的主轴线应考虑控制整个场区,当场地较大时,主轴线可适当增加。因此,主轴线的位置应当在总平面布置图上选择。

主轴线及方格网点的设计、选择应考虑以下因素:

① 主轴线原则上应与厂房的主轴线或主要设备基础的轴线一致或平行,主轴线中纵横轴线的长度应在建筑场地采用最大值,即纵横轴线的各个端点应布置在场区的边界上。

② 尽量布置在建筑物附近使网点控制面广,定位、放线方便。保证网点通视良好,应当避开地下管线、管沟,且便于经常复核和标桩的长久保存。

③ 轴线的数量及布设采用的图形,应满足图形强度。

④ 主轴线上方格网边长,应兼顾建筑物放样及施测精度。

⑤ 主轴线两端点联系到控制点上,以其坐标值与设计坐标值之差,确定方格网主轴线定线的点位精度和方向精度。

⑥ 网点高程应与场地设计整平标高相适应。

⑦ 宜在场地平整后进行方格网点的布设。

3. 建筑方格网的测设

测设的基本方法一般多采取归化法测设:①按设计布置,在现场进行初步定位;②按正式精度要求测出各点的精确位置;③埋设永久桩位,并精确定出正式点位;④对正式点位进行检测,做必要改正。

(1)大型场地方格控制网的测设

适用场地与精度要求:方格控制网适用于地势平坦、建(构)筑物为矩形布置的场地,根据《工程测量规范》与《施工测量规范》规定,大型场地控制网主要技术指标应符合表 5-17 的规定。

表 5 - 17　建筑方格网的主要技术指标

等级	边长/m	测角中误差/″	边长相对中误差
一级	100～300	±5	1/40000
二级	100～300	±10	1/20000
三级	50～300	±20	1/10000

（2）测设步骤

① 初步定位：按场地设计要求，在现场以一般精度（±5 cm）测设出与正式方格控制网相平行2 m的初步点位。一般有"一"字形、"十"字形和"L"字形（图 5 - 21）。

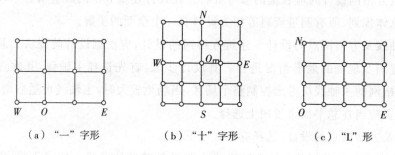

（a）"一"字形　　　　　（b）"十"字形　　　　　（c）"L"形

图 5 - 21　初步定位形式

② 精测初步点位：按正式要求的精度对初步所定点位进行精测和平差算出各点点位的实际坐标。

③ 埋设永久桩位并定出正式点位：按设计要求埋设方格网的正式点位（一般是基础埋深在1 m以下的混凝土桩，桩顶埋设200 mm×200 mm×6 mm的钢板），当点位下沉稳定后，根据初测点位与其实测的精确坐标值，在永久点位的钢板上定出正式点位，划出十字线，并在中心点埋入铜丝以防锈蚀。

④ 对永久点位进行检测：对主轴线 WOE 是否为直线，在 O 点上检测∠WOE 是否为180°00′00″，若误差超过规程规定，应进行必要的调整。

三、建筑施工场地高程控制测量

建筑施工场地的高程控制测量一般采用水准测量方法，应根据施工场地附近的国家或城市已知水准点，测定施工场地水准点的高程，以便纳入统一的高程系统。

在施工场地上，水准点的密度应尽可能满足安置一次仪器即可测设出所需的高程。而测图时敷设的水准点往往是不够的，因此，还需增设一些水准点。在一般情况下，建筑基线点、建筑方格网点以及导线点也可兼作高程控制点，只要在平面控制点桩面上中心点旁边设置一个突出的半球状标志即可。

为了便于检核和提高测量精度,施工场地高程控制网应布设成闭合或附合路线。高程控制网可分为首级网和加密网,相应的水准点称为基本水准点和施工水准点。

基本水准点应布设在土质坚实、不受施工影响、无震动和便于实测的场地,并埋设永久性标志。一般情况下,按四等水准测量的方法测定其高程,而对于为连续性生产车间或地下管道测设所建立的基本水准点,则需按三等水准测量的方法测定其高程。

施工水准点是用来直接测设建筑物高程的。为了测设方便和减少误差,施工水准点应靠近建筑物。

此外,由于设计建筑物常以底层室内地坪高±0标高为高程起算面,为了高程传递方便,常在建筑物内部或附近设立±0.000水准点。

±0.000的位置,一般选在稳定的建筑物墙、柱的侧面,用红漆绘成顶为水平线的"T"形,其顶端表示±0.000位置。

思考题与习题

1. 什么叫控制测量? 国家控制测量分哪几种?

2. 什么叫导线测量? 导线测量有几种布设形式? 定义分别是什么?

3. 什么叫坐标正方位角? 什么叫坐标反方位角?

4. 什么叫定点交绘? 常有哪几种?

5. 简述三角高程测量原理及计算公式。

6. 什么叫建筑施工测量? 建筑基线布设有哪些要求?

7. 建立建筑方格网应满足哪些条件?

8. 建筑施工场地高程控制测量如何实施的?

9. 推算图 5-22 中的 B1、12、23 的方位角。

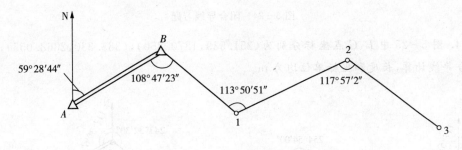

图 5-22　方位角推算习题

10. 图 5-23 中 A、B、C 三点坐标分别为(560.298,887.815)、(323.372,1045.933)、(359.658,1349.350),单位为 m,请计算 P 点坐标。

11. 上题中如果不测量水平角,而是测量 AP、BP、CP 的水平距离依次为283.500 m、290.463 m,288.639 m,请计算 P 点坐标。

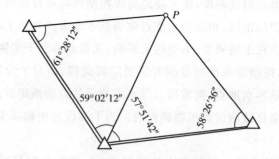

图 5-23　角度交会习题

12. 利用全站仪直接测量一条闭合导线,观察导线全长相对闭合差可以达到什么等级。写出作业过程,提供记录数据。

13. 图 5-24 中 A 点坐标为(307.855,1072.711),请完成闭合导线计算,长度和坐标单位均为 m。

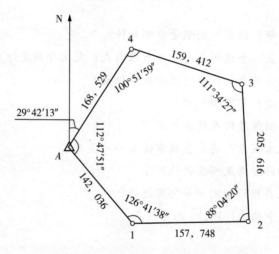

图 5-24　闭合导线习题

14. 图 5-25 中 B、C 点坐标分别为(251.539,1870.850),(383.330,2368.055),请完成附合导线计算,长度和坐标单位均为 m。

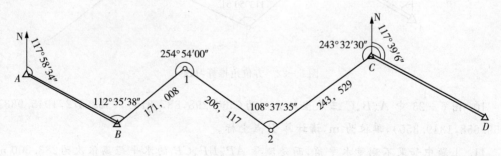

图 5-25　附合导线习题

建筑工程测量技术

15. 图 5-26 中拟建办公楼的定位依据是什么？施工控制网采用何种形式？

16. 图 5-27 中拟建建筑物为正六边形,设计图纸给出了两点坐标。计算其他各点坐标,并说明如何建立施工控制网？如何进行建筑物定位放线？

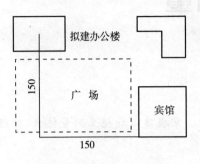

图 5-26　定位依据习题

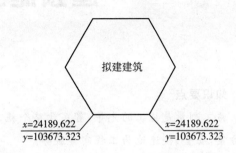

图 5-27　施工放线习题

第六章　建筑施工测量

知识要点

施工测量是施工的先导,贯穿于整个施工过程中。掌握建筑物施工测量技术,按照测量方案,安全、快速地为工程实施服务。

学习目标

通过本章内容的学习,使学生掌握建筑施工测量的基本方法。了解建筑物的变形观测及竣工测量的内容和内业整理等相关知识。

本章重点

(1)了解民用建筑施工前的测量准备工作。

(2)掌握建筑物定位和放线的概念、建筑物基础和主体施工测量过程。

(3)掌握构件安装的测量方法。

(4)了解竣工测量的内容和竣工总平面图测绘的基本要求以及工程竣工总平面图测绘基本方法。

(5)了解建筑物沉降观测的主要内容和测量方法。

本章难点

(1)构件安装的测量方法。

(2)建筑物沉降观测。

第一节　施工测量的基本工作

一、施工测量概述

各项工程建筑物在施工阶段所进行的测量工作称为施工测量,又称为放样或测设。

(一)施工测量的工作内容

施工测量的主要任务是把施工图纸上的建筑物(或构筑物)的平面位置和高程按照施工图纸设计的要求,以一定精度范围测设到施工作业面上,作为现场施工的依据,并在施工过程中进行一系列测量工作,以指导和复核各工序间的施工。

施工测量的实质是测设点位。通过平面坐标和高程的测设,实现建筑物点、线、面、体的放样。

施工测量的主要内容包括施工控制网的建立；依据施工图纸设计要求进行建(构)筑物的放样以及构件与设备安装的测量工作；每道施工工序完成后，通过测量检查各部位的平面位置和高程是否符合规范要求；在工程竣工后，需进行竣工测量，绘制竣工图，便于日后的管理和维修；对一些大型、高层或特殊建(构)筑物，为了监测它的安全性和稳定性，还要进行变形观测，确保施工和建筑物的安全。总之，测量工作贯穿于施工的始终。

(二)施工测量的特点

施工测量有如下特点：

(1)施工测量的精度应满足建筑行业相关规范要求，根据建(构)筑物的规模、性质、施工工艺等不同来确定测设精度。如一般高层建筑施工测量精度应高于低层建筑，装配式建筑物的测设精度应高于非装配式建筑物，钢结构建筑物的测设精度应高于钢筋混凝土结构的建筑物。

(2)施工测量贯穿于施工的全过程，服务于施工现场，施工测量工作的好坏直接影响工程的质量和进度。测量人员必须熟悉施工图纸内容及其对测量工作的要求，及时按照测量方案要求，密切配合施工测设，满足施工精度的要求和测设的频率，保证工程质量精度要求。

(3)施工现场交叉作业频繁，车流人流复杂，相互干扰较大，对测量工作影响较大。各种测量标志必须稳固，埋设点位便于使用、保管和不易破坏，如有破坏，应及时恢复。在满足人身、仪器和测量标志安全的情况下，测设工作在保证结果可靠的前提下力求快捷。

(三)施工测量的原则

施工测量应遵循"从整体到局部，先控制后碎部"的原则。首先在施工场地建立统一的平面和高程控制网，如果需要联测，并进行联测。以此控制网为基准，进行建筑物细部施工测设工作。同时加强施工过程中测量的检核和复测工作，应遵循"步步有检核"的原则；采用各种方法加强外业测量数据和内业计算成果的验算，保证施工测量的精度要求，规避人为计算错误的发生。

(四)建筑施工控制测量

为建立施工控制网而进行的测量工作，称为"施工控制测量"。施工控制网分为平面控制网和高程控制网。控制网作为建筑物定位放线的依据，常见的平面控制网的形式有建筑方格网和建筑基线两种。高程控制网则根据建筑场地的大小和工程要求分级建立。

建立建筑施工平面控制网应符合的规定如下：

(1)控制点应选在通视良好、便于长期保存、便于施工测量的地方。

(2)主要的控制网点和主要构筑物轴线端点应埋设固定标桩。

(3)控制网轴线起始点的点位误差要满足行业规范要求。

(4)水平角观测的测角中误差满足控制网一、二级测角中误差的规定，边长满足相对中误差的规定(表6-1)。若有特殊要求的建筑物，必须满足设计要求。

表 6-1　建筑物施工平面控制网的主要技术要求

等级	边长相对中误差	测角中误差
一级	≤1/30000	$7''\sqrt{n}$
二级	≤1/15000	$15''\sqrt{n}$

注：n 为建筑物结构的跨数。

(5)平面控制网的布设形式应视建筑场地的地形情况采取不同的形式。建筑基线适用于地势平坦的小型建筑场地；建筑方格网适用于地势平坦、建筑物分布规则的场地。

(6)控制网的测设采用极坐标法进行测设，主轴线应选择在场地的中部，且不能少于 3 个主点。

(五)建筑坐标系与测图坐标系的坐标换算

在建筑场地，为便于设计经常根据总平面布置采取独立的施工坐标系，与原测图坐标系不一致，为利用原测图控制点进行测设，应先将建筑方格网主点的施工坐标换算成测图坐标。有关坐标换算数据由设计单位进行，并在总平面图上用图解法量取施工坐标原点在测图坐标系中的坐标 (x_0, y_0) 及施工坐标系纵坐标轴与测图坐标轴间的夹角 α，再根据坐标 (x_0, y_0) 和夹角 α 进行坐标换算。如图 6-1 所示，设 (x_P, y_P) 为 P 点在测量坐标系 XOY 中的坐标，(A_P, B_P) 为 P 点施工坐标系 $AO'B$ 中的坐标，若将 P 点的施工坐标 (A_P, B_P) 换算成相应的测图坐标，可采用公式(6-1)计算：

$$\begin{cases} x_P = x_{0'} + A_P\cos\alpha - B_P\sin\alpha \\ y_P = y_{0'} + A_P\sin\alpha + B_P\cos\alpha \end{cases} \tag{6-1}$$

反之，已知 (x_P, y_P)，也可采用公式(6-2)求 (A_P, B_P)：

$$\begin{cases} A_P = (x_P - x_0)\cos\alpha - (y_P - y_0)\sin\alpha \\ B_P = (x_P - x_0)\sin\alpha + (y_P - y_0)\cos\alpha \end{cases} \tag{6-2}$$

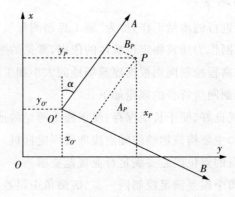

图 6-1　坐标转换

二、测设的基本工作

测设,又称放样,是根据待建建(构)筑物各特征点与控制点之间的距离、角度、高差等测设数据,以控制点为根据,将各特征点在实地打桩定出来。测设的基本工作包括水平距离测设、水平角测设和高程测设。

(一)测设已知水平距离

测设已知水平距离是从地面上一个已知点开始,沿已知方向量出给定的水平距离,定出该段距离的另一端点的工作。

1. 钢尺测设法

当测设精度要求不高时,从已知点 A 开始,沿给定的方向,用钢尺直接丈量出已知水平距离,定出这段距离的另一端点 B'。为了校核,用相同方法再丈量一次得 B'' 点,若两次丈量的误差在限差内,则取两次端点的平均位置作为该端点的最后位置。

2. 全站仪测设法

随着全站仪的普及,当测设精度要求较高时,水平距离的测设多采用全站仪进行测设。如图 6-2 所示,在 A 点安置全站仪,反光棱镜在已知方向前后移动使仪器显示值略大于测设的距离,定出 B_1 点。在 B_1 点安置反光棱镜,测出水平距离 D',求出 D' 与应测设的水平距离 D 之差 $\Delta D = D - D'$。根据 ΔD 的数值在实地用小钢尺沿测设方向将 B_1 改正至 B 点,敲下木桩标定其位置。将反光棱镜安置于 B 点,再实测 AB 距离,使其距离误差应在限差之内,否则应再次进行点位改正,直至符合限差要求为止。

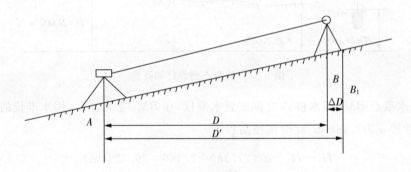

图 6-2 全站仪测设距离

(二)测设已知水平角

测设已知水平角是根据水平角的设计值和一个已知方向,把该角的另一个方向测设在地面上。

当测设水平角时,可采用左右盘分中法测设,如图 6-3 所示。设地面已知方向 OA,O 为角顶点,β 为已知水平角的值,OB 为欲定的方向线。测设方法如下:

(1)在 O 点安置全站仪,盘左位置瞄准 A 点,将水平度盘读数置零。

(2)顺时针方向转动照准部,使水平度盘读数恰好为 β 值,在此视线上定出 B_1 点。

（3）盘右位置，重复上述步骤，再测设一次，定出 B_2 点。

（4）取 B_1B_2 的中点 B，测 $\angle AOB$ 就是要测设的 β 角。

检核时，用测回法测量 $\angle AOB$，若与已知水平角值 β 的差值符合限差规定，则 $\angle AOB$ 即为测设的 β 角。

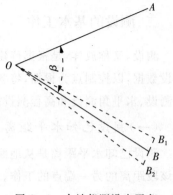

图 6-3　全站仪测设水平角

（三）测设已知高程

测设已知高程，是利用水准测量的方法，根据已知水准点，将设计高程测设到现场作业面上。

1. 在地面上测设已知高度

如图 6-4 所示，某建筑物的室内地坪设计高程为 28.000 m，附近有一水准点 BM_1，其高程为 $H_1=27.160$ m。现在要求把该建筑物的室内地坪高程测设到木桩 A 上，作为施工时控制高程的依据。测设方法如下：

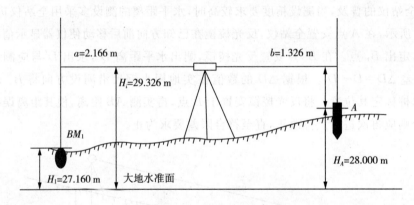

图 6-4　地面点测设已知高程

（1）在水准点 BM_1 和木桩 A 之间安置水准仪，在 BM_1 立水准尺，用水准仪的水平视线测得后视读数 a 为 2.166 m，此时视线高程为

$$H_i=H_1+a=27.160+2.166=29.326(\text{m}) \qquad (6-3)$$

（2）计算 A 点水准尺尺底为室内地坪高程时的前视读数为

$$b=H_i+H_{设}=29.326-28.000=1.326(\text{m}) \qquad (6-4)$$

（3）上下移动竖立在木桩 A 侧面的水准尺，直至水准仪的水平视线在尺上截取的读数为 1.326 m 时，紧靠尺底在木桩上画一水平线，其高程即为 28.000 m。

为了醒目，通常在横线下用红油漆画"▼"，A 点为室内地坪高程控制点，并注明 28.000 m。

2. 在高层建筑物上或深基坑内测设已知高程

若待测设高程点的设计高程与水准点的高程相差很大，比如当向较高的建筑物或较深

　　　　　　　　　　　　　　　　　　　　建筑工程测量技术

的基坑测设已知高程点时,水准尺无法进行测设,此时可借助标定的钢卷尺将地面水准点的高程向上或向下引测,以确定设计高程。

如图 6-5 所示,欲在建筑物内设置一点 B,使其高程为 $H_B=40.550$ m,地面附近有一水准点 A,其高程为 $H_A=25.800$ m,向上引测,测设出设计高程。测设方法如下:

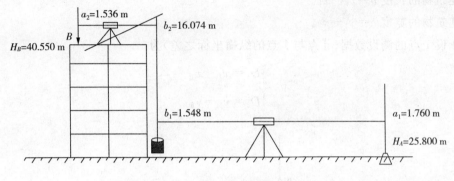

图 6-5 高层建筑物测设高程

(1)在建筑物一边架设吊杆,杆上吊一根零点向下的钢卷尺,尺的下端挂一重锤,放入油桶中。

(2)在地面安置一台水准仪,设水准仪在 A 点所立水准尺上读数为 $a_1=1.760$ m,在钢尺上读数为 $b_1=1.548$ m。

(3)在建筑物顶安置另一台水准仪,设水准仪在钢尺上读数为 $b_2=16.074$ m。

(4)设计 B 点水准尺底高程为 H_B 时,B 点处水准尺的读数 a_2 为

$$a_2=H_B-(H_A+a_1)+(b_2-b_1) \tag{6-5}$$

例题计算:$40.550-(25.800+1.760)+(16.074-1.548)=1.536$(m)

上下移动竖立水准尺,直至水准仪的水平视线在尺上截取的读数为 a_2 时,紧靠尺底并画线标注,此处即为 B 点设计高程。

用同样的方法,亦可从高处向低处测设已知高程的点。

(四)测设点的平面位置

点的平面位置测设方法有多种,常用的有直角坐标法、极坐标法、GPS 定点法、角度交会法、距离交会法等。具体采用哪种方法,应根据施工控制网的布设形式、控制点的分布以及地形情况与现场条件等因素确定。

随着测量仪器的革新和科技的进步,全站仪广泛用于施工现场。为了提高工程测量效率,测量员习惯采用全站仪直角坐标法或极坐标法进行点位测设。精度要求不高的情况下,还可以采用 GPS 进行点位测设。

1. 直角坐标法

直角坐标法是根据直角坐标原理,利用纵横坐标之差测设点的平面位置。直角坐标法适用于施工控制网为建筑基线或建筑方格网的形式,测距方便的建筑施工场地。

如图 6-6 所示，Ⅰ、Ⅱ、Ⅲ、Ⅳ、Ⅴ为建筑施工场地的建筑基线点，1、2、3、4 为欲测设建筑物的四个角点，设计点位坐标已知。直角坐标法放样点的平面位置的施测步骤如下：

(1)计算测设数据

根据设计图上各点坐标值，可求出建筑物的长度、宽度及测设数据。

建筑物的长度 $b = x_3 - x_1$。

建筑物的宽度 $a = y_3 - y_1$。

测设 1 点的测设数据(Ⅱ点与 1 点的纵横坐标之差)为

$$\begin{cases} D_1 = x_1 - x_Ⅱ \\ D_2 = y_1 - y_Ⅱ \end{cases} \tag{6-6}$$

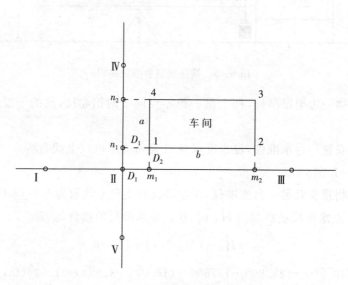

图 6-6　直角坐标系法

(2)点位测设方法

① 在Ⅱ点安置全站仪，瞄准Ⅳ点，沿视线方向测设距离 D_2，定出 n_1 点，继续向前测设距离 $(a + D_2)$，定出 n_2 点。

② 在 n_1 点安置全站仪，瞄准Ⅳ点，按顺时针方向测设 90°角，由 n_1 点沿视线方向测设距离 D_1，定出 1 点，作出标志；再向前测设距离 $(b + D_1)$，定出 2 点，作出标志。

③ 在 n_2 点安置全站仪，瞄准Ⅱ点，按逆时针方向测设 90°角，由 n_2 点沿视线方向测设距离 D_1，定出 4 点，作出标志；再向前测设距离 $(b + D_1)$，定出 3 点，作出标志。

④ 亦可通过测设出 m_1、m_2 点，再测设 1、2、3、4 点位。

⑤ 检查建筑物四角是否等于 90°，各边长是否等于设计长度，其误差均应在限差以内。

2. 极坐标法

极坐标法是在控制点上测设一个角度和一段距离来确定点的平面位置。它充分利用全站仪测角、测距和计算一体化的特点，只需知道待测设点的坐标，无须事先计算放样数据,即可在现场放样。该法操作简便,精度高,适合各类地形情况。由于目前全站仪的使用已十分普及,该法在测量实践中已被广泛使用。

如图 6-7 所示,全站仪坐标放样法的施测步骤如下:全站仪架设在已知控制点上,将全站仪设成放样模式,输入测站点 A、后视点 B 以及待放样点 P 的坐标后,仪器即自动显示测设数据水平角 β 及水平距离 D。水平旋转仪器直到角度显示为 $0°00'00''$,此时视线方向即为测设所需的方向。在此视线方向上指挥前视棱镜前后移动,直到距离改正值显示为零,棱镜所在位置点位即为所测设的点位。

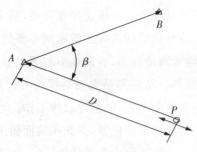

图 6-7 极坐标法

三、测设方法的选取

随着测绘技术发展,测设工作越来越简化,精度也越来越高。在实际测量工作中,究竟选择哪种测设方法,应本着施工测设为施工服务的原则,综合考虑施工现场的地形条件、控制点的分布情况、建筑物的大小类型和形状、建筑物施工部位的不同、施工测设的精度要求、现有的仪器设备情况等因素灵活确定。

因为不同的测设方法对施工现场的地形条件和对控制点的要求都有所不同。如高程测设时,如果施工现场地形较平坦,则适合用精度较高的水准测量法进行高程测设;但如果施工现场地形高低起伏较大时,则适合采用三角高程测量的方法。

测量人员的技术条件和施工测量部门所具有的仪器设备情况,在一定程度上也影响着测设方法的选择。随着 GPS-RTK 技术的出现,施工测设方法有了突破性的发展。RTK (Real-Time Kinematic)定位技术是实时处理两个测站载波相位观测的差分方法,即将基准站采集的相位观测数据及坐标信息通过数据链方式及时传送给动态用户,动态用户将收到的数据链连同自采集的相位观测数据进行实时差分处理,从而获得动态用户的实时三维位置。动态用户再将实时位置与设计值相比较,指导测设。RTK 测设法不但克服了传统测设法和全站仪坐标测设法的缺点,而且具有操作简便、观测时间短、无须通视、点位误差不积累、能实时测设出三维坐标等优点。

总之,现在的工程施工要求满足更多的技术指标,每一种方法都有其优点和适用的范围,可以根据需要灵活地采用不同的测设方式。对一些测设点数少,又有相关地物点能保证精度的情况,可采用传统的测设方法;对于精度要求高的情况,如隧道贯通、桥梁工程等需要采用全站仪结合水准仪进行坐标测设和高程测设;RTK 技术则特别适合道路等大批量精度要求不高的点位测设工作,尤其是道路边桩、征地线等测设。

四、全站仪坐标放样

放样测量就是在实地上测设出所需求的点位。全站仪坐标放样法的实质是极坐标法,它充分利用全站仪测角、测距和计算一体化的特点,只需知道待放样点的坐标,仪器根据坐标反算公式算出放样方向线的坐标方位角和水平距离,测量人员无须事先计算放样数据,即可在现场放样。该法操作简便,精度高,适合各类地形情况。

全站仪坐标放样法的施测步骤如下:全站仪架设在已知点 A 上,将全站仪设成放样模式,输入测站点 A、后视点 B 以及待放样点 P 的坐标,瞄准后视点方向,按下坐标放样功能键,仪器自动将测站点与后视的方位角设在该方向上,并且仪器显示出预先输入的放样数据与实测值之差,以指导放样工作。可调整测点位置,至显示差值为零,这时棱镜所在的位置即为放样点的位置,据此在地面做出标志。

显示的差值由下式计算:

$$水平角差值＝水平角实测值－水平角放样值$$

$$平距差值＝平距实测值－平距放样值$$

五、GNSS‐RTK 点位放样

GNSS‐RTK 能实时地进行坐标测量,精度能达到厘米级,因此在测量领域得到广泛应用,极大地提高了外业效率,并逐步取代传统的测量方法。在第三章里有关这方面知识介绍很多,下面对 GNSS‐RTK 坐标放样的主要步骤作一简单介绍。

1. 资料、仪器的准备

(1)根据测量任务收集测区控制点资料,包括控制点坐标、等级、类型、中央子午线经纬度、坐标系统,控制点周围的地形和位置环境。

(2)准备 RTK‐GPS 接收机天线、电台、电源、脚架、手持控制器、对中杆等(图 6‐8)。

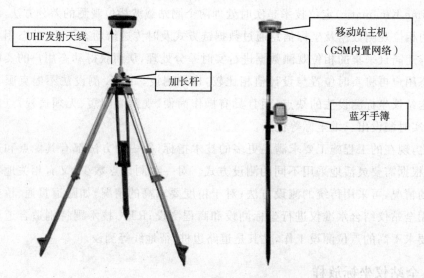

UHF发射天线

加长杆

移动站主机
（GSM内置网络）

蓝牙手簿

图 6‐8　内置 UHF 电台/GSM 基准站、移动站

建筑工程测量技术

2. 参考站的选定和建立

在已有控制点中,选取地势高、交通方便、空间开阔、周围无高度角大于 $10°$ 的障碍物、有利于卫星信号的接收和数据链发射、土质坚实、不易破坏的点作为参考站,并对基站进行设置。

3. 移动站的设置

手簿通过蓝牙连接移动站接收机,设置数据链、电文格式、卫星高度角等相关参数。

4. 求解测区转换参数

选择在测区四周及中心均匀分布、能有效地控制测区的 3 个以上已知控制点,安置 GPS－RTK 接收机,实时测量并求解测区坐标转换参数。

5. 坐标放样

进入放样界面,输入放样点坐标,通过放样界面显示方向与距离差来指挥移动站逐步移到放样点的正确位置上。

第二节　民用建筑施工测量

一、概述

建筑工程一般可分为民用建筑工程和工业建筑工程两大类。

民用建筑一般指住宅、办公楼、商店、医院、学校、饭店等建筑物,有单层、低层（2～3层）、多层（4～7层）和高层（8层以上）的建筑物。由于类型不同,其放样的方法和精度也不同,但测设的过程基本相同。

施工测量的任务就是按照图纸设计的要求,把建筑物的位置测设到地面上,并配合施工,以保证工程质量。

建筑工程施工阶段的测量工作也可分为建筑施工前的测量工作和建筑施工过程中的测量工作。建筑施工前的测量工作包括施工控制网的建立、场地的布置、工程定位和基础放线等。施工过程中的测量工作包括基础施工测量、墙体施工测量、建(构)筑物的轴线投测和高程的传递、沉降观测等。施工测设是每道工序作业的先导,而验收测量是每道工序的最后环节。施工测量贯穿于整个施工过程,它对保证工程质量和施工进度都起着重要的作用。测量人员要树立为工程建设服务的思想,主动了解施工方案,掌握施工进度,同时对所测设的标志,一定要经过反复校核无误后,方可交付使用,避免因测错而造成工程质量事故。

在建筑工程施工现场,由于各种材料和机具的堆放、土石方的填挖以及机械化施工等,场地内的测量标志易受损坏。因此,在整个施工期间,应采取有效措施,保护好测量标志。另外,测量作业前对所用仪器和工具要进行检验和校正。在施工现场,由于干扰因素很多,测设方法和计算方法要力求简捷,同时要特别注意人身和仪器的安全。

二、测设前准备工作

测设前的准备工作包括：

1. 熟悉设计图纸

设计图纸是施工测量的依据，在测设前应熟悉建筑物的尺寸和施工方案，施工建筑物与相邻地物的相互关系等。对各设计图纸的有关尺寸及坐标位置应仔细核对，必要时要将图纸上的主要数据打印出来，装订成册，以便现场随时查用。测设时应具备下列图纸资料：

（1）建筑总平面图。建筑总平面图上给出了设计建筑物与原有建筑物或测量控制点之间的平面尺寸关系，并注明了各栋建筑物的室内地坪高程，是测设建筑物总体位置和高程的重要依据。

（2）建筑平面图。建筑平面图标明了建筑物首层、标准层等各楼层的总体尺寸，以及楼层内部各轴线之间的尺寸关系，它是测设建筑物细部主线的依据。

（3）基础平面图和基础详图。从基础平面图中查取基础边线与定位轴线的平面尺寸，以及基础布置与基础剖面的位置关系。从基础详图中查取基础立面尺寸、设计标高，以及基础边线与定位轴线的尺寸关系，这是基础高程测设的依据。

（4）建筑物的立面图和剖面图。从建筑物的立面图和剖面图中可获得基础、地坪、门窗、楼板、屋面的设计高程，这是高程测设的主要依据。

2. 现场踏勘

现场踏勘的目的是全面了解现场的地物、地貌和原有的测量控制点的分布情况，检核原有平面控制点和水准点，以获得正确的测设起始坐标数据和测站点位。

3. 制定测设方案

根据设计要求、场地定位条件、现场地形和施工方案等制定测设方案。测设方案包括精度要求、使用的测量仪器及工具、测设方法、具体测设的时间计划等。根据测设方案和施工进度安排，对需要测设的数据进行检核，以免出现差错。并对需要测设的建筑物的轴线交点进行坐标计算或转换，绘制测设略图，打印成册，方便外业携带，确保现场测设点位的准确。

三、民用建筑施工测量

建筑物的定位是指根据设计条件，将建筑物主轴线交点测设到地面上，并以此作为基础放线和细部轴线放线的依据。

随着全站仪的普及，民用建筑一般采用极坐标法进行定位。

1. 轴线交点桩的测设

根据测设方案所确定的轴线交点坐标，利用施工场区高级控制点，根据实际情况采用极坐标法测设所需要的点位。依次测设出主轴线交点桩，即为角桩。根据轴线交点桩，用白灰撒出开挖边界线。按照建筑物的结构尺寸，采用标定后钢尺复测轴线距离，测距精度达到 1/3000 以上。

2. 恢复轴线的方法

基槽开挖后,建筑物定位的角桩和轴线交点的中心桩将被挖掉,为了便于施工中恢复轴线位置,应把各轴线延长到槽外安全地点,并做好标志。

(1)测设轴线控制桩。适用于大型民用建筑。如图 6-9 所示,一般情况下,应将角桩向建筑物基槽外侧 2~4 m 合适的位置打入轴线控制桩(引桩)A、B、C、D、A'、B'、C'、D',用小钉在桩顶准确标示出轴线 A—A'、B—B'、C—C'、D—D' 的位置,并用混凝土包裹木桩,如图 6-9(b)所示。

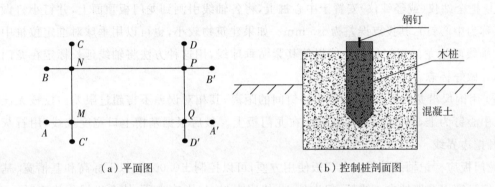

（a）平面图　　　　　（b）控制桩剖面图

图 6-9　轴线控制桩

引桩的测设方法:首先根据轴线角桩的设计坐标计算出需要打入的轴线控制桩(引桩)的坐标,利用场区高级控制点,采用全站仪极坐标法进行引桩的测设。

如有条件,可把轴线引测到周围原有的地物上,并做好标记,以此来代替轴线的控制桩。

(2)设置龙门板。适用于小型民用建筑。在一般民用建筑中,为了便于施工,常在基槽开挖前将各轴线引测到槽外的水平木板上,以作为挖槽后各阶段施工恢复轴线的依据。水平木板称为龙门板,固定木板的木桩,称为龙门桩。如图 6-10 所示,设置龙门板的步骤如下:

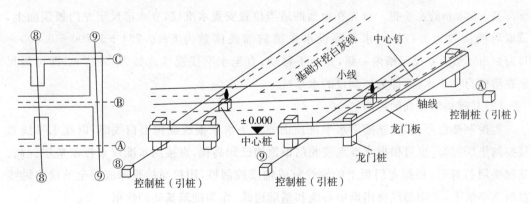

图 6-10　测设龙门板

① 在建筑物四角和中间隔墙两端基槽开挖边界线以外 1.5～2 m 处钉设龙门桩,桩要竖直、牢固,桩的侧面应于与基槽平行。

② 根据附近水准点,用水准仪在每个龙门桩外侧测出该建筑物室内地坪设计高程线即 ±0.000 m 标高线,并作出标志。在地形条件受限制时,可测设比 ±0.000 m 高或者低的整分米线的标高线,但同一个建筑最好只选用一个标高。如地形条件受限制时,必须标注清楚,以免使用时发生错误。

③ 沿龙门桩上 ±0.000 m 标高线钉设龙门板,其顶面的高程必须同在 ±0.000 m 标高的水平面上,然后用水准仪校核龙门板的高程,其限差为 ±5 mm。

④ 把全站仪(或经纬仪)安置于中心桩上,将各轴线引测到龙门板顶面上,并钉小钉做标志(称为中心钉),其投点误差为 ±5 mm。如果建筑物较小,也可以用垂球对准定位桩中心,在轴线两端龙门板间拉一小线绳使其紧贴垂球线,用这种方法将轴线延长标定在龙门板上,并做好标志。

⑤ 用钢尺沿龙门板顶面,检测中心钉间的距离,其相对误差不得超过限差。校核无误后,以中心钉为准,将墙宽、基础宽标定在龙门板上。最后根据基槽上口宽度拉线,用石灰撒出开挖边界线。

龙门板应标记轴线编号。龙门板使用方便,可以控制 ±0.000 m 以下标高和基槽宽、基础宽、墙身宽以及墙柱中心线等,但占地大,使用木材多,影响交通,故在机械化施工时,一般都是设置控制桩。

3. 基础施工测量

建筑物基础工程施工测量的主要工作是控制基槽开挖深度和控制基础墙体标高。

(1)基础开挖深度的控制

施工中,基槽是根据基槽灰线开挖的。当开挖接近槽底时,在基槽壁上自拐角开始每隔 3～5 m 测设一个比基槽底设计标高高 0.3～0.5 m 的水平桩(又称腰桩),作为挖基槽深度、修平槽底和打基础垫层的依据。高程点的测量容许误差为 ±10 mm。

一般根据施工现场已测设的 ±0.000 m 标高线,龙门板顶高程或水准点,用水准仪高程测设的方法测设水平桩,如图 6 - 11 所示,设槽底设计高程为 -1.700 m,欲测比槽底设计标高高 0.500 m 的水平桩。首先在地面的适当位置安置水准仪,立水准尺于龙门板顶面上,读取后视读数为 0.774 m,求得测设水平桩的前视读数为 $b = 0.774 + 1.700 - 0.500 = 1.974$(m),然后立尺于槽内一侧,并上下移动,直至水准仪视线读数为 1.974 m,即可沿尺底在槽壁打一小木桩,即为要测设的水平桩。

(2)基础垫层标高的控制

为控制垫层标高,在基槽沿水平桩顶面弹一条水平墨线或拉上白线绳,以此水平线直接控制垫层标高,也可根据水准点或龙门板顶的已知高程,直接用水准仪来控制垫层标高。基础垫层打好后,根据龙门板上的轴线钉或轴线控制桩,用拉绳挂垂球或用全站仪将轴线投测到垫层上,并用墨线弹出墙中心线和基础边线,作为砌筑基础的依据。

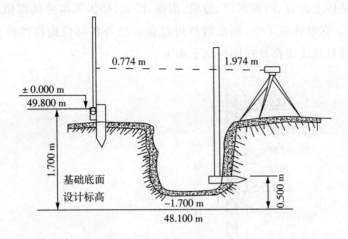

图 6－11　基础水平桩测设

（3）基础标高的控制和弹线

房屋基础墙（±0.000 m以下的砖墙）的高度是利用基础皮数杆来控制的。立基础皮数杆时，可在立杆处打一木桩，用水准仪在木桩侧面抄出一条高出垫层标高某一数值的水平线，将皮数杆上相同的标高线与木桩上的水平线对齐，并将皮数杆固定在木桩上，即可作为砌筑基础的标高依据。

当基础墙砌筑到±0.000 m标高下一层砖（防潮层）时，应用水准仪检测防潮层标高，其允许偏差为±5 mm。防潮层做好后，根据龙门板上的轴线钉或引桩进行投点，其投点误差为±5 mm。

当基础施工结束后，用水准仪检查基础面的标高是否符合设计要求，基础面是否水平，俗称"找平"，以便立墙身皮数杆砌筑墙体。

4. 墙体施工测量

建筑物墙体工程施工过程中的测量工作主要包括墙体定位和高程控制。

（1）墙体定位

在基础工程结束后，应对龙门板或控制桩进行复核，以防位移。复核无误后，可利用龙门板或控制桩将轴线测设到基础或防潮层等部位的侧面，如图6－12所示，作为向上投测轴线的依据。同时也把门、窗、其他洞口的边线在外墙立面上画出。放线时先将各主要墙的轴线弹出，请检查无误后，再将其余主线全部弹出。

（2）墙体各部位标高控制

在墙体砌筑施工中，墙身各部位的标高和砖缝水平及墙面平整是用皮数杆来控制和传递的。

皮数杆是根据建筑剖面图画有每皮砖和灰缝

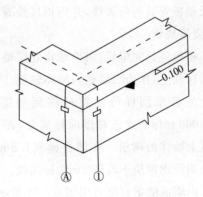

图 6－12　墙体轴线

的厚度,并注明墙体上窗台、门窗洞口、过梁、雨篷、圈梁、楼板等构件高程位置的专用木杆,如图6-13所示。在墙体施工中,用皮数杆可以保证墙身各部位构件的位置准确,每皮砖灰缝厚度均匀,并且每皮砖都处在同一水平面上。

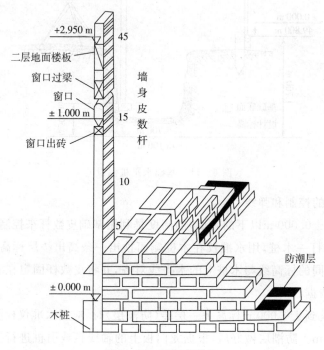

图6-13 基础皮数杆

砖砌到1.2 m,用水准仪测设出高出室内地坪线+0.500 m的标高线,该标高线作为用来控制层高及设置门、窗过梁高度的依据,也是控制室内装饰施工时做地面标高、墙裙、踢脚线、窗台等装饰标高的依据。在楼板板底标高10 cm处弹墨线,根据墨线把板底安装用的找平层抹平,以保证浇筑楼板时板面平整及地面抹面施工。在抹好找平层的墙顶面上弹出墙的中心线及楼板安装的位置线,并用钢尺检查合乎要求后,浇筑楼板。

楼板浇筑完毕后,用垂球将底层轴线引测到二楼楼面上,作为二层楼的墙体轴线。对于二层以上的各层同样将皮数杆移到楼层,使杆上±0.000 m标高线正对楼面标高处,即可进行二层以上墙体的砌筑。在墙身砌到1.2 m时,用水准仪测设出该层+0.500 m的标高线。

内墙面的垂直度可用图6-14所示的2 m拖线板检测,将拖线板的侧面紧靠墙面,看板上的

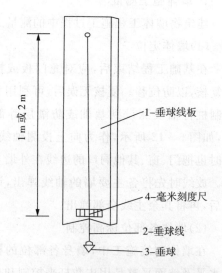

图6-14 内墙面垂直度检测

建筑工程测量技术

垂线是否与板的墨线一致。

（3）建筑物的轴线投测

多层建筑砌筑过程中，为了保证轴线位置正确，可用铅垂或全站仪（经纬仪）将轴线投测到各层楼板边缘或柱顶上。

① 用铅垂投测轴线

将较重的铅垂悬吊在楼板或柱顶边缘，当铅垂尖对准基础墙面上的轴线标志时，吊线在楼板或柱顶边缘的位置，即为楼层轴线端点位置。各轴线的端点投测完后，用钢尺检核各轴线的间距，符合要求后，继续施工，并把轴线逐层自下向上传递。

用铅垂投测轴线简便易行，不受施工场地限制，一般能保证施工质量，但有风或建筑物较高时，投测误差较大，应采用全站仪投测法。

② 用全站仪投测轴线

如图 6-15 所示，在轴线控制桩上安置全站仪，对中整平后，瞄准基础墙面上的轴线标志，用盘左、盘右取中的方法，将轴线投测到楼层边缘或柱顶上。将所有轴线的端点投测完之后，用钢尺检核其间距，相对误差不得大于 1/2000，检查合格后，才能继续弹线，为施工提供依据。

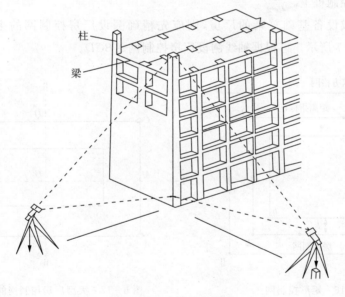

图 6-15　全站仪投测法

第三节　工业厂房施工测量

工业建筑主要指工业企业的生产性建筑，如厂房、仓库、运输设施、动力设施等，以生产厂房为主。厂房可分为单层厂房和多层厂房，按照施工方法分为装配式和现浇整体式。目前我国使用较多的是钢结构或预制钢筋混凝土柱装配式单层厂房。其施工测量主要工作包括厂房柱形控制网的测设、厂房柱列轴线测设、基础施工测量、厂房构件安装测量及设备安装测量等。

一、厂房矩形控制网

厂房的定位多是根据现有建筑方格网进行测量控制的。厂房施工中多采用由柱轴线控制桩组成的厂房矩形控制网作为厂房的基本控制网。如图 6-16 所示，Ⅰ、Ⅱ、Ⅲ、Ⅳ 为建筑方格网点，a、b、c、d 为厂房最外边的四条轴线的交点，其设计坐标已知，A、B、C、D 为布置在基坑开挖范围外的厂房矩形控制网的四个角点，称为厂房控制桩。厂房控制桩的坐标可根据厂房外型轮廓轴线交点的坐标和设计距离 l_1、l_2 求出。

先根据建筑方格网点 Ⅰ、Ⅱ，用直角坐标法精确测设 A、B 两点，然后由 A、B 测设 C、D 点，最后校核 $\angle DCA$、$\angle BDC$ 及边长 CD。对于一般性厂房来说，其角度误差不应超过 $\pm 10''$，边长误差不应超过 1/10000。

为了便于厂房细部的测设，在测设厂房矩形控制网的同时，还应沿控制网每隔若干柱间距（20 m 左右），增设一个木桩，称为距离指标桩。

对于小型厂房也可采用民用建筑的测设方法，直接测设厂房的四个角点，再由轴线投测到龙门板或控制桩上。

对于大型或设备基础复杂的厂房，则应先精确测设厂房控制网的主轴线 MON 和 POQ，如图 6-17 所示。再根据轴线测设厂房控制网 $ABCD$。

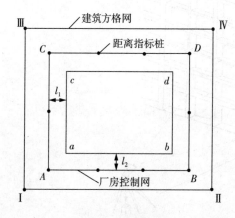

图 6-16　矩形控制网

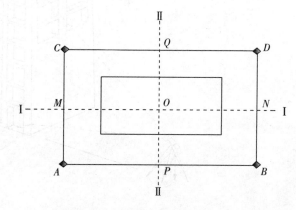

图 6-17　大型厂房控制网的主轴线

二、厂房基础施工测量

（一）厂房柱列轴线的测设

厂房矩形控制网建立后，即可按柱列间距和跨距用钢尺从靠近的距离指标桩量起，沿矩形控制网各边定出柱列轴线桩的位置，并在桩顶钉小钉，作为桩基放样和构件安装的依据，如图 6-18 所示，Ⓐ～Ⓐ、Ⓑ～Ⓑ、①～①、②～②等轴线均为柱列轴线。

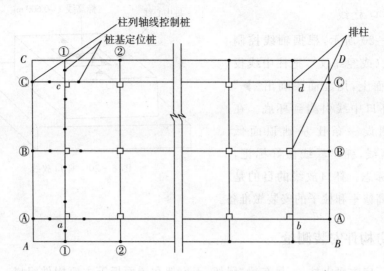

图 6-18 厂房平面示意图

（二）柱基定位和放线

在两条相互垂直的柱列轴线控制桩上，安置两台全站仪（或经纬仪），沿轴线方向交会出各柱基的位置（即柱列轴线的交点），此项工作称为柱基定位。

如图 6-19 所示，在基坑边线外 1~2 m 处的轴线方向上打入 4 个小木桩，测出到基坑的距离，作为开挖基坑和立模的依据，即为基坑定位桩。然后再桩上拉细线，最后用特制的"T"形尺，按基础详图的尺寸和基坑放坡尺寸测设出开挖边线，并撒白灰标出。此项工作称为柱基放线。

柱基定位和放线时，应注意柱列轴线不一定都是柱基的中心线，而一般立模、吊装等习惯用中心线，此时，应将柱列轴线平移，定出柱基中心线。

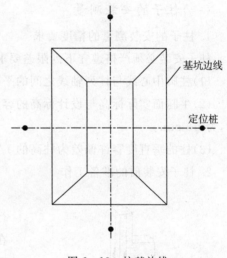

图 6-19 柱基放线

（三）柱基施工测量

基坑挖至接近设计标高时，在坑壁的四个角上测设相同高程的水平桩。桩的上表面与坑底设计标高统一相差 0.3~0.5 m，用作修正坑底和垫层施工的高程依据。

基础垫层打好后，根据基坑周边定位小木桩，用拉线吊铅垂的方法，把柱基定位线投测到垫层上，弹出墨线，用红油漆，画出标记，作为柱基立模板和布置基础钢筋的依据。

立模时，将模板底线对准垫层上的定位线，并用铅垂检查模板是否垂直。立模后，将柱基顶面设计标高测设到模板内侧，作为浇筑混凝土的高度依据。

（四）杯口放线

如图 6 - 20 所示，根据轴线控制桩，用全站仪（或经纬仪），把柱中线投测到基础顶面上，用红油漆画出"▶"标志，再把杯口中线引测到杯底。在杯口内壁测设一条比基础顶面低 0.1 m 的标高线，弹出墨线做好标记，并画出"▼"标志。杯口放线的目的是为杯口的填高修平和柱子的安装做准备。

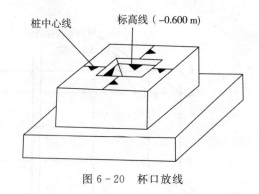

图 6 - 20　杯口放线

三、厂房构件安装测量

装配式厂房主要由柱子、吊车梁、屋架、天窗架和屋面板等主要构件组成。一般工业厂房都采用预制构件现场安装的方法施工。本节重点介绍柱子、吊车梁和屋架等构件在安装过程中测量工作。

（一）柱子的安装测量

1. 柱子的安装测量的精度要求

柱子安装必须严格遵守下列限差要求：

(1)柱脚中心线与柱列轴线之间的平面尺寸容许偏差为±5 mm。

(2)牛腿面实际标高与设计标高的容许误差，当柱高在5 m以下时，为±5 mm，5 m以上时，为±8 mm。

(3)柱的垂直度容许偏差为柱高的1/1000，且不超过20 mm。

2. 柱子安装前的准备工作

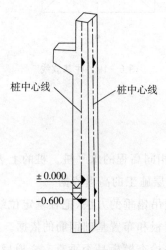

图 6 - 21　柱身弹线

(1)柱身弹线。首先将每根柱子按轴线位置进行编号，再检查柱子尺寸是否满足设计要求。然后在柱子的三个侧面用墨线弹出柱子中心线，并在每面中心线的上端、下端及近杯口处用红油漆画出"▶"标志，以供校正时对照。再根据牛腿面的设计标高，从牛腿面向下用钢尺量出±0.000 m 和 -0.600 m 的标高线，并用红油漆画出"▼"标志，如图 6 - 21 所示。

(2)杯底找平。先量出柱子的-0.600 m 的标高线至柱地面的长度，再在相应的柱基杯口内，量出 -0.600 m 的标高线至杯底的高程，并进行比较，确定杯底找平厚度，用水泥砂浆根据找平厚度，在杯底进行找平，使柱安装后的牛腿面标高符合设计要求。

建筑工程测量技术

3. 柱子安装时的测量工作

柱子安装测量的目的是保证柱子牛腿面的高程符合设计要求,柱身竖直且立于准确的轴线位置上。

(1)柱子就位与标高控制。吊车将预制的钢筋混凝土柱子吊入杯口后,应使柱子三面的中心线与杯口中心线对齐,用楔子临时固定。等柱子立稳后,水准仪测量柱身上的±0.000 m的标高线,其容许误差为±3 mm。

(2)柱子垂直度测量。如图6-22(a)所示,用两台全站仪(或经纬仪),分别安置在柱基纵、横轴线上,离柱子的距离大于1.5倍柱高,先用望远镜瞄准柱底的中心线标志,固定照准部后,再缓慢抬高望远镜观察柱子中线偏离十字丝竖丝的方向,指挥吊车拉直柱子,直至从两台全站仪中观测到的柱子中心线都与十字丝竖丝重合为止,在杯口与柱子的缝隙中浇筑混凝土,以固定柱子的位置。

实际安装时,一般是一次把许多柱子都竖起来,然后进行垂直校正。这时可把两台全站仪分别安置在纵横轴线的一侧,一次可校正几根柱子,如图6-22(b)所示,仪器视线偏离轴线的角度β应在15°以内。

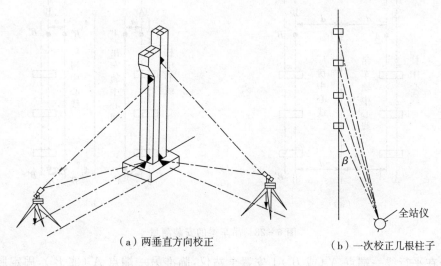

(a)两垂直方向校正　　　　(b)一次校正几根柱子

图6-22　柱子垂直度控制

（二）吊车梁的安装测量

安装吊车梁时,测量工作的主要任务是使安置在柱牛腿上的吊车梁的平面位置、顶面标高及梁端面中心线的垂直度均符合设计要求。

1. 吊车梁安装前的准备工作

(1)根据柱子上的±0.000 m标高线,用钢尺沿柱面向上量出吊车梁顶面设计标高线,作为调整吊车梁顶面标高的依据。

(2)在吊车梁的顶面和两端面上,用墨线弹出梁的中心线,作为安装定位的依据。

(3)根据厂房中心线,在牛腿面上投测出吊车梁的中心线。

如图 6-23(a)所示,利用厂房中心线 A_1A_1,根据设计轨道间距,在地面上测设出吊车梁中心线 $A'A'$ 和 $B'B'$。在吊车梁中心线的一个端点 A'(或 B')安置经纬仪(或全站仪),瞄准另一端点 A'(或 B'),固定照准部,上仰望远镜,即可将吊车梁中心线投测到每根柱子的牛腿面上,然后在牛腿面上用墨线弹出梁的中心线。

2. 安装吊车梁的测量工作

安装时,使吊车梁两端的梁中心线与牛腿面梁中心线重合,使吊车梁初步定位。采用平行线法,对吊车梁的中心线进行检测,校正的方法如下:

(1)如图 6-23(b)所示,在地面上从吊车梁中心线向厂房中心线方向测设出距离 a(一般为1 m),得到平行线 $A''A''$ 和 $B''B''$。

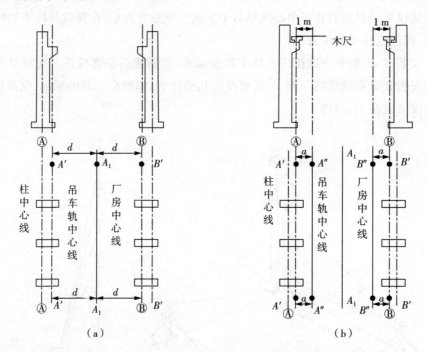

图 6-23　吊车梁的安装测量

(2)在平行线一端点 A''(或 B'')上安置全站仪,瞄准另一端点 A''(或 B''),固定照准部,上仰望远镜进行测量。

(3)此时另外测量员在梁上移动横放的木尺,当视线正对准尺上1 m刻划线时,尺的零点应与梁面上的中心线重合。如不重合,需移动吊车梁,使吊车梁中心线到 $A''A''$(或 $B''B''$)间距等于1 m为止。

吊车梁安装就位后,先按柱面上定出的吊车梁设计标高线对吊车梁面进行调整,然后采用水准仪每隔3 m测设一点高程,并与设计高程相比较,其容许误差为±3 mm。

(三)屋架的安装测量

1. 屋架安装前的准备工作

屋架吊装前,用全站仪或其他方法在柱顶面放出屋架定位轴线,并应弹出屋架两端头

建筑工程测量技术

的中心线，以便进行定位。

2. 安装屋架的测量工作

屋架吊装就位时，应使屋架的中心线与柱顶面上的定位线对齐，允许误差为±5 mm。屋架的垂直度可用铅垂或全站仪进行检查。用全站仪校核的方法如下：

(1)如图6-24所示，在屋架上安装三把木尺，一把木尺安装在屋架上弦中点附近，另外两把分别安装在屋架的两端。自屋架几何中心沿木尺向外量出一定距离，一般为500 mm，作出标志。

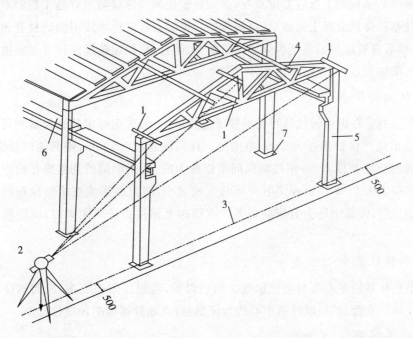

1—木尺；2—全站仪；3—定位轴线；4—屋架；5—柱；6—吊车梁；7—杯形基础。

图6-24 屋架安装测量

(2)在地面上距离屋架中线500 mm处，安置全站仪，观测三把木尺标志是否在同一竖直面内，如果屋架竖向偏差较大，则用吊车校正，最后将屋架固定，屋架安装的垂直度允许偏差对薄腹梁为±5 mm，对桁架为屋架高的1/250。

四、钢结构工程中的施工测量

目前的建筑除了过去常用的钢筋混凝土结构外，还采用钢结构来建造。为此，应掌握钢结构建筑的施工特点及相应的施工测量方法，以保证工程建设的顺利进行。其基本测量程序与工业建筑、民业建筑的施工测量程序基本相同，不过也有其独特的地方。

(一)平面控制

建立施工控制网对高层钢结构施工是极其重要的。控制网离施工现场不能太近，应考虑到钢柱的定位、检查、校正。一般布设网格轴线或导线网。

(二)高程控制

高层钢结构工程标高测设极为重要,其精度要求高,故施工场地的高程控制网,应根据城市二等水准点来建立一个独立的三等水准网,以便在施工过程中直接应用。在进行标高引测时必须先对水准点进行检查。三等水准高差闭合差容许误差应达到$\pm0.3\sqrt{n}$(mm),其中n为测站数。

(三)定位轴线检查

定位轴线从基础施工起应高度重视,必须在定位轴线测设前做好施工控制点及轴线控制点。待柱基础浇筑混凝土完成后,再根据轴线控制点将定位轴线引测到柱基钢筋混凝土底板面上,然后自检定位轴线是否同原定位轴线重合、闭合,每根定位线总尺寸误差值是否超过限差值,纵、横轴线是否垂直、平行。

(四)柱间距检查

柱间距检查是在定位轴线认可的前提下进行的,一般采用标定的钢尺实测柱间距。柱间距离偏差值应严格控制在±3 mm范围内。柱间距超过±5 mm,则必须调整定位轴线。因定位轴线的交点是柱基点,钢柱竖向间距以此为准,框架钢梁的连接螺孔的直径一般比高强螺栓直径大$1.5\sim2.0$ mm,若柱间距过大或过小,将直接影响整个竖向框架的安装连接或钢柱的垂直,安装中还会有安装误差。在结构上面检查柱间距离时,应注意高空作业安全。

(五)单独柱基中心检查

检查单独柱基的中心线与定位轴线之间的误差,若超过限差要求,应调整柱基中心线使其与地位轴线重合,然后以柱基中心线为依据,检查地脚螺栓的预埋位置。

(六)标高实测

以三等水准点的标高为依据,对钢柱柱基表面进行标高实测,将测得的标高偏差用平面图表示,作为临时支承标高块调整的依据。

(七)轴线位移校正

任何一节框架钢柱的校正均以下节钢柱顶部的实际中心线为准,使安装的钢柱的底部对准下面钢柱的中心线即可。因此,在安装的过程中,必须进行钢柱位移的检测,并根据实测的位移量以实际情况加以调整。调整位移时应特别注意钢柱的扭转,因为钢柱扭转对框架钢柱的安装很不利,必须引起重视。

第四节　高层建筑施工测量

高层建筑物的特点是建筑物层数多、高度高、建筑结构复杂、设备和装修标准较高。在施工过程中对建筑物各部位的平面位置、垂直度以及轴线尺寸、标高等精度要求都十分严格,同时,对质量检测的允许偏差也有非常严格的要求。

此外,由于高层建筑工程量大,多设地下工程,又多为分期施工,工期较长,施工现场变化较大,为保证工程的整体性和局部施工的精度要求,在实施高层建筑施工测量时,事先要定好测量方案,选择适当的测量仪器,并定出各种控制和检测的措施,以确保测设的精度。

一、高层建筑定位测量

(一)测设施工方格网

高层建筑的定位放线必须保证足够的精度,因此一般采用测设专用的施工方格网的形式来定位。施工方格网一般在总平面图上进行设计,施工方格网是测设在基坑开挖范围以外的一定距离,平行于建筑物主要轴线方向的矩形控制网。

(二)测设主轴线控制桩

在施工方格网的四边上,根据建筑物主要轴线与方格网的间距,测设主要轴线的控制桩。测设时要以施工方格网各边的两端控制点为准。建筑物的中轴线等重要轴线也应在施工方格网的边线上测设出来,与四周的轴线一起称为施工控制网中的控制线。控制线的间距一般为 30~50 m,测距精度不低于 1/10000,测角精度不低于 ±10″。

如果高层建筑轴线投测采用经纬仪法,应在更远处且安全牢固的地点引测轴线控制桩,轴线控制桩与建筑物之间的距离应大于建筑物的高度,避免投测轴线时仰角过大。

二、高层建筑基础施工测量

(一)测设基坑开挖边线

高层建筑一般都有地下室,因此要开挖基坑。开挖前要根据建筑物的轴线控制桩确定角桩及建筑物的外围边线,再考虑边坡的坡度和基础施工所需工作面的宽度,测设出基坑的开挖边线并撒出白灰线。

(二)基坑开挖时的测量工作

高层建筑的基坑一般都很深,需要放坡并进行边坡支护加固,在开挖过程中,除了用水准仪控制开挖深度之外,还应采用全站仪检查边坡的位置,防止基坑底边线内收、基础位置不够。

(三)基础放线及标高控制

1. 基础放线

基坑开挖完成后,有以下三种情况:

(1)先打垫层,再做箱形基础或筏板基础,这时要求在垫层上测设区基础的各条边界线、梁轴线、墙宽线和柱位线等。

(2)在基坑底部打桩或挖孔,做桩基础,这时要求在基坑底部测设各条轴线和桩孔的定位线,桩做完后,还要测设桩承台和承重梁的中心线。

(3)先做桩,然后在桩上做箱形基础或筏板基础,组成复合基础,这时的测量工作是前两种情况的结合。

测设轴线时,通常测设轴线的交点,一定要标注清楚,以免用错。另外,一些基础桩、梁、柱、墙的中线一定要与建筑轴线重合,因此要认真按图施测,防止出错。

从地面往下投测轴线时,采用全站仪极坐标法放样点位,再采用钢尺对点位间的距离进行检核,以确保精度。

2. 基础标高的测设

基坑完成后,应及时用水准仪根据地面上±0.000 m标高线,将高程引测到坑底,并在基坑护坡的围护桩上做好整米数的标高线。从地面高程控制点引测时,可多测几个测站,也可用悬吊钢尺代替水准尺进行施测。

三、高层建筑轴线投测

高层建筑施工测量的主要任务是轴线的竖向传递,以控制建筑物的垂直偏差,正确进行各楼层的定位放线。

高层建筑层高测量偏差和竖向测量偏差均不超过±3 mm,建筑全高测量偏差和竖向偏差不应超过 $3H/10000$,且30 m<H≤60 m时,不应大于±10 mm;60 m<H≤90 m时,不应大于±15 mm;H>90 m时,不应大于±20 mm。

轴线竖向传递的方法很多,下面介绍两种常用的投测方法。

(一)经纬仪(全站仪)投测法

高层建筑物在基础工程完工后,用经纬仪将建筑物的主要轴线从轴线控制桩上精确引测到建筑物四面底部立面上,并设标志,以供向上投测和下一步施工用。经纬仪投测法与一般民用建筑轴线的投测方法相同,如图 6-15 所示。

当楼层数超过 10 层时,如果控制桩距离建筑物太近,会使望远镜的仰角过大,影响测设精度,必须把轴线再延长,在建筑物更远处或在附近建筑的楼顶面上,重新建立引桩,如图 6-25 所示。

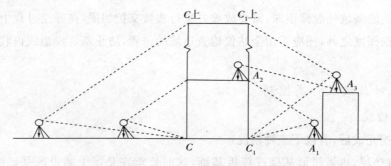

图 6-25 经纬仪投测法

(二)吊铅垂投测法

如图 6-26 所示,利用直径为0.5 mm的钢丝悬吊10 kg重的特制大铅锤,以底层轴线控制点为准,通过预留孔直接向各施工层投测轴线。每个点的投测应进行两次,两次投点的

建筑工程测量技术

偏差在投点高度小于5 m时不大于3 mm,高度在5 m以上时不大于5 mm,即可认为投点无误,取其平均位置,将其固定下来,再检查这些点间的距离和角度。如与底层相应的距离、角度相差不大,可作适当调整。最后根据投测上来的轴线控制点加密其他轴线。

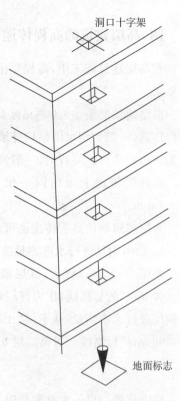

图6-26 吊铅垂投测法

(三)垂准经纬仪法

垂准经纬仪法就是利用能提供竖直向上(或向下)视线的专用测量仪器,进行轴线投测,常用的仪器有激光垂准仪和激光经纬仪等。该法精度高、速度快。

垂准经纬仪法要事先在建筑底层测设轴线控制网,建立稳固的轴线标志,在标志上方每层楼板都预留20 cm×20 cm的垂准孔,供视线通过。

1. 激光垂准仪

如图6-27所示,该仪器的中轴是空心的,配有弯曲成90°的目镜,能竖直观测正下方或正上方的目标。使用时可安置在底层轴线控制点上,向上方投测轴线;也可安置在工作面的预留孔洞上瞄准底层的轴线标志,向工作面上投测轴线。

2. 激光经纬仪

如图6-28所示,激光经纬仪可从望远镜发出一束激光代替人眼进行观测。

图6-27 激光垂准仪

 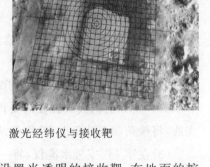

图6-28 激光经纬仪与接收靶

使用激光经纬仪投测轴线时,在作业面的预留口处设置半透明的接收靶,在地面的控制点上对中整平仪器,打开激光器,调节物镜调焦旋钮,使接收板上的光斑最小,再水平旋转仪器,调整并保证接收靶上的光斑中心始终在同一点。然后移动接收靶使光斑中心与靶中心点重合,靶心即为欲投测的轴线点。

四、高层建筑的高程传递

在高层建筑施工中,高程要由下层传递到上层,以使建筑物上层各部位的标高符合设计要求。

高层建筑底层±0.000 m标高点可依据施工场地内的水准点来测设,±0.000 m以上点高程传递,一般用钢尺沿结构外墙、边柱和楼梯间等向上竖直量取,即可把高程传递到施工层上。由此法传递高程时,一般高层建筑至少有三处底层标高点向上传递,以便于相互校核。由底层传递上来的同一层几个标高点,必须用水准仪进行校核,其误差应不超过±3 mm。

高层建筑物的高程传递也可利用悬吊钢尺进行水准测量或使用全站仪对天顶测距法。

1. 悬吊钢尺进行水准测量法

如图6-29(a)所示,首层墙体砌筑到1.5 m标高后,用水准仪在内墙面上测设一条"±500 mm"的标高线,作为首层地面施工及室内装饰的标高依据。以后每砌一层,就通过吊钢尺进行水准测量,从下层"±500 mm"标高线处,向上测设设计层高,得到上一楼层的"±500 mm"标高线。对第二层 b_2 计算为:

$$b_2 = a_2 - h_1 - (a_1 - b_1) \tag{6-7}$$

在进行第二层的水准测量时,上下移动水准尺,使其读数为 b_2,沿水准尺底部在墙面上画线,即可得到该层的"±500 mm"的标高线。

对第三层 b_3 计算为:

$$b_3 = a_3 - (h_1 + h_2) - (a_1 - b_1) \tag{6-8}$$

同理可测设出第三层的"±500 mm"的标高线。

2. 全站仪对天顶测距法

对于超高层建筑,吊钢尺有困难时,可以在楼梯间或电梯井安置全站仪,通过对天顶方向测距的方法引测高程。如图6-29(b)所示,操作步骤如下:

(1)在投测点安置全站仪,置平望远镜(使竖直角显示为0°),读取竖立在首层"±500 mm"标高线上水准尺的读数为 a_1。a_1 即为全站仪横轴至首层"±500 mm"标高线的仪器高。

(2)将望远镜指向天顶(使竖直角显示为90°),将一块中间有一个直径为30 mm圆孔的40 cm×40 cm的钢板放置在需要传递高程的第 i 层楼面垂准孔上,使圆孔的中心对准测距光线,将棱角扣在铁板上,操作全站仪测得距离 d_i。

(3)在第 i 层安置水准仪,将一根水准尺立在铁板上,设其读数为 a_i,如式(6-9)所示:

$$b_i = a_1 + d_i - k + (a_i - H_i) \tag{6-9}$$

式中:H_i——第 i 层楼面的设计高程编号;

k——棱镜常数,可以通过实验的方法测定出(也可以采用反光贴,此时 $k=0$)。

（4）另一把水准尺竖立在第 i 层"±500 mm"标高线附近，上下移动水准尺，使其读数为楼面 b_i，沿水准尺底部在墙面上画线即可得到第 i 层的"±500 mm"标高线。

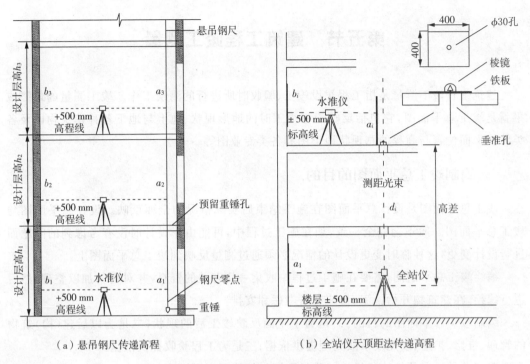

（a）悬吊钢尺传递高程　　　　　（b）全站仪天顶距法传递高程

图 6-29　高层建筑物的高程传递示意图

五、激光水准仪在建筑工程中的应用

如图 6-30 所示的仪器是一种国产激光水准仪，其具有水准仪全部功能，并安装有激光装置，发出可视激光点与视准轴同焦同轴。测量人员可以直接通过肉眼看到激光点，读取塔尺读数，提高工作效率。在夜间及昏暗条件下有效射程可以达到 250 m，因此，在夜间及昏暗条件下依然可以进行观测作业。

图 6-30　激光水准仪

为了保证室内地板或顶板安装时的总体平整度,可使用激光水准仪进行测量,通过激光点来快速标记地平、顶板等装饰施工平面控制线。保证了平整度,提高了施工质量。

第五节　建筑工程竣工测量

建筑工程竣工测量是指工程建设竣工、验收时所进行的测绘工作。竣工测量的最终成果就是竣工总平面图,它包括反映工程竣工时的地形现状、地上与地下各种建筑物以及各类管线平面位置与高程的总现状地形图和各类专业图等。

一、编制竣工总平面图的目的

竣工总平面图是设计总平面图在施工结束后实际情况的全面反映。设计总平面图与竣工总平面图一般不会完全一致,如在施工过程中,可能由于设计时没有考虑到的问题而进行设计变更,这种临时变更设计的情况必须通过测量反映到竣工总平面图上。

编绘竣工总平面图,需要在施工过程中收集一切有关的资料,并对资料加以整理,然后进行编绘,在建筑物开始施工时,应有所考虑和安排。

编制竣工总平面图的目的:一是为了全面反映竣工后的现状;二是为以后建(构)筑物的管理、维修、扩建、改建及事故处理提供依据;三是为工程验收提供依据。

竣工总平面图的编绘包括竣工测量和资料编绘两方面内容。

二、竣工总平面图的测量

在每一个单项工程完成后,必须由施工单位进行竣工测量,并提供该工程的竣工测量成果,作为编绘竣工总平面图的依据。

(一)竣工测量的内容

竣工测量的内容包括:

(1)工业厂房及一般建筑物:测定各房角坐标、几何尺寸;各种管线进出口的位置和高程;室内地坪及房角高程,并附注房屋结构层数、面积和竣工时间。

(2)地下管线:测定检修井、转折点、起终点的坐标,井盖、井底、沟槽和管顶等的高程,附管道及检修井的编号、名称、管径、管材、间距、坡度和流向。

(3)架空管线:测定转折点、结点、交叉点和支点的坐标,支架间距,基础面高程等。

(4)交通线路:测定线路起终点、转折点和交叉点的坐标,路面、人行道、绿化带界线等。

(5)特殊构筑物:测定沉淀池的外形和四角坐标、圆形构筑物的中心坐标,基础面高程,构筑物的高度或深度等。

(二)竣工测量的方法与特点

竣工测量的基本测量方法与地形测量相似,区别在于以下几点:

(1)图根控制点的密度:一般竣工测量图根控制点的密度要大于地形测量图根控制点的密度。

(2)碎部点的实测:地形测量一般采用 RTK 测量的方法,测定碎部点的平面位置和高程,而竣工测量采用全站仪极坐标法测定碎部点的平面位置,采用水准仪或全站仪三角高程法测定碎部点的高程。

(3)测量精度:竣工测量的测量精度要高于地形测量的测量精度。地形测量的测量精度要求满足图解精度,而竣工测量的测量精度一般要满足解析精度。

(4)测绘内容:竣工测量的内容比地形测量的内容更丰富。竣工测量不仅测地面的地物和地貌,还要测地下各种隐蔽工程,如给排水、电力及热力管线等。

三、竣工总平面图的编绘

(一)编绘竣工总平面图的依据

编绘竣工总平面图的依据有:

(1)依据设计总平面图,单位工程平面图,纵、横断面图,施工图及施工说明。

(2)依据施工测设成果,施工检查成果及竣工测量成果。

(3)依据变更设计的图纸、数据、资料。

(4)建筑实体的竣工测量成果。

(5)各种施工过程中的结构检查测量数据和检查证。

(二)竣工总平面图的编绘方法

竣工总平面图的编绘方法如下:

(1)确定竣工总平面图的比例尺:建筑物竣工总平面图的比例尺一般为 1:500 或 1:1000。

(2)从设计单位或者业主单位购置施工图纸电子版本,在其基础上采用专用绘图软件(一般是 CAD)进行修改,可以大大减少竣工图绘制工作量。

(3)按照竣工实物结构位置、高程和尺寸将标准图纸修改成竣工图。

(4)隐蔽工程按照施工过程中竣工测量的实际位置、高程和结构尺寸对图纸进行修改得到竣工详图。

(5)对于建筑物竣工电子图纸中不同属性的建筑可以采用不同的图层和线性属性进行区分,便于查询。

(6)对于直接在现场指定位置进行施工的工程、以固定地物定位施工的工程及多次变更设计而无法核查的工程等,只好进行现场实测,并测绘出竣工总平面图。

(7)碎部点的实测:竣工测量一般采用全站仪极坐标法测定碎部点的平面位置,采用水准仪测定碎部点的高程,再对设计图纸进行修改。如若没有设计图纸,宜可采用全站仪、GPS-RTK 技术进行全数字测图。

(8)竣工图分为数字化竣工图和纸质图纸,根据接收单位、档案馆等需求进行提供。

（三）竣工总平面图的整饰

竣工总平面图的整饰包括：

（1）竣工总平面图的符号应与原设计图的符号一致。有关地形图的图例应使用国家地形图图示符号。

（2）对于建筑物应绘出该工程的竣工位置，并应在图上注明工程名称、坐标、高程及有关说明。

（3）对于各种地上、地下管线等，应用各种不同颜色的线型，绘出其中心位置，并应在图上注明转折点及井位的坐标、高程及有关说明。

（4）对图纸图层中不同性质的建筑物详图应进行详细的备注，便于后期的维修和扩建等查询。

四、竣工总平面图的附件

为了全面反映竣工成果，便于管理、维修和日后的扩建或改建，下列与竣工总平面图有关的一切资料应分类装订成册，作为竣工总平面图的附件保存。

（1）建筑场地及其附近的测量控制点布置图及坐标与高程一览表；

（2）建筑物或构筑物沉降及变形观测资料；

（3）地下管线竣工纵断面图；

（4）工程定位、检查及竣工测量的资料；

（5）设计变更文件；

（6）建设场地原始地形图等。

第六节　建筑物变形观测

一、变形观测概述

建筑在施工和运营过程中，由于地质条件和土壤性质的不同、地下水位和大气温度的变化、建筑荷载和外力作用的影响，导致建筑物随时间发生了垂直的升降、水平的位移、挠曲、倾斜、裂缝等，统称为"变形"。用测量仪器定期对建筑物的地基、基础、上部结构及其场地等受各种作用力而产生的变形或位置变化进行观测，并对观测数据结果进行处理和分析的工作，称为"变形观测"。

由于建筑物破坏性变形危害巨大，变形观测的作用逐步为人们所重视。目前我国多个城市作出决定，新建的高层、超高层、重要的建筑物必须进行变形观测，否则不予验收。同时要把变形观测资料作为工程验收依据和技术档案之一呈报和归档。

（一）建筑物变形的原因

一般来说，建筑物变形主要是由两个方面原因引起的，一是自然条件及其变化，即建筑物地基的工程地质、水文地质、土壤物理性质、大气温度等发生变化;二是建筑物本身,即建筑物本身的荷重,建筑物的结构、型式及动荷载(如风力、震动、日照等)的作用。

(二)建筑物变形的分类

建筑物的变形可分为静态变形和动态变形。静态变形是指变形观测的结果只表示在某一期间内的变形值,即它是时间的函数。动态变形是指外力影响下而产生的变形,即它是以外力为函数来表示的动态系统对于时间的变化,其观测结果表示建筑物在某一时刻的瞬时变形。

(三)建筑物变形观测的任务和内容

变形观测最主要的任务就是对变形观测点进行周期性的观测,求得其在两个观测周期间的变化量;对变化量进行统计分析,评定观测量、变形量的大小;对工程建筑物进行变形分析与预报,分析变形成因等。

变形观测的内容应根据建筑物的性质与地质情况来确定,既要重点突出,又要通盘考虑,以能正确反映出建筑物的变化情况,达到监视建筑物安全运营、掌握其变形规律的目的。

对于工业民用建筑,其基础主要是均匀沉陷和不均匀沉陷观测;对于建筑物本身,主要是倾斜和裂缝观测;对于特种设备,主要是水平位移和垂直位移观测。

(四)变形观测的基本要求

变形观测的基本要求包括:

(1)大型或重要工程建筑物、构筑物在工程设计时,应对变形测量统筹安排,施工开始时,即应进行变形观测。

(2)变形观测的精度要求应根据建筑物的性质、结构、重要性,对变形的灵敏程度等因素确定。

(3)变形观测应使用精密仪器测量,每次观测前,对所使用的仪器设备应进行检测。

(4)每次观测时,应采用相同的路线和观测方法,使用同一仪器和设备,固定观测人员,在基本相同的环境和条件下工作。

(5)变形观测的周期应根据观测对象、变形值的大小及变形速度、工程地质情况等因素来考虑。

(6)变形观测结束后,应根据工程需要整理以下资料:变形值成果表、测点布置图、变形曲线图及变形分析等。在观测过程中,还要根据变形量的变化情况适当调整观测周期。

(五)变形观测的精度

变形观测精度要求取决于该工程建筑物预计的允许变形值的大小和进行观测的目的。能否达到预定目的,受诸多因素影响。其中基本的因素是观测方案的设计,基准点、工作基点和观测点的布设,观测的精度和频率,每次观测的时间及所处的环境等。

对于不同类型的工程建筑物,变形观测的精度要求差别很大;同类工程建筑物,由于其结构形式和所处的环境不同,变形观测的精度要求也有差异;即便是同一工程建筑物,不同部位变形观测的精度要求也不尽相同。原则上要求:为了使变形值不超过某一允许的数值而确保建筑物的安全,其观测中误差应小于允许变形值的 1/20~1/10;如果变形的目的是掌握变形过程,则其观测中的误差应比这个数值小得多。可结合观测环境、技术条件和设备等实际情况来考虑。从实用性出发,高程观测点的高程中误差可取 ±1 mm;平面观测点的点位中误差可取 ±2 mm。

(六)变形监测的控制

1. 变形测量点

变形测量点包括:

(1)变形观测点:设置在变形体上的照准标志点,点位埋设在能准确反映变形体变形特征的位置上的观测点。

(2)基准点:固定不动的点,用于测定工作基点和变形观测点,点位埋设在变形区以外的稳定地区,每个工程应该至少有三个基准点。

(3)工作基点:作为直接测定变形观测点的相对稳定的点,是基准点和变形点之间的联系点。对通视情况较好或观测项目较少的工程,可不设立工作基点,而直接在基准点上测定变形观测点。

2. 工程建筑物变形观测网

工程建筑物变形观测网是专门为工程建筑物的变形布设的测量控制网,主要分为水平控制网和垂直控制网,水平控制网多布设为基准线或角度前方交会图形;垂直控制网多为精密水准网。

变形观测网的布设原则如下:

(1)变形观测网多为精度高但规模小的专用控制网。

(2)在满足变形观测需要和精度要求的前提下,网形应尽可能简单,以便迅速获得可靠的变形观测结果

(3)一般情况下可布设一次全面网(如三角网、边角网及水准网等),即由控制点直接可观测变形体上的观测点。在特殊情况下可布设多级网,但应遵循"从整体到局部、由高级到低级"的原则,分级布设,逐级控制,并保证足够精度。

(4)全面考虑、合理布设作为变形观测依据的基准点和工作基点。

(5)变形观测点应布设在工程建筑上最具有代表性的部位。

3. 工作基点的检核

为了减小长距离观测中各项测量误差的积累,应尽量缩短观测时路线的长度。为此,可根据作业现场的实际情况,在工程建筑物附近设立若干个工作基点。工作基点应位于比较稳定且便于观测的地方,以便直接测定观测点的位移。工作基点是否稳定,则由基准点来检测。采用的方法是将基准点及工作基点组成水准网或边角网,定期进行重复高程或平

面位置测量。工作基点的检测,应尽可能选在外界条件相近的情况下进行,以减小外界条件及其变化对观测结果的影响。

对于大型工程建筑物沉降观测,一般布设一等或二等水准点根据离工程建筑物最近的工作基点,定期对各观测点进行精密水准测量,以求得各点在某一时间段内的相对垂直位移值。另外,还要定期根据水准基点对工作基点进行精密水准测量,以求得工作基点的垂直位移值。从而将各观测点的垂直位移值加以改正,求得它们在该时间内的绝对垂直位移。

对于工程建筑物的水平位移观测,工作基点的检核一般采用三角测量法;在条件允许时,也可在远处埋设稳定不变的定向点,在工作基点处以极坐标法测定其位移值。

当工作基点确实存在位移时,将对观测成果产生很大影响,测量时先计算工作基点的位移,再对位移的观测值施加改正数,以得到正确的变形值。

二、建筑物沉降观测

测定工程建筑物上所埋设观测点的高程随时间而变化的工作称为沉降观测,也称垂直位移观测。由于沉降量等于重复观测的高程与首期观测高程之差,故可采取精密水准测量方法,也可采用液体静力水准测量的方法进行观测。

(一)精密水准测量法

1. 水准基点的布设

水准基点是确认固定不动且作为沉降观测高程的基准点,因此水准基点的布设应满足以下要求:

(1)要有足够的稳定性,水准基点必须设置在沉降影响范围以外,冰冻地区水准基点应埋设在冰冻线以下0.5 m。设在墙上的水准点应埋在永久性建筑物上,且离开地面高度约为0.5 m。

(2)要具备检核条件。为了保证水准基点高程的正确性,水准基点最少应布设3个,以便相互检核。对建筑面积大于5000 m² 或高层建筑,则应适当增加水准基点的个数。

(3)要满足一定的观测精度。水准基点和观测点之间的距离应适中,相距太远会影响观测精度,一般应在100 m范围内。

(4)水准基点的标志构造。必须根据埋设地区的地质条件、气候情况及工程的重要程度进行设计。对于一般建筑物及深基坑沉降监测,可参照水准测量规范中二、三等水准的规定进行标志设计与埋设;对于高精度的变形监测,需设计和选择专门的水准基点标志。

2. 沉降观测点的布设

沉降观测点是设立在变形体上的、能反映其变形的特征点。沉降观测点的位置和数量应根据工程地质情况、基础周边环境和工程建筑物的荷载情况而定。沉降观测点应布设在能全面反映建筑物沉降情况的部位。

（1）沉降观测点应布置在深基坑及建筑物本身沉降变化较显著的地方，并要考虑到在施工期间和竣工后能顺利进行监测的地方。

（2）沉降观测点应均匀布置，它们之间的距离一般为10～20 m。深基坑支护结构的沉降观测点应埋设在锁口梁上，一般10～15 m埋设一点。

（3）在建筑物四周角点、中点及内部承重墙（柱）上需埋设观测点，并应沿房屋周长每间隔10～12 m设置一个观测点。

（4）在高层和低层建筑物、新老建筑物连接处，以及在相接处的两边都应布设观测点。

（5）沉降观测点的设置形式如图6-31所示。

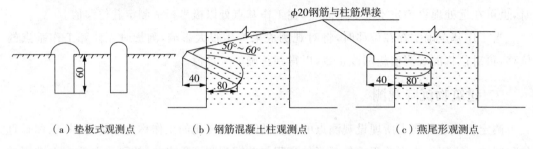

（a）垫板式观测点　　　　　（b）钢筋混凝土柱观测点　　　　　（c）燕尾形观测点

图6-31　沉降观测点的设置形式

3. 沉降观测

（1）观测周期。应根据工程建筑物的性质、施工进度、观测精度、工程地质情况及基础荷载的变化情况而定。

① 当埋设的沉降观测点稳固后，在建筑物主体开工前，进行第一次观测。

② 在建（构）筑物主体施工过程中，一般每施工1～2层观测一次。如中途停工时间较长，应在停工时和复工时进行观测。

③ 当发生大量沉降或严重裂缝时，应立即或几天一次连续观测。

④ 建筑物封顶或竣工后，一般每月观测一次如果沉降速度减缓，可改为2～3个月观测一次，直至沉降稳定为止。

（2）观测方法及精度要求。一般性高层建筑和深基坑开挖的沉降观测，通常按二等精密水准测量，其水准路线的闭合差不应超过$\pm 0.6\sqrt{n}$ mm（n 为测站数）。沉降观测的水准路线应布设为闭合水准路线。对于观测精度较低的多层建筑物的沉降观测，其水准路线的闭合差不应超过$\pm 1.4\sqrt{n}$ mm（n 为测站数）。

（3）工作要求。沉降观测是长期、连续的工作，为了保证观测成果的正确性，应尽可能做到"五固定"，即固定观测人员，使用固定的水准仪和水准尺，使用固定的水准基点，按固定的实测路线和测量方法进行，观测时的环境条件基本一致。

4. 沉降观测成果整理

（1）原始数据的整理

每次观测结束后，应检查记录和计算是否正确，精度是否合理，然后调整高差闭合差，推算出各沉降观测点的高程并填入沉降观测汇总表6-2中。

表6-2　沉降观测汇总表

观测次数	观测时间	施工进展情况	各观测点的沉降情况						…	荷载情况/(t/m²)
			1			2			…	
			高程/m	本次下沉/mm	累积下沉/mm	高程/m	本次下沉/mm	累积下沉/mm	…	
1	2018.01.08	一层	27.180	0	0	27.168	0	0	…	
2	2018.02.28	三层	27.174	−6	−6	27.162	−6	−6	…	38
3	2018.03.15	五层	27.169	−5	−12	27.157	−5	−11	…	60
4	2018.04.18	七层	27.166	−3	−15	27.154	−3	−14	…	70
5	2018.05.26	九层	27.164	−2	−17	27.151	−3	−17	…	80
6	2018.06.13	主体完工	27.160	−5	−22	27.147	−4	−21	…	110
7	2018.08.18	竣工使用	27.155	−5	−27	27.142	−5	−26	…	
8	2018.11.18		27.151	−4	−31	27.139	−3	−29	…	
9	2018.12.16		27.149	−2	−33	27.137	−2	−31	…	
10	2019.03.17		27.148	−1	−34	27.136	−1	−32	…	
11	2019.06.18		27.147	−1	−35	27.135	−1	−33	…	
12	2019.09.17		27.147	0	−35	27.135	0	−33	…	

(2)计算沉降量

沉降量计算内容和方法如下：

计算各沉降观测点本次沉降量：

本次沉降量＝本次观测缩短的高程－上次观测所得的高程；

累积沉降量＝上次累积沉降量＋本次沉降量。

(3)绘制沉降曲线

为了更清楚地表示出沉降、荷载和时间三者之间的关系，可画出各观测点的荷载(F)、沉降量(S)与观测时间的关系曲线图，即沉降曲线图，如图6-32所示。

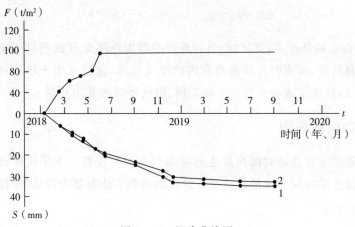

图6-32　沉降曲线图

（4）沉降观测资料的分析

观测资料的分析是根据工程建筑物的设计理论、施工经验、有关的基本理论和专业知识进行的。分析成果资料可指导施工和运行，同时也是进行科学研究、验证、提高设计理论和施工技术的基本资料。观测资料的分析常用的方法有作图分析、统计分析、对比分析、建模分析等。

（二）液体静力水准测量

液体静力水准测量广泛用于工程建筑物和各种设备的沉降观测，它是根据静止的液体在重力作用下保持同一水平面的原理来测定观测点高程的变化，从而得到沉降量。液体静力水准测量基本原理如图 6-33 所示。

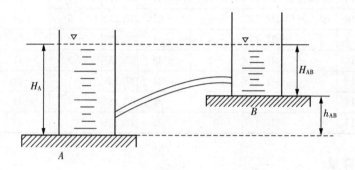

图 6-33　液体静力水准测量基本原理

当注入液体液面静止后，两液面高度之差即为高差：

$$h_{AB} = H_A - H_B \qquad\qquad (6-10)$$

设首次观测时测得 A、B 上的读数分别为 a_1 和 b_1，则首次观测高差为 $h_1 = a_1 - b_1$，设第 i 次观测时测点 A、B 上的读数分别为 a_i 和 b_i，则该期观测高差为 $h_i = a_i - b_i$，则至第一期观测时两点间相对沉降量为

$$\Delta h_i = h_i - h_1 = (a_i - a_1) - (b_i - b_1) \qquad\qquad (6-11)$$

如果 A 为稳定的基准点，则式（6-11）算得的即为观测点 B 的绝对沉降量。

为保证观测精度，观测时要将连通管内的空气排尽，保持水质干净。对于不同型号的液体静力水准仪，其确定液面位置的方法不同，但结构形式基本相同。

三、建筑物位移观测

工程建筑物平面位置随时间而发生的移动称为水平位移。水平位移观测是测定工程建筑物的平面位置随时间变化的移动量。常规的观测方法有基准线法、坐标法等。

（一）基准线法

位移观测首先要在与建筑物位移方向的垂直方向上建立一条基准线，并埋设测量控制

点,再在建筑物上埋设位移观测点,要求观测点位于基线方向上。

如图 6-34 所示,A、B 为基线控制点,P 为观测点,首次观测,三点一线。经过一个观测周期,在 A 点安置全站仪(或经纬仪)后视 B 点,盘左、盘右各旋转 $180°$,沿着视线方向,投点得到 P',P' 与 P 点不重合,说明建筑物已产生位移,可在建筑物上直接量出位移量 $\delta = PP'$。

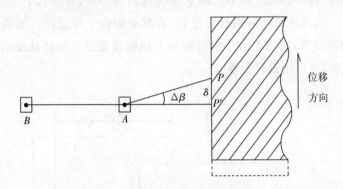

图 6-34　基准线法位移观测

也可采用视准线小角法用经纬仪精确测出观测点 P 与基准线 AB 的角度变化值 $\Delta\beta$,其位移量计算为

$$\delta = D_{AP}\frac{\Delta\beta''}{\rho''} \qquad (6-12)$$

式中:D_{AP}——A、P 两点间的水平距离。

(二)坐标法

首先要在工程建筑物附近埋设测量控制点或者利用已有施工控制点,在控制点上设置仪器对位移观测点进行观测。

按其作业方法和所用工具的不同,又可分为全站仪极坐标法和 GPS-RTK 坐标测量法。

观测时一般使用全站仪极坐标法,对观测点进行坐标观测。将每次测出的坐标值与前一次测出的坐标值进行比较,利用两观测期之间的坐标差值 Δx、Δy 计算该观测点的水平位移量为

$$\delta = \sqrt{\Delta x^2 + \Delta y^2} \qquad (6-13)$$

全站仪观测要确保观测点与控制点之间必须通视。

采用 GPS 观测时,观测点位必须位于开阔的地方,确保能接收到卫星观测信号。

四、建筑物裂缝观测

当工程建筑物出现裂缝时,除了要增加沉降观测的次数外,还应立即进行裂缝观测。

通过测定裂缝的位置、走向、长度和宽度的变化，以掌握裂缝发展趋势，并据此分析产生裂缝的原因及对工程建筑物的影响，以便采取有效措施予以处理，确保建筑物的安全。

观测时，应先在裂缝两侧各设置一固定观测标志，通过定期观测，可求得两标志间相对位置变化，从而真实地反映裂缝发展变化情况。如图 6-35 所示，具体方法是用两块尺寸不同的镀锌薄钢板，一片为15 cm×15 cm的正方形，固定在裂缝的一侧，并使其另一边和裂缝的边缘对齐，另一片为5 cm×20 cm，固定在裂缝的另一侧，并使其中一部分紧贴在正方形的镀锌钢板上。当两块镀锌薄钢板固定后，在其表面涂上红油漆。如果裂缝继续发展，两块镀锌钢板将被拉开，露出正方形镀锌钢板上原被覆盖没有涂红油漆的部分，其宽度即为裂缝加大的宽度，可以用钢尺量取。

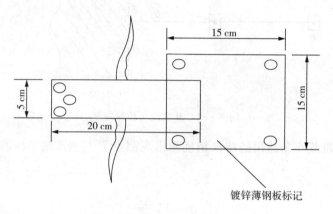

图 6-35 裂缝贴片观测法

建筑物裂缝观测采用直接量测方法，通过游标卡尺进行裂缝宽度测读。对裂缝深度的量测，可采用超声波进行。

随着影像技术的发展，对重要部位的裂缝以及大面积的多条裂缝，可在固定距离及高度设站，进行近景摄影测量。通过对不同时期摄影照片的量测，可以确定裂缝变化的方向和尺寸。

五、建筑物倾斜观测

测定工程建筑物倾斜度随时间而变化的工作叫倾斜观测。建筑物产生倾斜的原因主要是地基承载力的不均匀、建筑物体型复杂形成不同荷载及受外力风荷载、地震等影响引起建筑物基础的不均匀沉降。倾斜观测一般是用水准仪、全站仪、垂球或其他专用仪器来测量建筑物的倾斜度 i。

建筑物倾斜监测点的布设应满足下列要求：监测点宜布置在建筑物角点、变形缝或防震缝两侧的承重墙或柱上；监测点应沿主体顶部、底部对应布设，上、下监测点布置在同一竖直线上。

（一）水准仪观测法

建筑物的基础倾斜观测一般采用精密水准测量的方法，定期测出基础两端点的沉降量

差值 Δh(图6-36),再根据两点间的距离 L,即可计算出基础的倾斜度 i 为

$$i = \tan \alpha = \frac{\Delta h}{L} \qquad (6-14)$$

对整体刚度较好的建筑物的倾斜观测,亦可采用基础沉降量差值,推算主体偏移值。如图6-36所示,用精密水准测量测定建筑物基础两端点的沉降量差值 Δh,再在根据建筑物的宽度 L 和高度 H,推算出该建筑物主体的偏移值 δ 为

$$\delta = i \times H = \frac{\Delta h}{L} H \qquad (6-15)$$

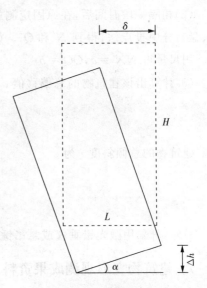

图6-36 基础倾斜观测

(二)全站仪观测法

对于高耸的工程建筑物,广泛采用纵横距投影法和坐标法。

建筑物主体的倾斜观测,应测定建筑物顶部观测点相对于底部观测点的偏移值,再根据建筑物的高度,计算建筑物主体的倾斜度,如式(6-14)所示。具体观测方法如下:

(1)如图6-37所示,将全站仪安置在固定测站上,该测站到建筑物的距离为建筑物高度的1.5倍以上。瞄准建筑物 X 墙面上部的观测点 M,用盘左、盘右分中投点法,定出下部的观测点 N。用同样的方法,在与 X 墙面垂直的 Y 墙面上定出上观测点 P 和下观测点 Q。M、N 和 P、Q 即为所设观测标志。

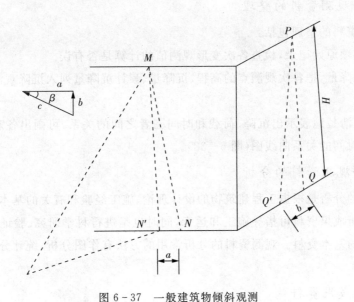

图6-37 一般建筑物倾斜观测

（2）相隔一段时间后，在原固定测站上，安置全站仪，分别瞄准上观测点 M 和 P，用盘左、盘右分中投点法，得到 N' 和 Q'。如果 N 与 N'、Q 与 Q' 不重合，说明建筑物发生了倾斜。用尺量得 $NN'=a,QQ'=b$。

（3）计算出该建筑物的总偏移值 c 为

$$c=\sqrt{a^2+b^2} \tag{6-16}$$

建筑物的总倾斜度 i 为

$$i=\frac{c}{H} \tag{6-17}$$

另外，可采用激光铅垂仪或悬吊锤球的方法直接测定建筑物的倾斜量。

六、建筑物变形观测成果资料

变形观测成果的整理和分析是建立在比较多期重复观测结果基础之上的，对各期观测结果进行比较，可以对变形随时间的发展情况作出定性的认识和定量的分析。其成果是检验工程质量的重要资料，据此研究变形的原因和规律，以改进设计理论和施工方法。

每次观测结束，应及时整理观测资料，资料整理的主要内容有：收集工程资料（如工程概况、观测资料及有关文件）；检查收集的资料是否齐全、审核数据是否有误或精度是否符合要求，检查平时分析的结论意见是否合理；将审核过的数据资料分类填入成果统计表，绘制曲线图；编写整理观测情况、观测成果分析说明。

现以高层建筑物沉降观测为例说明观测资料整理的过程。

（一）沉降观测资料的整理

沉降观测资料的整理包括：

（1）校核各项原始记录，检查各次变形观测值的计算是否有误。

（2）计算沉降量，把各次观测点的高程、沉降量、累计沉降量列入沉降观测成果表中，见表6-2所列。

（3）为了更清楚地表示出沉降、荷载和时间三者之间的关系，可画出各观测点的荷载、沉降量与观测时间的关系曲线图（图6-32）。

（二）沉降观测资料的分析

观测资料的分析是根据工程建筑物的设计理论、施工经验和有关的基本理论和专业知识进行的。分析成果资料可指导施工和运行，同时也是进行科学研究、验证和提高设计理论和施工技术的基本资料。观测资料的分析常用的方法有作图分析、统计分析、对比分析、建模分析等。

（三）提交成果资料

每次量测后，将原始数据及时整理成正式记录，对每一个量测项目进行以下资料整理：

(1)观测点平面布置图;

(2)观测成果表(控制测量和监测成果表);

(3)观测分析报告;

(4)监测对象曲线变化图;

(5)成果反馈:包括多个环节,从监测仪器的快速数据采集、监测数据的快速处理到监测成果的及时传达,进而迅速采取措施等。

① 采集数据(包括巡视记录),对数据进行初步分析,初步判断监测对象安全,如果情况可疑应通知业主,并做进一步监测验证。

② 数据录入计算机,进行数据处理。

③ 生成成果报告,主要指日报、周报、月报,且全部监测工作结束后,生成最终报告。具备互联网条件的监测项目,可以生成网络报告,现场手机扫码,及时关注动态监测成果报告。

④ 如果处理计算过程中发现监测数值过大,达到报警值,立即电话通知各方,停止施工,并及时提交书面报警联系单,由业主、专家组、设计等决定采取措施,直到可以施工为止。

⑤ 如果监测数值过大,达到了控制值,那么立即通知各方,停止施工,并启动业主相关的抢险预案,监测单位积极配合业主抢险。直到措施得当,危险解除,可以施工为止。

⑥ 生成监测成果报告后。成果报告和相关主要数据、图表一并上传至成果发布平台,业主、设计等各方均可以进行实时查询监测成果,与此同时,成果报告以书面形式另报送给各相关方。

当数据分析确认为预警状态时,一方面增加监测频率及现场跟踪巡视,另一方面由施工单位第一时间采取口头汇报、电话汇报、短信汇报或网络形式等快捷方式将预警信息快速上报至监理、第三方监测、业主、设计等有关单位以确认报警等级,并立即填写报警联系单和报警书面数据信息,12 小时内将书面文件报送相关单位。有关单位进行讨论后落实处理方案,由施工单位根据处理方案采取对应措施,监测单位跟踪监测,根据监控情况确认工程达到安全的状态后,取消预警状态。

思考题与习题

1. 施工测量的主要任务有哪些?施工测量有哪些特点?

2. 测设已知水平距离、水平角和高程与测定水平距离、水平角和高程有何区别和联系?

3. 测设点的平面位置有哪些方法?各需要哪些测设数据?各适用于什么场合?

4. 某建筑场地上有一水准点 A,其高程 $H_A = 35.458$ m,欲测设高程为 36.000 m 的室内地坪 ± 0 高程,后视水准点 A 上水准尺读数为 $a = 1.573$ m,试说明其测设方法。

5. 已知点 A 的坐标为 $x_A = 1000$ m, $y_A = 1000$ m;点 B 的坐标为 $x_B = 800$ m, $y_B =$

1200 m。设 D 点的设计坐标为(1200.000,1300.000),试计算用极坐标法在 A 点测设 D 点所需的放样数据:极角 β 和极距 D。

6. 民用建筑施工测量包括哪些主要测量工作? 如何完成?

7. 试述基槽施工中控制开挖深度的方法。

8. 多层建筑物施工中,如何由下层楼板向上层传递高程?

9. 为什么要进行竣工测量? 竣工测量与地形测量有什么区别?

10. 试述绘制竣工总平面图的依据、目的和方法。

11. 变形观测的任务、目的及内容是什么?

12. 试述建筑物倾斜观测、裂缝观测的方法。

第七章 线状工程施工测量

本章要求

常见的线状工程包括道路工程、桥梁工程、管道工程。了解道路、桥梁、管道工程相关知识,掌握相关理论计算,熟悉道路、桥梁、管道工程测设方法,可以使用仪器进行实际测量工作。

学习目标

通过本章内容学习,使学生了解线性工程。掌握工程测量在线性工程中的理论知识和实际应用,通过学习和实践,让同学达到理论与实践相结合的目标。

本章重点

(1)熟悉道路中线测设各阶段的内容,圆曲线、缓和曲线、竖曲线的基本概念、测设步骤与技术要求。

(2)了解公路施工放样的任务。

(3)熟悉桥梁施工测量的主要内容、控制网布设的基本方法和技术要求。

(4)了解桥梁平面与高程的控制测量和桥墩、桥台中心定位的基本方法。

(5)能够正确完成桥梁平面与高程控制测量平差计算和墩、台中心定位测设数据的计算工作。

(6)管道中线测量。

(7)管道纵横断面测量。

(8)管道施工测量。

本章难点

(1)道路圆曲线、缓和曲线、竖曲线的测设步骤与技术要求。

(2)掌握恢复中线测量,施工控制桩放样,竖曲线放样。

(3)学会分析曲线段桥梁施工测量的特点和纵、横轴线测设的方法。

(4)能够根据规范规定,正确完成桥梁墩、台中心定位,桥梁基础与顶部放样,涵洞的测设工作。

(5)道纵、横断面测量。

(6)管道顶管施工测量。

第一节　道路中线测量

道路工程一般由路基、路面、桥涵、隧道及各种附属设施等构成。无论是公路,还是城市道路,平面线形均要受到地形、地物、水文、地质及其他因素的限制而改变路线方向。为保证行车舒适、安全,并使路线具有合理的线形,在直线转向处必须用曲线连接起来,这种曲线称为平曲线。平曲线包括圆曲线和缓和曲线两种。圆曲线是具有一定半径的圆的一部分,即一段圆弧,它又分为单曲线、复曲线、回头曲线等。缓和曲线是直线和圆曲线之间加设的一段曲线,其曲率半径由无穷大逐渐变化为圆曲线半径。

由上述分析可知,路线中线是由直线和平曲线两部分组成。道路中线测量是通过直线和平曲线的测设,将道路中心线的平面位置用木桩具体地标定在现场,并测定路线的实际里程。道路中线测量是公路工程测量中关键性的工作,它是测绘纵、横断面图和平面图的基础,是公路设计、施工和后续工作的依据。

一、概述

(一)道路组成

道路是一个空间三维的工程结构物。它的中线是一条空间曲线,其中线在水平面的投影就是平面线形。在路线方向发生改变的转折处,为了满足行车要求,需要用适当的曲线把前、后直线连接起来,这种曲线称之为平曲线。平曲线包括圆曲线和缓和曲线。道路平面线形是由直线、圆曲线、缓和曲线三要素组成。圆曲线是具有一定曲率半径的圆弧。缓和曲线(回旋线)是在直线与圆曲线之间或两不同半径的圆曲线之间设置的曲率连续变化的曲线。我国公路缓和曲线的形式采用回旋线。

(二)道路中线测量

道路中线测量是通过直线和曲线的测设,将道路中线的平面位置具体地敷设到地面上去,并标定出其里程,供设计和施工之用。道路中线测量也叫中桩放样。

二、定线测量

要进行道路中线测量,必须先进行定线测量,即在现场标定交点和转点。所谓交点是指路线改变方向的转折点,通常以 JD_i 表示,它是中线测量的控制点。而转点是指当相邻两交点之间距离较长或互不通视时,需要在其连线或延长线上定出的一点或数点,以供交点、测角、量距或延长直线瞄准之用,通常以 ZD_i 表示。

目前,公路工程上常用的定线测量方法有纸上定线和现场定线两种。《公路勘测细则》(JTG/T C10—2007)规定:不管是纸上定线还是现场定线,均应根据专业调查需要,进行路线放线。

纸上定线是先在实地布设导线,测绘大比例尺地形图(通常为 1∶1000 或 1∶2000 的地形图),在地形图上定出路线的位置,再到实地放线,把交点的位置在实地上标定下来。一般可采用以下两种方法。

1. 放点穿线法

放点穿线法是利用地形图上的测图导线点与纸上路线之间的角度和距离关系,在实地将路线中线的直线段测设出来,然后将相邻直线延长相交,定出地面交点桩的位置。

具体测设步骤如下:

(1)放点

在地面上测设路线中线的直线部分,只需定出直线上若干个点,即可确定这一直线的位置,常采用支距法、极坐标法或其他方法。支距法放点,即垂直于导线边、垂足为导线点的直线与纸上定线的直线相交的点;极坐标法放点,即选择能够控制中线位置的任意点;测图导线边与纸上定线的直线相交的点。

(2)穿线

定出一条尽可能多地穿过或靠近临时点的直线。穿线可用目估或经纬仪进行。

(3)交点

当相邻两直线在地面上定出后,即可延长直线进行交会交出交点。

2. 拨角放线法

拨角放线法的具体测设步骤如下:

(1)在地形图上量出纸上定线的交点坐标,反算相邻交点间的直线长度、坐标方位角及路线转角。

(2)将仪器置于路线中线起点或已确定的交点上,拨出转角,测设直线长度,依次定出各交点位置。

三、路线转角的测定

定线测量完成后,就可进行标定直线与修正点位;测角与转角计算;平曲线要素计算;钉设平曲线中点方向桩;观测导线磁方位角并进行复核;视距测量;路线主要桩位固定等。

(一)标定直线与修正点位

对于相互通视的交点,如果定线测量无误,根本不存在点位修正问题,一般可以直接引用。但是当交点间相距较远或地形起伏较大,通过陡坎深沟时,为了便于中桩组穿线定向,测角组应负责用经纬仪在其间酌情插设若干个导向桩,供中桩穿线使用。

对于中间有障碍、互不通视的交点,虽然交点间定线时已设立了控制直线方向的转点桩,但由于选线大多采用花杆目测穿直线,所以实际上未必严格在一条直线上,因此就存在用经纬仪检查与标定直线或修正交点桩位的问题。在一般情况下,常将后视交点和中间转点作为固定点(因上述点位一旦变动,将直接影响后视点位转角,导致测量返工),安置仪器于转点处,采用正倒镜分中法进行检查;如发现问题应查明原因,及时改正。

(二)路线右角的测定与转角的计算

1. 路线右角的观测

按路线的前进方向,以路线中心线为界,在路线右侧的水平角称为右角,通常以 β 表示。

上、下两个半测回所测角值的不符值视公路等级而定:高速公路、一级公路限差为 $\pm 20''$,满足要求取平均值,取位至 $1''$;二级及二级以下的公路限差为 $\pm 60''$,满足要求取平均值,取位至 $30''$(即 $10''$ 舍去,$20''$、$30''$、$40''$ 取为 $30''$,$50''$ 进为 $1'$)。

2. 转角的计算

所谓转角是指路线由一个方向偏转为另一个方向时,偏转后的方向与原方向的夹角,通常以 α 表示。转角有左转、右转之分,按路线前进方向,偏转后的方向在原方向的左侧称为左转角,通常以 $\alpha_左$(或 α_Z)表示;反之为右转角,通常以通常以 $\alpha_右$(或 α_Y)表示。转角是设置平曲线的必要元素,通常是通过测定路线的右角 β 计算求得的。

当右角 $\beta < 180°$ 时,为右转角 $\alpha_Y = 180° - \beta$;

当右角 $\beta > 180°$ 时,为左转角 $\alpha_Z = \beta - 180°$。

(三)曲线中点方向桩的钉设

为便于设置曲线中点桩,在测角的同时,需将曲线中点方向桩(亦即分角线方向桩)钉设出来。分角线方向桩离交点距离应尽量大于曲线外距,以利于定向插点。一般转角愈大,外距也愈大,这样分角桩就应设置得远一点。

用经纬仪定分角线方向,首先就要计算出分角线方向的水平度盘读数,通常这项工作是测角之后在测角读数的基础上进行的。根据测得右角的前后视读数,按下式即可计算出分角线方向的读数:

$$分角线方向的水平度盘读数 = 1/2(前视读数 + 后视读数)$$

有了分角线方向的水平度盘读数,即可转动照准部使水平度盘读数为这一读数,此时望远镜照准的方向即为分角线方向(分角线方向应设在设置曲线的一侧,如果望远镜指向相反一侧,只需倒转望远镜)。沿视线指向插杆钉桩,即为曲线中点方向桩。

(四)视距测量

观测视距的目的,是用视距法测出相邻交点间的直线距离,以便提交给中桩组,供其与实际丈量距离进行校核。

视距测量的方法通常有两种:一种是利用测距仪或全站仪测量,这种方法是分别在交点和相邻交点(或转点)上安置棱镜和仪器,采用仪器的距离测量功能,从读数屏可直接读出两点间平距;另一种是利用经纬仪标尺测量,它是在交点和相邻交点(或转点)上分别安置经纬仪和标尺(水准尺或塔尺),采用视距测量的方法计算两点间平距。这里尤其需要指出的是,用测距仪或全站仪测得的平距可用来计算交点桩号,而用经纬仪所测得的平距只能用作参考来校核在中线测设中有无丢链现象(即校核链距)。

当交点间距离较远时,为了保证测量精度,可在中间加点采取分段测距方法。

(五)磁方位角观测与计算方位角校核

观测磁方位角是为了校核测角组测角的精度和展绘平面导线图时检查展线的精度。路线测量规定,每天作业开始与结束须观测磁方位角,至少各一次,以便于根据观测值推算方位角校核,其误差不得超过 2°。若超过规定,必须查明发生误差的原因,并及时予以纠正;若符合要求,则可继续观测。

磁方位角通常用森林罗盘仪观测,亦可用附有指北装置的仪器直接观测。

(六)路线控制桩位固定

为便于以后施工时恢复路线及放样,对于中线控制桩,如路线起点桩、终点桩、交点桩、转点桩,大中桥位桩以及隧道起、终点桩等重要桩志,均须妥善固定和保护,以防止丢失和破坏。为此应主动与当地政府联系协商保护桩志措施,并积极向当地群众宣传保护测量桩志的重要性,协助共同维护好桩志。

桩志固定方法应因地制宜地采取埋土堆、垒石堆、设护桩(亦称“栓桩”)等。护桩方法很多,如距离交会法、方向交会法、导线延长法等,具体采用什么方法应根据实际情况灵活掌握。公路工程测量通常采用距离交会法定位。护桩一般设三个,护桩间夹角不宜小于60°,以减少交会误差。

护桩应尽可能利用附近固定的地物点,如房基墙角、电杆、树木、岩石等设置。如无此条件可埋混凝土桩或钉设大木桩。护桩位置的选择,应考虑不致为日后施工或车辆行人所毁坏。在护桩或在作为控制的地物上用红油漆画出标记和方向箭头,写明所控制的固定桩志名称、编号以及距桩志的斜向距离,并绘出示意草图,记录在手簿上,供日后编制“路线固定护桩一览表”。

四、里程桩的设置

为了确定路线中线的具体位置和路线的长度,满足后续纵、横断面测量的需要,以及为以后路线施工放样打下基础,中线测量中必须由路线的起点开始每隔一段距离钉设木桩标志,其桩点表示路线中线的具体位置。桩的正面写有桩号,背面写有编号。桩号表示该桩点至路线起点的里程数。如某桩点距路线起点的里程为2456.257 m,则桩号记为 K2+456.257。编号反映桩间的排列顺序,宜按 0~9 为一组循环标注,以避免后续工作里程桩漏测。由于桩号即为里程数,故称里程桩,又因里程桩设在路线中线上,所以也称中桩。

(一)里程桩的类型

里程桩可分为整桩和加桩两种。

1. 整桩

在公路中线中的直线段上和曲线段上,按相应规定要求桩距而设置的桩称为整桩。它的里程桩号均为整数,且为要求桩距的整倍数。

《公路勘测细则》(JTG/T C10—2007)规定:路线中桩间距,不应大于表 7 - 1 的规定。

表 7 - 1　中桩间距表

直线/m		曲线/m			
平原微丘区	山岭重丘区	不设超高的曲线	$R>60$	$60 \geqslant R \geqslant 30$	$R<30$
≤50	≤25	25	20	10	5

注:表中 R 为平曲线半径(m)。

在实测过程中,为了测设方便,里程桩号应尽量避免采用零数桩号,一般宜采用20 m 或 50 m 及其倍数。当量距至每百米及每千米时,要钉设百米桩及公里桩。

2. 加桩

加桩又分为地形加桩、地物加桩、曲线加桩、地质加桩、断链加桩和行政区域加桩等。

(1)地形加桩:沿路线中线在地面起伏突变处,横向坡度变化处以及天然河沟处等均应设置的里程桩。

(2)地物加桩:沿路线中线在有人工构造物处(如拟建桥梁、涵洞、隧道、挡土墙等构造物处,路线与其他公路、铁路、渠道、高压线、地下管道等交叉处,拆迁建筑物处,占用耕地及经济林的起终点处),均应设置的里程桩。

(3)曲线加桩:曲线上设置的起点、中点、终点桩等。

(4)地质加桩:沿路线在土质变化处及地质不良地段的起、终点处要设置的里程桩。

(5)断链加桩:由于局部改线或事后发现距离错误或分段测量中由于假设起点里程等原因,致使路线的里程不连续,桩号与路线的实际里程不一致,这种现象称为"断链",为说明该情况而设置的桩,称为断链加桩。测量中应尽量避免出现"断链"现象。

(6)行政区域加桩:在省、地(市)县级行政区分界处应加桩。

(7)改、扩建路加桩:在改、扩建公路地形特征点、构造物和路面面层类型变化处应加的桩。

加桩应取位至米,特殊情况下可取位至0.1 m。

(二)里程桩的书写及钉设

对于中线控制桩,如路线起(终)点桩、公里桩、转点桩、大中桥位桩以及隧道起(终)点等重要桩,一般采用尺寸为5 cm×5 cm×30 cm 的方桩;其余里程桩一般多用(1.5~2)cm×5 cm×25 cm 的板桩。

1. 里程桩的书写

所有中桩均应写明桩号和编号,在桩号书写时,除百米桩、公里桩和桥位桩要写明千米数外,其余桩可不写。另外,对于交点桩、转点桩及曲线基本桩还应在桩号之前标明桩号(一般标其缩写名称)。目前,我国公路工程上桩名采用汉语拼音的缩写名称(表 7 - 2)。

表 7 - 2 平曲线主点名称及缩写表

名　称	简　称	汉语拼音缩写	英语缩写
交点	—	JD	IP
转点	—	ZD	TP
圆曲线起点	直圆点	ZY	BC
圆曲线中点	曲中点	QZ	MC
圆曲线终点	圆直点	YZ	EC
公切点	—	GQ	CP
第一缓和曲线起点	直缓点	ZH	TS
第一缓和曲线终点	缓圆点	HY	SC
第二缓和曲线起点	圆缓点	YH	CS
第二缓和曲线终点	缓直点	HZ	ST

　　桩志一般用红色油漆或记号笔书写(在干旱地区或马上施工的路线也可用墨汁书写),书写字迹应工整醒目,一般应写在桩顶以下5 cm范围内,否则将被埋于地面以下无法判别里程桩号。

　　2. 里程桩的钉设

　　新线桩志打桩,不要露出地面太高,一般以5 cm左右能露出桩号为宜。钉设时将写有桩号的一面朝向路线起点方向。对起控制作用的交点桩、转点桩以及一些重要的地物加桩,如桥位桩、隧道定位桩等,在桩顶钉一小铁钉表示点位。在距方桩20 cm左右设置指示桩,上面书写桩的名称和桩号,字面朝向方桩。

　　改建桩志位于旧路上时,由于路面坚硬,不宜采用木桩,此时常采用大帽钢钉。钉桩时一律打桩至与地面齐平,然后在路旁一侧打上指示桩,桩上注明距中线的横向距离及其桩号,并以箭头指示中桩位置。在直线上,指示桩应钉在路线的同一侧;交点桩的指示桩应在圆心和交点连线方向的外侧,字面朝向交点;曲线主点桩的指示桩均应钉在曲线的外侧,字面朝向圆心。

　　遇到岩石地段无法钉桩时,应在岩石上凿刻标记,表示桩位并在其旁边写明桩号、编号等。在潮湿或有虫蚀地区,特别是近期不施工的路线,对重要桩位(如路线起终点、交点、转点等)可改埋混凝土桩,以利于桩的长期保存。

五、里程桩的设置

(一)圆曲线测设元素的计算

　　设交点 JD 的转角为 α,圆曲线半径为 R,则圆曲线的测设元素可按下列公式计算:

$$\begin{cases} 切线长：T = R\tan\dfrac{\alpha}{2} \\[2mm] 曲线长：L = R\alpha\dfrac{\pi}{180} \\[2mm] 外\quad距：E = R\left(\sec\dfrac{\alpha}{2} - 1\right) \\[2mm] 切曲差：D = 2T - L \end{cases} \qquad (7-1)$$

(二)圆曲线主点测设

1. 主点里程的计算

交点 JD 的里程是由中线丈量得到，根据交点的里程和圆曲线测设元素，即可推算圆曲线上各主点的里程并加以校核。

$$\begin{cases} ZY \ 里程 = JD \ 里程 - T \\[2mm] YZ \ 里程 = ZY \ 里程 + L \\[2mm] QZ \ 里程 = YZ \ 里程 - L/2 \\[2mm] JD \ 里程 = QZ \ 里程 + \dfrac{D}{2} \quad (校核) \end{cases} \qquad (7-2)$$

圆曲线终点里程 YZ 应为圆曲线起点里程 ZY 加上圆曲线长 L，而不是交点里程加切线长 T，即 YZ 里程 $\neq$ JD 里程 $+T$。因为在路线转折处道路中线的实际位置应为曲线位置，而非切线位置。

2. 主点的测设

圆曲线的测设元素和主点里程计算出后，便可按下述步骤进行主点测设。

(1)ZY 的测设：测设 ZY 时，将仪器置于交点 JD_i 上，望远镜照准后一交点 JD_{i-1} 或此方向上的转点，沿望远镜视线方向量取切线长 T，得 ZY，先插一测杆标志。然后用钢尺丈量 ZY 至最近一个直线桩的距离，如两桩号之差等于所丈量的距离或相差在容许范围内，即可在测杆处打下 ZY 桩。如超出容许范围，应查明原因，重新测设，以确保桩位的正确性。

(2)YZ 的测设：在 ZY 测设完成后，转动望远镜照准前一交点 JD_{i+1} 或此方向上的转点，往返丈量切线长 T，得 YZ，打下 YZ 桩。

(3)QZ 的测设：可自交点 JD_i 沿分角线方向往返丈量外距 E，打下 QZ 桩。

3. 圆曲线的详细测设

(1)圆曲线测设的基本要求

应按曲线上中桩桩距的规定进行加桩，即进行圆曲线的详细测设。中线测量中一般均采用整桩号法和整桩距法。

① 整桩号法：将曲线上靠近曲线起点的第一个桩凑成为 l_0 倍数的整桩号，然后按桩距 l_0 连续向曲线终点设桩。这样设置的桩均为整桩号。

② 整桩距法：从曲线起点和终点开始，分别以桩距 l_0 连续向曲线中点设桩，或从曲线的起点，按桩距 l_0 设桩至终点。

目前公路中线测量中常采用整桩号法。

(2) 圆曲线详细测设的方法

圆曲线详细测设的方法很多，下面仅介绍两种常用方法。

① 切线支距法

建立直角坐标：以圆曲线的起点 ZY 或终点 YZ 为坐标原点，以切线为 x 轴，过原点的半径方向为 y 轴。

曲线上各点坐标 x、y 计算：设 P_i 为曲线上欲测设的点位，该点至 ZY 点或 YZ 点的弧长为 l_i，φ_i 为 l_i 所对的圆心角，R 为圆曲线半径，则 P_i 的坐标为

$$\begin{cases} x_i = R\sin\varphi_i \\ y_i = R(1-\cos\varphi_i) \end{cases} \qquad (7-3)$$

$$\varphi_i = \frac{l_i}{R} \cdot \frac{180°}{\pi} \qquad (7-4)$$

例 7-1 采用切线支距法并按整桩号法设桩，试计算各桩坐标，见表 7-3。

表 7-3 切线支距法计算表

桩　　号	各桩至 ZY 或 YZ 的曲线长度 l_i/m	圆心角 φ_i	x_i/m	y_i/m
ZY　K3+114.05	0	0°00′00″	0	0
+120	5.95	1°08′11″	5.95	0.06
+140	25.95	4°57′22″	25.92	1.12
+160	45.95	8°46′33″	45.77	3.51
+180	65.95	12°35′44″	65.42	7.22
QZ　K3+181.60				
+200	49.14	9°23′06″	48.92	4.02
+220	29.14	5°33′55″	29.09	1.41
+240	9.14	1°44′44″	9.14	0.14
YZ　K3+249.14	0	0°00′00″	0	0

② 偏角法

偏角法是以圆曲线起点 ZY 或终点 YZ 至曲线任一待定点 P_i 的弦线与切线方向之间的弦切角（这里称为偏角）Δ_i 和弦长 c_i 来确定 P_i 点的位置。

$$\Delta_i = \frac{\varphi_i}{2}, \quad \Delta_i = \frac{l_i}{R}\frac{90°}{\pi}, \quad c_i = 2R\sin\frac{\varphi_i}{2}, \quad \delta_i = l_i - c_i = \frac{l_i^3}{24R^2}$$

例 7-2　采用偏角法按整桩号设桩,计算各桩的偏角和弦长(表 7-4)。

表 7-4　偏角法计算表

桩　号	各桩至 ZY 或 YZ 的曲线长度 l_i/m	偏角值/ (° ′ ″)	偏角读数/ (° ′ ″)	相邻桩间弧长/m	相邻桩间弦长/m
ZY　K3+114.05	0	0　00　00	0　00　00	0	0
+120	5.95	0　34　05	0　34　05	5.95	5.95
+140	25.95	2　28　41	2　28　41	20	20.00
+160	45.95	4　23　16	4　23　16	20	20.00
+180	65.95	6　17　52	6　17　52	20	20.00
QZ　K3+181.60	67.55	6　27　00	6　27　00	1.60	1.60
			353　33　00	18.40	18.40
+200	49.14	4　41　33	355　18　27	20	20.00
+220	29.14	2　46　58	357　13　02	20	20.00
+240	9.14	0　52　22	359　07　38	9.14	9.14
YZ　K3+249.14	0	0　00　00	0　00　00	0	0

六、缓和曲线的测设

车辆在行驶中,当从直线驶入圆曲线时,由力学知识可知车辆将产生离心力,由于离心力的作用,车辆有向曲线外侧倾斜的趋势,使得安全性和舒适感受到一定的影响。为了减少离心力的影响,曲线段的路面要做成外侧高、内侧低呈单向横坡形式,此即弯道超高。超高不能在直线进入曲线段或曲线进入直线段突然出现或消失,以免使路面出现台阶,引起车辆振动,产生更大的危险。因此,超高必须在一段长度内逐渐增加或减少,在直线段与圆曲线之间插入一段半径由无穷大逐渐减小至圆曲线半径 R(或在圆曲线段与直线段间插入一段由圆曲线半径 R 逐渐增大至无穷大)的曲线,这种曲线称为缓和曲线。带有缓和曲线的平曲线,其最基本形式由三部分组成,即由直线终点到圆曲线起点的缓和段,称为第一缓和段;由圆曲线起点到圆曲线终点的单曲线段;由圆曲线终点到下一段直线起点的缓和段,称为第二缓和段。因此,带有缓和曲线的平曲线的基本线形的主点有直缓点(ZH)、缓圆点(HY)、曲中点(QZ)、圆缓点(YH)和缓直点(HZ)。我国交通部颁发实施的《公路工程技术标准》(JTG B01—2003)中规定:缓和曲线采用回旋曲线,亦称辐射螺旋线。

下面介绍带有缓和曲线的平曲线的基本线形测设数据计算与测设方法。

（一）缓和曲线

1. 回旋线

(1)回旋线的定义

曲率半径随曲线长度增长而成反比地均匀减小的曲线,即在回旋曲线上任意一点的曲

率半径 r 与曲线的长度 l 成反比。回旋线是曲率随着曲线长度成比例变化的曲线。

（2）基本公式

$$r=c/l \text{ 或 } rl=c \tag{7-5}$$

式中：r——回旋线上某点的曲率半径（m）；

　　l——回旋线上某点到原点的曲线长（m）；

　　c——常数。

为了使上式两边的量纲统一，引入回旋线参数 A，令 $A^2=c$，A 表征回旋线曲率变化的缓急程度。则回旋线基本公式为

$$rl=A^2 \tag{7-6}$$

2. 缓和曲线

缓和曲线是道路平曲线形要素之一，它是设置在直线与圆曲线之间或半径相差较大的两个转向相同的圆曲线之间的一种曲率连续变化的曲线。

研究表明：汽车等速行驶，以不变角速度转动方向盘所产生的轨迹方程是回旋线。汽车匀速从直线进入圆曲线（或相反），其行驶轨迹的弧长与曲线的曲率半径的乘积为一常数。这一性质与数学上的回旋线正好相符。

在缓和曲线的终点 HY 点（或 YH 点），$r=R$，$l=l_s$（l_s 为缓和曲线全长），则 $rl=Rl_s$ $=A^2$。

3. 切线角公式

（1）建立直角坐标

以回旋线起点 ZH 或终点 HZ 为坐标原点，以切线为 x 轴，过原点的曲线内侧方向为 y 轴。

（2）切线角公式

切线角：回旋线上任一点 P 的切线与 x 轴的夹角称为切线角，用 β（或 τ）表示。其中，β（或 τ）的值与 P 点至曲线起点长度 l 所对应的中心角相等。

切线角公式：在 P 处取一微分弧段 dl，所对应的中心角为 $d\beta=dl/r=l \cdot dl/A^2$，当 $l=0$，$\beta=0$，积分得

$$\beta=\frac{l^2}{2A^2} \tag{7-7}$$

以 $r \cdot l=R \cdot l_s=A^2$ 代入，β 有不同的表达式。

缓和曲线角：取圆曲线半径 R 和缓和曲线长 l_s 代入上式得

$$\beta_0=\frac{l_s}{2R}(\text{rad})=\frac{90}{\pi} \cdot \frac{l_s}{R} \tag{7-8}$$

β_0 即为缓和曲线全长 l_s 所对应的中心角即切线角，亦称缓和曲线角。

4. 参数方程

P 的坐标为 (x,y)，则微分弧段 dl 在坐标轴上的投影为

$$\begin{cases} dx = dl \cdot \cos\beta \\ dy = dl \cdot \sin\beta \end{cases} \tag{7-9}$$

将上式积分并将 $\sin\beta$，$\cos\beta$ 用级数展开整理，用 A 和 l 表示，对 x 和 l 积分，即得用 r 和 l 表示的直角坐标 (x,y) 方程

$$\begin{cases} x = l - \dfrac{l^3}{40r^2} + \dfrac{l^5}{3456r^4} - \cdots \\ y = \dfrac{l^2}{6r} - \dfrac{l^4}{336r^3} + \dfrac{l^6}{42240r^4} - \cdots \end{cases} \tag{7-10}$$

5. 其他要素

(1) P 点的弦偏角 δ 与弦长 a 为

$$\begin{cases} \delta = \arctan \dfrac{y}{x} \\ a = \dfrac{y}{\sin\delta} \end{cases} \tag{7-11}$$

(2) P 点的曲率圆圆心的坐标 $M(x_\mathrm{m},y_\mathrm{m})$ 为

$$\begin{cases} x_\mathrm{m} = x - r \cdot \sin\beta \\ y_\mathrm{m} = r \cdot \cos\beta + y \end{cases} \tag{7-12}$$

(3) 长切线长 $(OQ)T_\mathrm{L}$ 与短切线长 $(PQ)T_\mathrm{K}$ 为

$$\begin{cases} T_\mathrm{L} = x - y \cdot \cot\beta \\ T_\mathrm{K} = \dfrac{y}{\sin\beta} \end{cases} \tag{7-13}$$

6. 有缓和曲线的道路平曲线几何要素

(1) 平曲线连接方法

要在直线与圆曲线之间设置缓和曲线，必须将原有的圆曲线（外侧虚线）向内侧移动一定距离 ΔR（至内侧虚线），方能使缓和曲线两端（曲率半径为 ∞ 时的 ZH 或 HZ 和曲率半径为 R 时的 HY 或 YH）分别与直线和圆曲线（半径为 R）衔接（相切）。

内移圆曲线的方法有两种：一是圆曲线的圆心不移动，其半径减小一个内移距离 ΔR；另一是圆曲线半径不变，圆心沿分角线方向移动一个内移距离 ΔR。前者为平行移动，后者

为不平行移动。

道路平面线形三要素的基本组成是直线—回旋线—圆曲线—回旋线—直线,使用圆心不移动的内移方法。

(2)缓和曲线终点坐标

取 ZH 点至 HY 点之间的缓和曲线长 l_s 代入参数方程中,则 HY 的直角坐标(x_0,y_0)方程为

$$\begin{cases} x_0 = l_s - \dfrac{l_s^3}{40R^2} + \dfrac{l_s^5}{3456R^4} - \cdots \\[3mm] y_0 = \dfrac{l_s^2}{6R} - \dfrac{l_s^4}{336R^3} + \dfrac{l_s^6}{42240R^4} - \cdots \end{cases} \tag{7-14}$$

(3)内移距离 ΔR(或用 p 表示)和切线增长值 q

$$\begin{cases} \Delta R = y_0 - R(1-\cos\beta_0) \\[2mm] q = x_0 - R\sin\beta_0 \end{cases} \tag{7-15}$$

将 $\sin\beta,\cos\beta$ 用级数展开,略去高次项得

$$\begin{cases} p = \dfrac{l_s^2}{24R} - \dfrac{l_s^4}{2384R^2} \\[3mm] q = \dfrac{l_s}{2} - \dfrac{l_s^3}{240R^2} \end{cases} \tag{7-16}$$

(4)有缓和曲线的圆曲线段坐标

在圆曲线段上取一点 m,距 HY 点曲线长度为 l_m,以圆曲线起点 O_1 为坐标原点的坐标公式

$$\begin{cases} x_m = R \cdot \sin\varphi_m \\[2mm] y_m = R \cdot (1-\cos\varphi_m) \end{cases} \tag{7-17}$$

以 O 为坐标原点的坐标公式

$$\begin{cases} x = x_y + q = R \cdot \sin\varphi_m + q \\[2mm] y = y_y + p = R \cdot (1-\cos\varphi_m) + p \end{cases} \tag{7-18}$$

式中:$\alpha_m = l_m/R$,$\varphi_m = \alpha_m + \beta_0 = (2l_m + l_s) \times 90/(R \cdot \pi)$,其余符号同前。

(5)平曲线元素计算

平曲线切线长 T_s;平曲线长 L_s;圆曲线长 L_y;平曲线外距 E_s;平曲线切曲差 D_s:

$$\begin{cases} T_{\mathrm{s}} = (R+p)\tan\dfrac{\alpha}{2}+q \\[2mm] L_{\mathrm{s}} = R(\alpha-2\beta_0)\dfrac{\pi}{180}+2l_{\mathrm{s}} \\[2mm] L_{\mathrm{y}} = R(\alpha-2\beta_0)\dfrac{\pi}{180} \\[2mm] E_{\mathrm{s}} = (R+p)\sec\dfrac{\alpha}{2}-R_{\mathrm{s}} \\[2mm] D_{\mathrm{s}} = 2T_{\mathrm{s}}-L_{\mathrm{s}} \end{cases} \tag{7-19}$$

必须满足条件：$\alpha \geqslant 2\beta_0$。

（6）主点里程计算

$$\begin{cases} \text{直缓点：ZH 里程} = \text{JD 里程}-T_H \\[1mm] \text{缓圆点：HY 里程} = \text{ZH 里程}+l_{\mathrm{s}} \\[1mm] \text{圆缓点：YH 里程} = \text{HY 里程}+L_Y \\[1mm] \text{缓直点：HZ 里程} = \text{YH 里程}+l_{\mathrm{s}} \\[1mm] \text{曲中点：QZ 里程} = \text{HZ 里程}-\dfrac{L_H}{2} \\[1mm] \text{交点（校核）：JD 里程} = \text{QZ 里程}+\dfrac{D_H}{2} \end{cases} \tag{7-20}$$

（二）带有缓和曲线的平曲线主点测设

主点 ZH、HZ 和 QZ 的测设方法，与圆曲线主点测设相同。HY 和 YH 可按计算 x_0、y_0 用切线支距法测设。

（三）带有缓和曲线的平曲线的详细测设

1. 切线支距法

切线支距法是以直缓点 ZH 或缓直点 HZ 为坐标原点，以过原点的切线为 x 轴，过原点的半径为 y 轴，利用缓和曲线和圆曲线上各点的 x、y 坐标测设曲线。

在算出缓和曲线和圆曲线上各点的坐标后，即可按圆曲线切线支距法的测设方法进行设置。

2. 偏角法

根据 P 点的弦偏角 δ 与弦长 a（或 $c=\sqrt{x^2+y^2}$）进行测设。

3. 极坐标法

（1）极坐标法原理

坐标测设的基本原理是以控制导线为根据，以角度和距离交会定点。

（2）计算方法

极坐标测设测站点的坐标 $T_i(x_0,y_0)$ 和后视点的坐标 $T_i-1(x_h,y_h)$ 可按导线坐标计算法得出,路线中线上任一待放点的坐标 $P(x,y)$ 可按道路中线逐桩坐标的计算法得出,视为已知。放样数据 D、A、J 可用坐标反算求出。据此拨角测距即可放出待放点 P。

七、虚交

由于受地物和地貌条件的限制,在圆曲线测设中,往往遇到各种各样的障碍,使得圆曲线的测设不能按前述方法进行,此时必须针对现场的具体情况,提出解决方法。

虚交是道路中线测量中常见的一种情形。其是指路线的交点(JD)处不能设桩,更无法安置仪器(如交点落入河中、深谷中、峭壁上和建筑物上等),此时测角、量距都无法直接按前述方法进行。有时交点虽可设桩和安置仪器,但因转角较大,交点远离曲线,也可作虚交处理,常用的处理方法有以下几种。

(一)单圆曲线虚交的测设

1. 虚交定义

虚交是指路线交点(JD)不能设桩或安置仪器(如 JD 落入水中或深谷及建筑物等处)。有时交点虽可钉出,但因转角太大,交点远离曲线或地形地物等障碍不易到达,可作为虚交处理。

2. 圆外基线法

(1)测设方法

路线交点落入河里,不能设桩,为此在曲线外侧沿两切线方向各选择一辅助点 A 和 B,构成圆外基线 AB(图 7-1)。用经纬仪测出 α_A 和 α_B,用钢尺往返丈量 AB,所测角度和距离均应满足规定的限差要求。

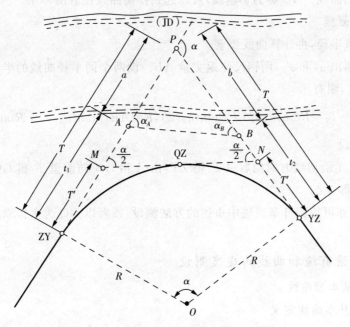

图 7-1 圆外基线法

（2）计算与复核

由图 7-1 可知：

$$\alpha = \alpha_A + \alpha_B \tag{7-21}$$

$$\begin{cases} a = AB \dfrac{\sin\alpha_B}{\sin\alpha} \\ b = AB \dfrac{\sin\alpha_A}{\sin\alpha} \end{cases} \tag{7-22}$$

根据转角 α 和选定的半径 R，即可算得切线长 T 和曲线长 L。再由 a、b、T 计算辅助点 A、B 至曲线 ZY 和 YZ 的距离 t_1 和 t_2：

$$\begin{cases} t_1 = T - a \\ t_2 = T - b \end{cases} \tag{7-23}$$

如果计算出 t_1、t_2 出现负值，说明曲线的 ZY、YZ 位于辅助点与虚交点之间。

（3）主点测设

根据 t_1、t_2 即可定出曲线的 ZY 和 YZ。A 点的里程量出后，曲线主点的里程亦可算。

曲中点 QZ 的测设，可采用以下方法：设 MN 为 QZ 的切线，则 $T' = R\tan(\alpha/4)$。

曲线主点定出后，即可用切线支距法或偏角法进行曲线详细测设。

3. 切基线法

（1）测设方法

基线 AB 与圆曲线相切于一点，该点称为公切点，以 GQ 表示。以 GQ 将曲线分为两个相同半径的圆曲线。AB 称为切基线，可以起到控制曲线位置的作用。

（2）计算与复核

切基线反求半径，再计算曲线要素。

用经纬仪测出 α_A 和 α_B，用钢尺往返丈量 AB。设两个同半径曲线的半径为 R，切线长分别为 T_1 和 T_2，则有

$$AB = T_1 + T_2 = R\tan(\alpha_A/2) + R\tan(\alpha_B/2),\ R = AB/[\tan(\alpha_A/2) + R\tan(\alpha_B/2)]$$

（3）主点测设

测设时，由 A 沿切线方向向后量 T_1 得 ZY，由 A 沿 AB 向前量 T_1 得 GQ，由 B 沿切线方向向前量 T_2 得 YZ。

QZ 的测设亦可按圆外基线法中讲述的方法测设，或者以 GQ 为坐标原点，用切线支距法设置。

（二）两端设有缓和曲线的虚交测设

1. 非对称基本型曲线

（1）非对称基本曲线定义

当基本型曲线主曲线两端缓和曲线长度（或参数）不相等时，即构成非对称基本曲线。

(2)三角形的方法求解曲线要素(图 7-2)

① 由已知的 l_{s1}、l_{s2}、R 计算 β_1、β_2、T_{L1}、T_{K1}、T_{L2}、T_{K2}。

② 计算圆曲线转角 α_y($\alpha_y \geqslant 0$)及圆曲线切线长 T_y 分别为

$$\alpha_y = \alpha - \beta_1 - \beta_2, \quad T_y = R \cdot \tan(\alpha_y/2)$$

③ 解 $\triangle BCD$,求出 d、c:

$$\begin{cases} d = (T_y + T_{K2}) \cdot \dfrac{\sin\beta_2}{\sin(\alpha_y + \beta_2)} \\[4mm] c = (T_y + T_{K2}) \cdot \dfrac{\sin\alpha_y}{\sin[180 - (\alpha_y + \beta_2)]} \end{cases} \qquad (7-24)$$

④ 解 $\triangle ABE$,求出 a、b:

$$\begin{cases} a = (T_{K1} + T_y + d) \cdot \dfrac{\sin(\alpha - \beta_1)}{\sin(180 - (\alpha_y + \beta_2))} \\[4mm] b = (T_{K2} + T_y + d) \cdot \dfrac{\sin\beta_1}{\sin\alpha} \end{cases} \qquad (7-25)$$

⑤ 计算切线长 T_{s1}、T_{s2}:

$$\begin{cases} T_{s1} = T_{L1} + a \\[2mm] T_{s2} = T_{L2} + b + c \end{cases} \qquad (7-26)$$

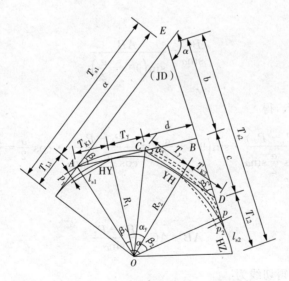

图 7-2　非对称基本曲线求解图

(3)JD 平移方法求解曲线要素(图 7-3)

① 非对称型曲线的交点为 A,第一、第二缓和曲线长度分别为 L_{s1} 和 L_{s2},且 $l_{s1} \neq l_{s2}$,故 $P_1 \neq P_2$,$q_1 \neq q_2$,$T_1 \neq T_2$。

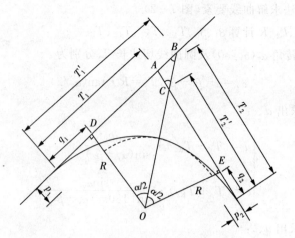

图 7 - 3 平移法求解图

② $P_1 = \dfrac{l_{s1}^2}{24R}, P_2 = \dfrac{l_{s2}^2}{24R}; q_1 = \dfrac{l_{s1}^2}{2} - \dfrac{l_{s1}^3}{240R^2}, q_2 = \dfrac{l_{s2}^2}{2} - \dfrac{l_{s2}^3}{240R^2}; \beta_{01} = \dfrac{90}{\pi R}l_{s1}, \beta_{02} = \dfrac{90}{\pi R}l_{s2}$。

③ 设 $l_{s1} > l_{s2}$,过圆心 O 作角平分线与 DA 交于点 B,则有

$$\begin{cases} T_1 = T_1' - AB = (R + P_1)\tan\dfrac{\alpha}{2} + q_1 - AB \\[4mm] T_2 = T_2' + AC = (R + P_2)\tan\dfrac{\alpha}{2} + q_2 + AC \end{cases} \tag{7-27}$$

④ $\triangle ABC$ 中

$$\dfrac{BC}{\sin\alpha} = \dfrac{AB}{\sin\left(90° - \dfrac{\alpha}{2}\right)} \tag{7-28}$$

将式(7-28)代入,得

$$AB = \dfrac{(P_1 - P_2)}{\cos\dfrac{\alpha}{2}\sin\alpha} \cdot \sin\left(90° - \dfrac{\alpha}{2}\right) = \dfrac{P_1 - P_2}{\cos\dfrac{\alpha}{2} \cdot \sin\alpha} \cdot \cos\dfrac{\alpha}{2} = \dfrac{P_1 - P_2}{\sin\alpha} \tag{7-29}$$

即

$$AB = AC = \dfrac{P_1 - P_2}{\sin\alpha} \tag{7-30}$$

代入(7-27),即得切线为

$$\begin{cases} T_1 = (R + P_1)\tan\dfrac{\alpha}{2} + q_1 - \dfrac{P_1 - P_2}{\sin\alpha} \\[4mm] T_2 = (R + P_2)\tan\dfrac{\alpha}{2} + q_2 - \dfrac{P_2 - P_1}{\sin\alpha} \end{cases} \tag{7-31}$$

建筑工程测量技术

曲线长为

$$L_H = (\alpha - \beta_{01} - \beta_{02})R \frac{\pi}{180°} + l_{s1} + l_{s2} \tag{7-32}$$

当 $l_{sA} < l_{sB}$ 时,可得出同样结论。

2. 对称基本型曲线

如图 7-4 所示,两端设有缓和曲线的对称基本曲线的测设方法:

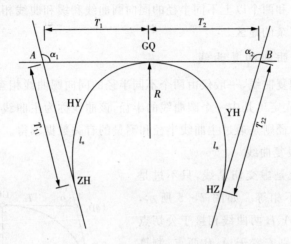

图 7-4 对称基本曲线求解图

(1)为计算方便,可将其视为两个对称基本型平曲线在公切点 GQ 处首尾相连而成。

(2)对于 JD_A,$l_{s1} = l_s$,$l_{s2} = 0$,则

$$T_{11} = (R+P)\tan\frac{\alpha_1}{2} + q - \frac{p}{\sin\alpha_1}; \quad T_1 = R\tan\frac{\alpha_1}{2} + \frac{p}{\sin\alpha_1}$$

(3)对于 JD_B,$l_{s1} = 0$,$l_{s2} = l_s$,则

$$T_2 = R\tan\frac{\alpha_2}{2} + \frac{p}{\sin\alpha_2}; \quad T_{22} = (R+P)\tan\frac{\alpha_2}{2} + q - \frac{p}{\sin\alpha_2}$$

(4)又 $T_1 + T_2 = AB$,即

$$R\left(\tan\frac{\alpha_1}{2} + \tan\frac{\alpha_2}{2}\right) + \frac{l_s^2}{24R}\left(\frac{1}{\sin\alpha_1} + \frac{1}{\sin\alpha_2}\right) = AB \tag{7-33}$$

将上式整理为 R 的一元二次方程为

$$\left(\tan\frac{\alpha_1}{2} + \tan\frac{\alpha_2}{2}\right) \cdot R^2 - AB \cdot R + \left(\frac{1}{\sin\alpha_1} + \frac{1}{\sin\alpha_2}\right)\frac{l_s^2}{24} = 0 \tag{7-34}$$

令 $a = \tan\frac{\alpha_1}{2} + \tan\frac{\alpha_2}{2}$,$b = -AB$,$c = \left(\frac{1}{\sin\alpha_1} + \frac{1}{\sin\alpha_2}\right) \cdot \frac{l_s^2}{24}$,则

$$R = \frac{-b + \sqrt{b^2 - 4a \cdot c}}{2a} \tag{7-35}$$

测设时,从 A 及 B 向前分别量出 T_{11} 及 T_{22} 定出 ZH 及 HZ,在 AB 方向量 T_1 或 T_2 定出 GQ,即可详细测设曲线。

八、复曲线的测设

复曲线是由两个和两个以上不同半径的同向圆曲线和缓和曲线相互衔接而成的曲线。一般多用于地形较复杂的地区。

(一)不设缓和曲线的复曲线

不设缓和曲线的复曲线,一般仅由两个不同半径的同向圆曲线相互衔接而成。

在测设时,必须先定出其中一个圆曲线的半径,该曲线称为主曲线,另一个圆曲线称为副曲线。副曲线的半径则是通过主曲线半径和测量的有关数据求得。

1. 切基线法测设复曲线

切基线法实际上是虚交切基线,只不过是两个圆曲线的半径不相等。如图 7-5 所示,主、副曲线的交点为 A、B 两曲线相接于公切点 GQ 点。将经纬仪分别安置于 A、B 两点,测算出转角 α_1 和 α_2,用测距仪或钢尺往返丈量得到 A、B 两点的距离,在选定主曲线的半径 R_1 后,即可按以下步骤计算副曲线的半径 R_2 及测设元素:

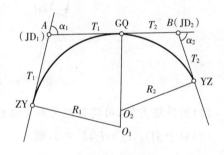

图 7-5 切基线法测设复曲线

(1)根据主曲线的转角 α_1 和半径 R_1,计算主曲线的测设元素 T_1、L_1、E_1、D_1。

(2)根据基线 AB 的长度和主曲线切长 T_1,计算副曲线的切线长 T_2。

$$T_2 = \overline{AB} - T_1$$

(3)根据副曲线的转角 α_2 和切线长 T_2,计算副曲线半径 R_2。

$$R_2 = \frac{T_2}{\tan \frac{\alpha_2}{2}} \text{(计算至厘米)}$$

(4)根据副曲线的转角 α_2 和半径 R_2,计算副曲线的测设元素 T_2、L_2、E_2、D_2。

(5)主点里程计算采用前述方法。

测设曲线时,由 A 沿切线方向向后量 T_1,得 ZY 点;沿 AB 方向向前量 T_1 得 GQ 点;由 B 点沿切线方向向前量 T_2 得 YZ 点。曲线的详细测设仍可用前述的有关方法。

2. 弦基线法测设复曲线

如图 7-6 所示为利用弦基线法测设复曲线的示意图。

该图设定 A、C 分别为曲线的起点和公切点,目的是确定曲线的终点 B。其具体测设方法如下:

(1)在 A 点安置仪器,观测弦切角 I_1,根据同弧段两端弦切角相等的原理,则得主曲线的转角为:$\alpha_1 = 2I_1$。

(2)设 B' 点为曲线终点 B 的初测位置,在 B' 点安置仪器观测出弦切角 I_3,同时在切线上 B 点的估计位置前后打下骑马桩 a、b。

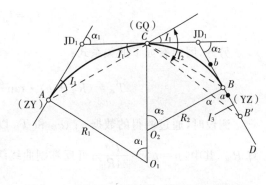

图 7-6 利用弦基线法测设复曲线的示意图

(3)在 C 点安置仪器,观测出 I_2。由图可知,复曲线的转角 $\alpha_2 = I_2 - I_1 + I_3$。旋转照准部照准 A 点,将水平度盘读数配置为:$00°00'00''$后倒镜,顺时针拨水平角$(\alpha_1 + \alpha_2)/2 = (I_1 + I_2 + I_3)/2$,此时,望远镜的视线方向即为弦 CB 的方向,交骑马桩 a、b 的连线于 B 点,即确定了曲线的终点。

(4)用全站仪或钢尺往返丈量得到 AC 和 CB 的长度 $\overline{AC}$、$\overline{CB}$,并由此计算主、副曲线的半径 R_1、R_2 得:

$$R_1 = \frac{\overline{AC}}{2\tan\frac{\alpha_1}{2}}$$

$$R_2 = \frac{\overline{CB}}{2\tan\frac{\alpha_2}{2}}$$

(5)由求得的主、副曲线半径和测算的转角分别计算主、副曲线的测设元素,然后仍按前述方法计算主点里程并进行测设。

(二)设置有缓和曲线的复曲线

1. 中间不设缓和曲线而两边皆设缓和曲线的复曲线

如图 7-7 所示,设主、副曲线两端分别设有两段缓和曲线,其缓和曲线长分别为 l_{s1} 和 l_{s2}。

为使两不同半径的圆曲线在原公切点(GQ)直接衔接,两缓和曲线的内移值必须相等,即:$P_主 = P_副 = P$。

由前述式可得:

$$\begin{cases} C_1 = R_主 \cdot l_{s1} = R_主 \cdot \sqrt{24R_主\,p} \\ C_2 = R_副 \cdot l_{s2} = R_副 \cdot \sqrt{24R_副\,p} \end{cases}$$

如果 $R_主 > R_副$,则 $C_1 > C_2$。因此在选择缓和曲线长度时,必须使 $C_2 \geqslant 0.035v^3$。对于已选定的 l_{s2},可得:

$$l_{s2} = l_{s1} \cdot \sqrt{\frac{R_{副}}{R_{主}}}$$

另外,图中有如下的关系式:

$$T_{基} = (R_{主} + p) \cdot \tan\frac{\alpha_{主}}{2} + (R_{副} + p) \cdot \tan\frac{\alpha_{副}}{2}$$

测设时,通过测得的数据 $\alpha_{主}$、$\alpha_{副}$ 和 $T_{基}$ 以及根据要求拟定的数据 $R_{主}$、l_{s2},采用上式反算 $R_{副}$,其中:$p = p_{主} = \dfrac{l_{s1}^2}{24R_{主}}$;可反算副曲线缓和段长度 l_{s2}。

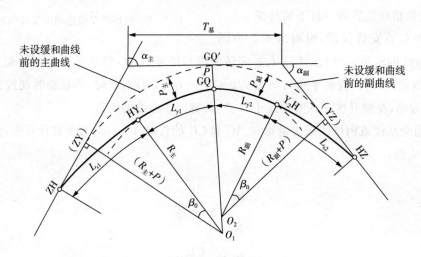

图 7-7 两边皆设缓和曲线的复曲线

主、副曲线的半径、转角和缓和段长度均已设定的情况下,可按前述方法进行测设元素及主点里程的计算。

2. 中间设置有缓和曲线的复曲线

中间设置有缓和曲线的复曲线,是指复曲线的两圆曲线间有缓和曲线段衔接过渡的形式,一般在实地地形条件限制下,选定的主、副曲线半径相差悬殊超过 1.5 倍时采用。在实际工程测量中,应尽量避免采用这种曲线,故在此不作介绍。

九、回头曲线的测设

山区低等级公路,当路线跨越山岭时,为了克服距离短、高差大的展线困难,或跨越深沟、绕过山嘴时,路线方向需作较大转折,往往需要设置回头曲线。回头曲线一般由主曲线和两个副曲线组成。主曲线为一转角 α 接近、等于或大于 180° 的圆曲线;副曲线在路线上、下线各设置一个,为一般圆曲线。在主、副曲线之间一般以直线连接。

回头曲线要素计算:

(1)转角 180°<α<360°时,

$$T = (R + p)\tan\left(\frac{360° - \alpha}{2}\right) - q \tag{7-36}$$

当 T 为正值时,交点位于直线范围;当 T 为负值时,交点位于切线范围内。

(2)当 $360° \leqslant \alpha < 540°$ 时(螺旋线),

$$T = (R+p)\tan\left(\frac{\alpha - 360°}{2}\right) + q \qquad (7-37)$$

不论 α 为任何角度,回头曲线总长 L 为

$$L = \frac{\pi R}{180°}(\alpha - 2\beta) + 2l_s = \frac{\pi}{180°}\alpha R + l_s \qquad (7-38)$$

十、道路中线逐桩坐标的计算

目前,在高等级道路工程的设计文件中,要求编制中线逐桩坐标表。如果在中线测量时采用红外测距仪或全站仪,也给测设带来诸多方便。

交点 JD 的坐标 X_{JD}、Y_{JD} 已经测定(如采用纸上定线,可在地形图上量取),路线导线的坐标方位角和边长 S 按坐标反算求得。在确定各圆曲线半径 R 和缓和曲线长度 l_s 后,根据各桩的里程桩号,计算出相应的坐标值 X、Y,称为中线逐桩坐标。

(一)路线转角、交点间距、曲线要素及主点桩计算

设起点 JD_0 坐标为 (X_{J_0}, Y_{J_0}),第 i 个交点 JD_i 坐标为 (X_{J_i}, Y_{J_i}),$i = 1, 2, \cdots, n$,则

坐标增量:

$$\Delta X = X_{J_i} - X_{J_{i-1}}$$

$$\Delta Y = Y_{J_i} - Y_{J_{i-1}}$$

交点间距:

$$S = \sqrt{(\Delta X)^2 + (\Delta Y)^2}$$

象限角:

$$\theta = \arctan\left|\frac{\Delta Y}{\Delta X}\right|$$

计算方位角 A:

$$\Delta X > 0, \Delta Y > 0, \quad A = \theta$$

$$\Delta X < 0, \Delta Y > 0, \quad A = 180° - \theta$$

$$\Delta X < 0, \Delta Y < 0, \quad A = 180° + \theta$$

$$\Delta X > 0, \Delta Y < 0, \quad A = 360° - \theta$$

转角为 $\alpha_i = A_i - A_{i-1}$。

α_i 为"＋"路线右转，α_i 为"－"路线左转。

对于高速公路和一级公路，由于精度要求较高，在应用传统公式时，必须注意取舍误差，否则会影响计算精度。如 p、q、x、y 等均为级数展开式，应增大项数。

（二）直线上中桩坐标计算

设交点 JD 坐标为 (X_J, Y_J)，交点相邻直线的方位角分别为 A_1 和 A_2。

1. ZH（或 ZY）坐标

$$\begin{cases} X_{ZH} = X_J + T\cos(A_1 + 180) \\ Y_{ZH} = Y_J + T\sin(A_1 + 180) \end{cases} \tag{7-39}$$

2. HZ（或 YZ）坐标

$$\begin{cases} X_{HZ} = X_J + T\cos A_2 \\ Y_{HZ} = Y_J + T\sin A_2 \end{cases} \tag{7-40}$$

3. 直线上任意点坐标

设直线上加桩里程为 L，ZH、HZ 表示曲线起、终点里程。

前直线上任意点坐标（$L < ZH$）：

$$\begin{cases} X = X_J + (T + ZH - L) \cdot \cos(A_1 + 180) \\ Y = Y_J + (T + ZH - L) \cdot \sin(A_1 + 180) \end{cases} \tag{7-41}$$

后直线上任意点坐标（$L > HZ$）：

$$\begin{cases} X = X_J + (T + L - HZ) \cdot \cos A_2 \\ Y = Y_J + (T + L - HZ) \cdot \sin A_2 \end{cases} \tag{7-42}$$

（三）单曲线内中桩坐标计算

1. 不设缓和曲线的单曲线

设 $ZY(X_{ZY}, Y_{ZY})$，$YZ(X_{YZ}, Y_{YZ})$ 坐标分别已求，则圆曲线上坐标为

$$\begin{cases} X = X_{ZY} + 2R\sin\left(\dfrac{90°l}{\pi R}\right) \cdot \cos\left(A_1 + \xi\dfrac{90°l}{\pi R}\right) \\ Y = Y_{ZY} + 2R\sin\left(\dfrac{90°l}{\pi R}\right) \cdot \sin\left(A_1 + \xi\dfrac{90°l}{\pi R}\right) \end{cases} \tag{7-43}$$

式中：l 为圆曲线内任意点至 ZY 的曲线长；R 为圆曲线半径；ζ 为转角符号，右转为"＋"，左转为"－"，下同。

2. 设缓和曲线的单曲线

缓和曲线上任意点的切线横距:

$$x=l-\frac{l^5}{40R^2 l_s^2}+\frac{l^9}{3456R^4 l_s^4}-\frac{l^{13}}{599040R^6 l_s^6}+\cdots \qquad (7-44)$$

式中:l 为缓和曲线上任意点至 ZH(或 HZ)点的曲线长;l_s 为缓和曲线长度。

ZH~HY 段任意点坐标:

$$\begin{cases} X=X_{ZH}+x/\cos\left(\dfrac{30°l^2}{\pi R l_s}\right)\cdot\cos\left(A_1+\xi\dfrac{30°l^2}{\pi R l_s}\right) \\[4mm] Y=Y_{ZH}+x/\cos\left(\dfrac{30°l^2}{\pi R l_s}\right)\cdot\sin\left(A_1+\xi\dfrac{30°l^2}{\pi R l_s}\right) \end{cases} \qquad (7-45)$$

HY~YH 内任意点坐标:

当 HY~YH 时,

$$\begin{cases} X=X_{HY}+2R\sin\left(\dfrac{90°l}{\pi R}\right)\cdot\cos\left[A_1+\xi\dfrac{90°(l+l_s)}{\pi R}\right] \\[4mm] Y=Y_{HY}+2R\sin\left(\dfrac{90°l}{\pi R}\right)\cdot\sin\left[A_1+\xi\dfrac{90°(l+l_s)}{\pi R}\right] \end{cases} \qquad (7-46)$$

式中:l 为圆曲线内任意点至 HY 的曲线长,X_{HY}、Y_{HY} 为 HY 的横纵坐标。

当 YH~HY 时,

$$\begin{cases} X=X_{YH}+2R\sin\left(\dfrac{90°l}{\pi R}\right)\cdot\cos\left[A_2+180-\xi\dfrac{90°(l+l_s)}{\pi R}\right] \\[4mm] Y=Y_{YH}+2R\sin\left(\dfrac{90°l}{\pi R}\right)\cdot\sin\left[A_2+180-\xi\dfrac{90°(l+l_s)}{\pi R}\right] \end{cases} \qquad (7-47)$$

式中:l 为圆曲线内任意点至 YH 的曲线长。

HZ~YH 内任意点坐标:

$$\begin{cases} X=X_{HZ}+x/\cos\left(\dfrac{30°l^2}{\pi R l_s}\right)\cdot\cos\left(A_2+180°-\xi\dfrac{30°l^2}{\pi R l_s}\right) \\[4mm] Y=Y_{HZ}+x/\cos\left(\dfrac{30°l^2}{\pi R l_s}\right)\cdot\sin\left(A_2+180°-\xi\dfrac{30°l^2}{\pi R l_s}\right) \end{cases} \qquad (7-48)$$

式中:l 为第二缓和曲线内任意点至 HZ 的曲线长,X_{HZ}、Y_{HZ} 为 HZ 的横纵坐标。

缓和曲线 AB 的长度为 l_F,A、B 点的曲率半径分别为 R_1、R_2,M 为缓和曲线 AB 上曲率为零的点,AB 段内任意点的坐标从 M 点推算。

根据回旋线几何关系：

当 $R_1 > R_2$ 时，设 A 点的坐标为 (X_A, Y_A)，切线方位角 A_A 用下式计算

$$A_A = A_1 + \xi\left[\frac{90°(l_{s1} + 2l)}{\pi R_1}\right] \qquad (7-49)$$

式中：l 为半径为 R_1 的平曲线 HY_1 至 YH_1 的曲线长。

$$\begin{cases} X_M = X_A + \left(l_1 - \dfrac{l_1^3}{40R_1^2}\right) / \cos\left(\dfrac{30°l_1}{\pi R_1}\right) \cdot \cos\left(A_A + 180° - \xi\dfrac{2}{3}\beta_1\right) \\ Y_M = Y_A + \left(l_1 - \dfrac{l_1^3}{40R_1^2}\right) / \cos\left(\dfrac{30°l_1}{\pi R_1}\right) \cdot \sin\left(A_A + 180° - \xi\dfrac{2}{3}\beta_1\right) \end{cases} \qquad (7-50)$$

式中：$l_1 = \dfrac{R_2 l_F}{R_1 - R_2}$，$\beta_1 = \dfrac{90°l_1}{\pi R_1}$。

M 点的切线方位角：

$$A_M = A_A - \xi\beta_1$$

当 $R_1 < R_2$ 时，

$$\begin{cases} X_M = X_A + \left(l_2 - \dfrac{l_2^3}{40R_1^2}\right) / \cos\left(\dfrac{30°l_2}{\pi R_1}\right) \cdot \cos\left(A_A + \xi\dfrac{2}{3}\beta_1\right) \\ Y_M = Y_A + \left(l_2 - \dfrac{l_2^3}{40R_1^2}\right) / \cos\left(\dfrac{30°l_2}{\pi R_1}\right) \cdot \sin\left(A_A + \xi\dfrac{2}{3}\beta_1\right) \end{cases} \qquad (7-51)$$

式中：$l_2 = \dfrac{R_2 L_F}{R_2 - R_1}$，$\beta_1 = \dfrac{90°l_2}{\pi R_1}$。

M 点的切线方位角：

$$A_M = A_A + \xi\beta_1 \qquad (7-52)$$

第二节　道路施工测量

一、公路施工放样的任务

在公路工程建设中，测量工作必须先行，施工测量就是将设计图纸中的各项元素按规定的精度要求准确无误地测设于实地，作为施工的依据；并在施工过程中进行一系列的测量工作，以保证施工按设计要求进行。施工测量俗称"施工放样"。

施工测量是保证施工质量的一个重要环节，公路施工测量的主要包括如下任务：

(1)研究设计图纸并勘察施工现场。根据工程设计的意图及对测量精度的要求,在施工现场找出定测时的各控制桩或点(交点桩、转点桩、主要的里程桩以及水准点)的位置,为施工测量做好充分准备。

(2)恢复公路中线的位置。公路中线定测后,一般情况要过一段时间才能施工,在这段时间内,部分标志桩被破坏或丢失,因此,施工前必须进行一次复测工作,以恢复公路中线的位置。

(3)测设施工控制桩。由于定测时设立及恢复的各中桩,在施工中都要被挖掉或掩埋,为了在施工中控制中线的位置,需要在不受施工干扰、便于引用、易于保存桩位的地方测设施工控制桩。

(4)复测、加密水准点。水准点是路线高程控制点,在施工前应对破坏的水准点进行恢复定测,为了施工中测量高程方便,在一定范围内应加密水准点。

(5)路基边坡桩的放样。根据设计要求,施工前应测设路基的填筑坡脚边桩和路暂的开挖坡顶边桩。

(6)路面施工放样。路基施工后,应测出路基设计高度,放样出铺筑路面的高程,作为路面铺设依据。在路面施工中,讲究层层放线、层层抄平。层层放线是指每施工一层路面结构层都要放出该层的路面中心线和边缘线,有时为了精确做出路拱,还要放出路面左右高程各 1/4 的宽度线桩;层层抄平是指每施工一层路面结构层都要对各控制的断面在其放样的高程控制位置处进行高程测定,以控制各层的施工高程。

(7)排水设施、附属设施等工程的放样。主要应放出边沟、排水沟、截水沟、跌水井、急流槽、护坡、挡土墙等的位置和开挖或填筑断面线等。

为做到放样尽可能准确,上述放样工作仍应遵循测量工作"先控制、后碎部、步步有校核"的基本原则。

二、公路路线施工测量

(一)恢复中线测量

从道路勘测完成到开始施工这一段时间内,有部分中线桩可能被移动或丢失,因此施工前应进行复核,按照定测资料配合仪器先在现场寻找,若直线段上转点丢失或移位,可在交点桩上用经纬仪按原偏角值进行补桩或校正;若交点柱丢失或移位,可根据相邻直线校正的两个以上转点放线,重新交出交点位置,并将碰动或丢失的交点桩、中线桩进行校正和恢复。

在恢复中线时,应将道路附属物如涵洞、检查井和挡土墙等的位置一并定出。对于部分改线地段,应重新定线,并测绘相应的纵横断面图。

(二)施工控制桩的放样

由于中线桩在路基施工中都要被挖掉或堆埋,为了在施工中能控制中线位置,应在不受施工干扰、便于引用、易于保存桩位的地方放样施工控制桩。放样方法主要有平行线法和延长线法两种,可根据实际情况互相配合使用。

1. 平行线法

如图 7-8 所示,平行线法是在设计的路基宽度以外,放样两排平行于中线的施工控制桩。为了施工方便,控制桩的间距一般取 10～20 m。该法多用于地势平坦、直线段较长的道路。

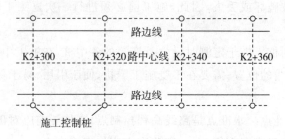

图 7-8　平行线法

2. 延长线法

如图 7-9 所示,延长线法是在道路转折处的中线延长线上,以及曲线中点至交点的延长线上放样施工控制桩。每条延长线上应设置两个以上的控制桩,量出其间距及与交点的距离,做好记录,据此恢复中线交点。延长线法多用于地势起伏较大、直线段较短的道路。

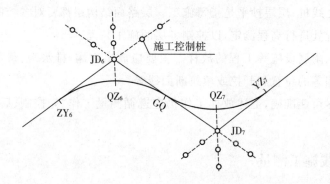

图 7-9　延长线法

(三)路基边桩的放样

路基边桩放样就是根据设计断面图和各中桩的填挖高度,把路基两旁的边坡与原地面的交点在地面上钉设木桩(称为边桩),作为路基的施工依据。

每个断面上在中桩的左、右两边各放样一个边桩,边桩距中桩的水平距离取决于设计路基宽度、边坡坡度、填土高度或挖土深度以及横断面的地形情况。边桩的放样方法如下:

1. 图解法

图解法是将地面横断面图和路基设计断面图绘在同一张毫米方格纸上,设计断面高出地面部分采用填方路基,其填土边坡线按设计坡度绘出,与地面相交处即为坡脚;设计断面低于地面部分采用挖方路基,其开挖边坡线按设计坡度绘出,与地面相交处即为坡顶。得到坡脚或坡顶后,用比例尺直接在横断面图上量取中桩至坡脚点或坡顶点的水平距离,然后到实地,以中桩为起点,用皮尺沿着横断面方向往两边放样相应的水平距离,即可定出边桩。

2. 解析法

解析法是通过计算求出路基中桩至边桩的距离,从路基断面图中可以看出,路基断面大体分平坦地面和倾斜地面两种情况。

(1)平坦地面

如图 7-10 所示,平坦地面的路堤与路堑的路基放样数据可按下列公式计算

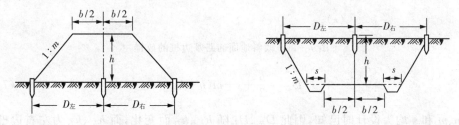

图 7-10 平坦地面的路基边桩的放样

路堤:

$$D_左 = D_右 = \frac{b}{2} + mh \tag{7-53}$$

路堑:

$$D_左 = D_右 = \frac{b}{2} + s + mh \tag{7-54}$$

式中: $D_左$、$D_右$——道路中桩至左、右边桩的距离;

b——路基的宽度;

m——路基边坡坡度;

h——填土高度或挖土深度;

s——路堑边沟顶宽。

(2)倾斜地面

如图 7-11 所示,设地面为左边低、右边高,倾斜地面路基放样数据可按下列公式计算

路堤:

$$D_左 = \frac{b}{2} + m(h + h_左) \tag{7-55}$$

$$D_右 = \frac{b}{2} + m(h - h_右) \tag{7-56}$$

路堑:

$$D_左 = \frac{b}{2} + s + m(h - h_左) \tag{7-57}$$

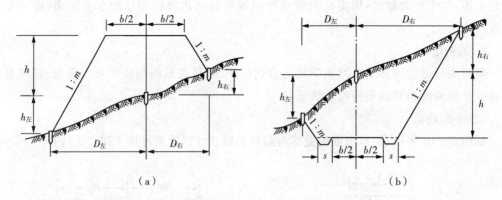

（a）   （b）

图 7-11　倾斜地面的路基边桩的放样

$$D_右 = \frac{b}{2} + s + m(h + h_右) \tag{7-58}$$

式中，b、m 和 s 均为设计时已知，因此 $D_左$、$D_右$ 随 $h_左$、$h_右$ 而变化，而 $h_左$、$h_右$ 为左右边桩地面与路基设计高程的高差，由于边桩位置是待定的，故 $h_左$、$h_右$ 均不能事先知道。在实地放样工作中，是沿着横断面方向，采用逐渐趋近法放样边桩。

现以放样路堑左边桩为例进行说明。如图 7-15(b) 所示，设路基宽度为10 m，左侧边沟顶宽度为2 m，中心桩挖深为5 m，边坡坡度为1：1，放样步骤如下：

(1) 估计边桩位置。根据地形情况，估计左边桩处地面比中桩地面低1 m，即 $h_左 = 1$ m（也可在横断面图中求得），代入公式得左边桩的近似距离为

$$D_左 = \frac{10}{2} + 2 + 1 \times (5 - 1) = 11 \, (\text{m})$$

在实地沿横断面方向往左侧量11 m，在地面上定出 1 点。

(2) 实测高差。用水准仪实测 1 点与中桩之高差为1.5 m，则 1 点距中桩之平距应为

$$D_左 = \frac{10}{2} + 2 + 1 \times (5 - 1.5) = 10.5 \, (\text{m})$$

此值比初次估算值小，故正确的边桩位置应在 1 点的内侧。

(3) 重估边桩位置。正确的边桩位置应距离中桩 10.5～11 m，重新估计边桩距离为 10.8 m，在地面上定出 2 点。

(4) 重测高差。测出 2 点与中桩的实际高差为1.2 m，则 2 点与中桩之平距应为

$$D_左 = \frac{10}{2} + 2 + 1 \times (5 - 1.2) = 10.8 \, (\text{m})$$

此值与估计值相符，故 2 点即为左侧边桩位置。

（四）路基边坡的放样

路基边桩放出后，为指导施工，使填、挖的边坡符合设计要求，还应把边坡放样出来。

1. 用麻绳竹竿放样边坡

(1)当路堤不高时,采用一次挂绳法(图 7－12)。

(2)当路堤较高时,可选用分层挂线法(图 7－13)。每层挂线前应标定公路中线位置,并将每层的面用水准仪抄平,方可挂线。

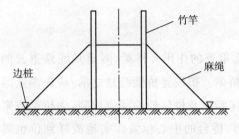

图 7－12　倾斜地面路基边桩放样

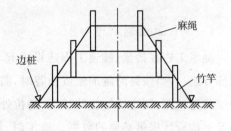

图 7－13　分层挂线放样边坡

2. 用固定边坡架放样边坡

如图 7－14 所示,开挖路堑时,在坡顶外侧即开口校处立固定边坡架。

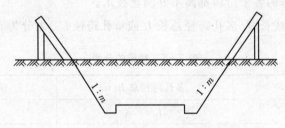

图 7－14　固定架放样边坡

(五)路面放样

1. 路面放样

在铺设公路路面时,应先把路槽放样出来,具体放样方法如下:

从最近的水准点出发,用水准仪测出各桩的路基设计标高,然后在路基的中线上按施工要求每隔一定的间距设立高程桩,用放样已知高程点的方法,使各桩桩顶高程等于将来要铺设的路面标高。如图 7－15 所示,用皮尺由高程桩(M 桩)沿横断面方向左、右各量路槽宽度的一半,钉出路槽边桩 A、B,使其桩顶标高等于铺设路面的设计标高。在 A、B、M 桩旁钉一木桩,使木桩顶面的标高符合路槽底的设计标高,即可开挖路槽。

2. 路拱放样

路拱就是在保证行车平稳的情况下,为有利于路面排水,便路中间按一定的曲线形式(抛物线、圆曲线)进行加高,并向两侧倾斜而形成的拱状。其放样方法与竖曲线相同。

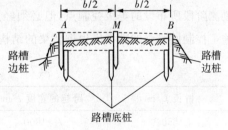

图 7－15　路槽放样示意图

第三节　桥梁施工测量

一、桥梁控制测量

(一)平面控制测量

测量工作在桥梁、隧道工程建设中起着非常重要的作用。桥梁、隧道是线路重要的组成部分之一，当线路跨越河流或山谷时，需架设桥梁。拟设置桥梁跨越之前，应先测绘河流两岸的地形图，测定桥轴线的长度、桥位处的河床断面及桥位处的河流比降，为桥梁方案选择及结构设计提供必要的数据。施工时，将桥墩、桥台的中心位置在实地放样到位也需要进行测设。

桥梁、隧道工程竣工后，还要编制竣工图，供验收、维修和加固之用。在营运阶段，要定期进行变形观测，以确保桥梁隧道构造物的安全使用。所以说，在桥梁、隧道的勘测、设计、施工、竣工及养护维修的各个阶段都离不开测量技术。

桥梁大小按其轴线长度(多孔跨径总长 L 或单孔跨径 L_k)划分为 5 种形式(表 7-5)。

表 7-5　桥梁的分类

桥梁分类	多孔跨径总 L/m	单孔跨径 L_k/m
特大桥	$L \geqslant 500$	$L_k \geqslant 100$
大桥	$L \geqslant 100$	$L_k \geqslant 40$
中桥	$30 < L 100$	$20 L_k < 40$
小桥	$8 \leqslant L \leqslant 30$	$5 \leqslant L_k < 20$
涵洞	$L < 8$	$L_k < 5$

桥梁和涵洞施工测量的主要内容包括平面控制测量，高程控制测量，桥梁墩、台定位测量和桥梁墩、台基础及其顶部测设。

1. 桥梁平面控制网等级

桥梁施工项目应建立桥梁施工专用控制网。对于跨越宽度小于500 m的桥梁，也可利用勘测阶段所布设的等级控制点，但必须经过复测，并满足桥梁控制网的等级和精度要求。桥施工控制网等级的选择应根据桥梁的结构和设计要求合理确定，并符合表 7-6 中的规定。

表 7-6　桥梁施工控制网等级

桥长 L/m	跨越的宽度 l/m	平面控制网的等级	高程控制网的等级
$L > 5000$	$l > 1000$	二等或三等	二等
$2000 \leqslant L \leqslant 5000$	$500 \leqslant l \leqslant 1000$	三等或四等	三等

桥长 L/m	跨越的宽度 l/m	平面控制网的等级	高程控制网的等级
500<L<2000	200<l<500	四等或一级	四等
L≤500	l≤200	一级	四等或五等

注：L 为桥的总长；l 为跨越的宽度，是指桥梁所跨越的江、河、峡谷的宽度。

2. 建立桥梁施工平面控制网的要求

建立桥梁施工平面控制网的要求包括：

(1)桥梁施工平面控制网宜布设成独立网，并根据线路测量控制点定位。

(2)控制网可采用 GPS 网、三角形网和导线网等形式。

(3)控制网的边长宜为主桥轴线长度的 0.5～1.5 倍。

(4)当控制网跨越江河时，每岸水准点不少于 3 个，其中轴线上每岸宜布设 2 个。

(5)施工平面控制测量的其他技术要求应符合有关规定。

桥梁施工放样前，应熟悉施工设计图纸，并根据桥梁设计和施工的特点确定放样方法。平面位置放样宜采用极坐标法、多点交会法等。

3. 桥轴线长度的测定

桥轴线长度是指两岸桥轴线控制桩间的水平距离。桥轴线控制桩是指在两岸桥头中线上埋设的控制桩，其作用是保证墩、台间的相对位置正确，并使之与相邻线路在平面位置上正确衔接。

(1)直接丈量法。对于无水或水浅河道，可以用光电测距仪直接测定桥轴线长度以及利用桥轴线两端控制桩进行墩、台中心定位。

(2)间接丈量法。布设桥梁控制网(桥位三角网)进行推算。

在满足桥轴线长度测定和墩、台中心定位精度的前提下，力求图形简单并具有足够的强度，以减少外业观测工作和内业计算工作。根据桥梁的大小、精度要求和地形条件，桥梁施工平面控制网的网形布设有以下几种形式：双三角形、大地四边形、双大地四边形、加强型大地四边形(图 7-16)。

(二)高程控制测量

1. 桥梁高程控制网等级

桥梁高程控制测量宜采用水准测量方法，其等级选择应根据桥梁的结构和设计要求合理确定，并符合表 7-6 的规定。

2. 建立桥梁施工高程控制网的要求

建立桥梁施工高程控制网的要求如下：

(1)两岸的水准测量线路应组成一个统一的水准网。

(2)每岸水准点不少于 3 个。

(3)跨越江河时，根据需要可进行跨河水准测量。

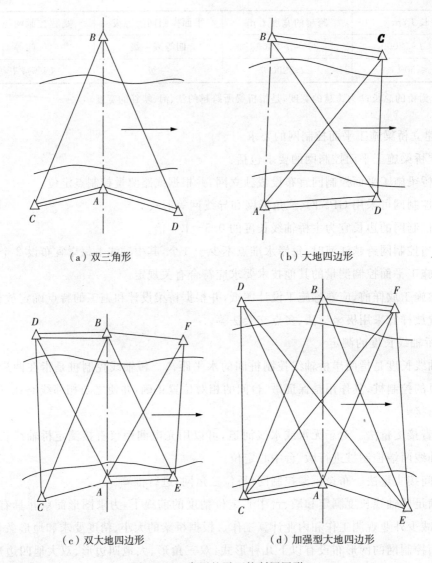

(a) 双三角形

(b) 大地四边形

(c) 双大地四边形

(d) 加强型大地四边形

图 7-16 常用的平面控制网网形

(4)施工高程控制测量的其他技术要求应符合有关规定。

3. 跨河水准测量

桥梁高程控制一般常用跨河水准测量,河流宽度大于150 m时都采用这种方法。

(1)河流宽度大于300 m时,应该按照《国家水准测量》规范,采用精密水准仪或精密经纬仪按倾斜螺旋法、经纬仪倾角法和光学测微法进行观测。

(2)河流宽度为 150~300 m时,采用普通跨河水准测量进行观测,使用觇牌、水准尺、双转点施测。

(3)当水准线路需要跨越江河(或湖塘、宽沟、洼地、山谷等)时,应符合下列规定:

① 水准场地应选在跨越距离较短、土质坚硬、便于观测的地方;标尺点须设立木桩。

建筑工程测量技术

② 两岸测站和立尺应对称布设。当跨越距离小于200 m时,可采用单线过河;当跨越距离大于200 m时,应采用双线过河,并组成四边形闭合环。往返较差、环线闭合差应符合有关规定。

③ 水准观测的主要技术要求应符合表7-7的规定。

表7-7　跨河水准测量的主要技术要求

跨越距离	观测次数	单程测回数	半测回远尺读数次数	测回数/mm		
				三等	四等	五等
<200	往返各一次	1	2	—	—	—
200~400	往返各一次	2	3	8	12	25

注:① 一测回的观测顺序:先读近尺,再读远尺;仪器搬至对岸后,不动焦距,先读远尺,再读近尺。

② 当采用双向观测时,两条跨河视线长度宜相等,两岸岸上长度宜相等,并大于10 m;当采用单向观测时,可分别在上午、下午各完成半数工作量。

③ 当跨越距离小于200 m时,也可采用在测站上变换仪器高度的方法进行,两次观测高差较差不应超过7 mm,取其平均值作为观测高差。

④ 当对岸远尺进行直接读数有困难时,为提高读数精度,亦可在远尺上安装觇牌,由操作水准仪者指挥,将觇板沿尺上下移动,使觇板指标线位于仪器水平视线上,然后按指标线在水准尺上进行读数。

二、桥梁墩、台施工测量

(一)桥墩、桥台定位测量

桥梁施工测量中,主要的工作是准确地测设出桥梁墩、台的中心位置,即所谓的"墩、台中心定位",简称"墩台定位"。墩台定位必须满足一定的精度要求,特别是对预制梁桥,更是如此。

1. 直接丈量法

当桥梁墩、台位于无水河滩上或水面较窄,用钢尺可以跨越丈量时,可用直接丈量法(图7-17)。直接丈量定位时,其距离必须丈量2次以上作为校核。当校核结果证明定位误差不超过2 cm时,则认为满足要求。现在一般都采用电磁波测距进行测量。

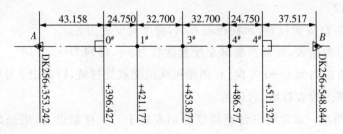

图7-17　直线墩、台直接定位

2. 极坐标法

在墩、台中心处安置反光镜,测距仪与反光镜通视,不管中间是否有水流障碍,均可采用。墩、台中心坐标$(X、Y)$已设计出,则可用经纬仪加测距仪或全站仪按极坐标法测设。测设时应根据当时测出的气象参数和测设的距离求出气象改正值。

3. 前方交会法

(1)如果桥墩位置无法直接丈量,也不便于架设反光镜时,可采用前方交会法测设墩位。前方交会法既可用于直线桥的墩、台定位测量,也可用于曲线桥的墩、台定位测量。用交会法测设墩位时,需要在河的两岸布设平面控制网,如导线、三角网、边角网、测边网等。

(2)前方交会法的基本原理。根据控制点坐标和墩台坐标,反算交会放样元素α_i、β_i,在相应控制点上安置仪器并后视另一已知控制点,分别测设水平角α_i、β_i,得到两条视线的交点,从而确定墩、台中心的位置。

(3)两交会方向线之间的夹角γ称为"交会角"。墩、台中心交会的精度与交会角γ的大小有关。当置镜点位于桥轴线两侧时,交会角应为$90°\sim150°$;当置镜点位于桥轴线一侧时,交会角应为$60°\sim110°$(图7-18)。

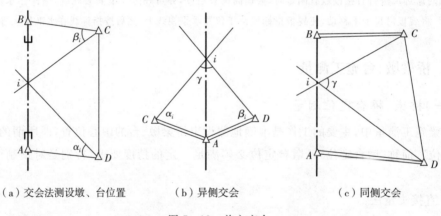

(a)交会法测设墩、台位置　　　　(b)异侧交会　　　　(c)同侧交会

图7-18　前方交会

桥梁控制网网形设计和布网时,应充分考虑每个墩、台中心交会时交会角的大小,必要时,可根据情况增设插入点或精密导线点,作为次级控制点。

(4)现场测设。

① 在控制点D安置仪器,后视控制点A,将度盘安置为α_{DA}。

② 根据测设数据表,转动照准部至度盘读数为α_{Di},得到$D\rightarrow i$方向。

③ 按同样方法得到$C\rightarrow i$方向,在两条视线的交点处打桩,钉设出i号墩、台中心位置。

④ 在桥轴线上检查各墩、台位置。

(5)示误三角形。通常将三台经纬仪分别安置于三个控制点上,用三条方向线同时交会。理论上三条方向线应交于一点,而实际上,由于控制点误差和交会测设误差的共同影响,三条方向线一般不会交于一点,而是形成一个小三角形,该三角形的大小反映交会的精度,故称其为"示误三角形",如图 7 - 19 所示。

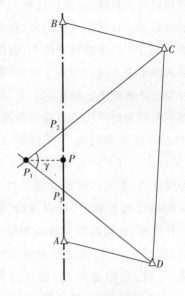

① 示误三角形的最大边长或两交会方向与桥中线交点间的长度 B,在墩、台下部(承台、墩身)不应大于25 mm,在墩、台上部(托盘、顶帽、垫石)不应大于15 mm。

② 若交会的一个方向为桥轴线,则以其他两个方向线的交会点 P_1 投影在桥轴线上的 P 点作为墩、台中心。

③ 交会方向中不含桥轴线方向时,示误三角形的边长不应大于30 mm,并以示误三角形的重心作为桥墩、台中心。

图 7 - 19 示误三角形

(二)墩、台纵横轴线测设

墩、台纵横轴线是确定墩、台方向的依据,也是墩、台施工中细部放样的依据。直线桥各个墩、台的纵轴线与桥轴线重合,可根据桥轴线控制桩测设;直线桥的横轴线不一定与纵轴线垂直,两者夹角根据设计文件确定,可将经纬仪安置于墩、台中心,后视桥轴线控制桩定向,测设规定的角度,得到墩、台横轴线方向。

在测设桥墩、台纵轴线时,应将经纬仪安置在墩、台中心点上,然后盘左、盘右,以桥轴线方向作为后视,然后旋转 90°(或 270°),取其平均位置作为纵轴线方向。因为施工过程中经常要在墩、台上恢复纵横轴线的位置,所以应于桥轴线两侧各布设两个固定的护桩。

在水中的桥墩因不能架设仪器,也不能钉设护桩,则暂不测设轴线,待筑岛、围堰或沉井露出水面以后,再利用它们钉设护桩,准确地测设出墩、台中心及纵横轴线。

对于曲线桥,如图 7 - 20 所示,由于路线中线是曲线,而所用的梁板是直的,因此路线中线与梁的中线不能完全一致。梁在曲线上的布置是使各跨梁的中线连接起来,称为与路

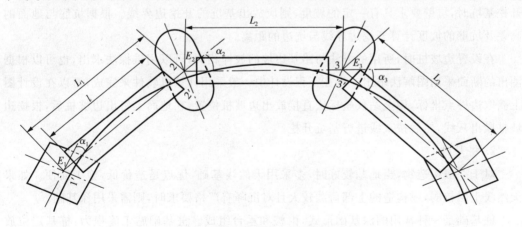

图 7 - 20 曲线桥梁桥墩纵横轴线

中线相符合的折线,这条折线称为"桥梁的工作线"。墩、台中心一般就位于这条折线转折角的顶点上。放样曲线桥的墩、台中心,就是测设这些顶点的位置。在桥梁设计中,梁中心线的两端并不位于路线中线上,而是向曲线外侧偏移一段距离 E,这段距离 E 称为"偏距";相邻两跨梁中心线的交角 α 称为"偏角";每段折线的长度 L 称为"桥梁中心距"。这些数据在桥梁设计图纸上已经标定出来,可以直接查用。曲线桥在设计时,根据施工工艺可设计成预制板装配曲线桥或者现浇曲线桥。对于前者,桥墩、台中心与路线中线不重合,桥墩、台中心与路线中线有一个偏距 E,如图7-21所示。对于后者,桥墩、台中心与路线中线重合,在放样时要注意。对于预制板装配曲线桥放样时,可根据墩、台标准跨径计算墩、台横轴线与路线中线的交点坐标,放出交点后,再沿横轴线方向取偏距 E,得墩、台中心位置,或者直接计算墩、台中心的坐标,直接放样墩、台中心位置;对于现浇曲线桥,因为路线中线与桥墩、台中心重合,可以计算墩、台中心的坐标,根据坐标放样墩、台中心位置。

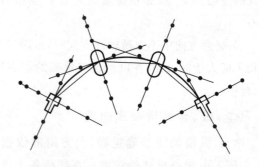

图 7 - 21 现浇曲线桥梁桥墩纵横轴线图

（三）桥梁基础施工测量

1. 墩、台基础开挖方法

明挖扩大基础和桩基础是桥梁墩、台基础常用的两种形式。

明挖扩大基础适用于无水少水河沟,它是在墩、台位置处先挖基坑,将基坑底整平,然后在坑内砌筑或灌注基础及墩、台身。当基础及墩、台身修出地面后,再用土回填基坑。视土质情况,坑壁可挖成垂直的或倾斜的。

在进行基坑放样时,根据墩、台纵横轴线及基坑的长度和宽度测设出它的边线。如果开挖基坑时,坑壁要求具有一定的坡度,则应放出基坑的开挖边界线。根据坑底与地面的高差及坑壁的坡度计算开挖边界线与坑边的距离。

在设置边坡桩时,所用的方法与路基边坡的放样相同,可以用试探法求出,也可以根据测出的断面采用图解法求出。现在工程设计中一般采用计算机软件来完成,可以在设计图上获取边桩点坐标,用全站仪坐标法直接放出边坡桩位置,在地面上钉出边坡桩后,根据边坡桩撒出灰线,然后按灰线进行基坑开挖。

2. 桩基础

对于一般构造物,当地基较好时,多采用天然浅基础,优点是造价低,施工简便。如果天然浅土层较弱,或构造的上部荷载较大且对沉降有严格要求时,则需采用深基础。

桩基础是一种常用的深基础形式,由桩和承台组成。桩基础施工流程为:桩基定位放线→钻机对位→钻进成孔→压灌桩身混凝土→下插钢筋笼并固定→成桩。

（四）桥梁竣工测量

墩、台施工完成以后，在架梁以前，应进行墩、台的竣工测量。对于隐蔽在竣工后无法测绘的工程，如桥梁墩、台的基础等，必须在施工过程中随时测绘和记录，将结果作为竣工资料的一部分。桥梁架设完成后还要对全桥进行全面测量。

1. 桥梁竣工测量的目的

桥梁竣工测量的目的如下：

（1）测定建成后墩、台的实际情况。

（2）检查是否符合设计要求。

（3）为架梁提供依据。

（4）为运营期间桥梁监测提供基本资料。

2. 桥梁竣工测量的内容

桥梁竣工测量的内容包括：

（1）测定墩、台中心纵横轴线及跨距。

（2）丈量墩、台各部尺寸。

（3）测定墩帽和支承垫石的高程。

（4）测定桥中线纵、横坡度。

（5）根据测量结果编绘墩、台中心距表，墩顶水准点和垫石高程表，墩台竣工平面图，桥梁竣工平面图等。

（6）如果运营期间要对墩、台进行变形观测，则应对两岸水准点及各墩顶的水准标以不低于二等水准测量的精度联测。

第四节　管道施工测量

一、概述

管道包括排水、给水、煤气、电缆、通信、输油、输气等管道。管道工程测量的主要任务包括中线测量、纵断面测量及施工测量。

管道中线测量的任务是将设计的管道中心线的位置在地面上测设出来，中线测量包括管道转点桩及交点桩测设、转角测量、里程桩和加桩的标定等。中线测量方法和道路中线测量方法基本相同，在此不再重复。由于管道的方向一般用弯头来改变，故不需要测设圆曲线。

管道纵断面测量的内容是根据管道中心线所测的桩点高程和桩号绘制成纵断面图。纵断面图反映了沿管道中心线的地面高低起伏和坡度陡缓情况，是设计管道埋深、坡度和土方量计算的依据，管道纵断面水准测量的闭合允许值为 $\pm 5\sqrt{L}$ mm（$\sqrt{L}$ 以 100 m 为单位）。横断面测量是测量中线两侧一定范围内的地形变化点至管道中线的水平距离和高差，以中线上的里程桩或加桩为坐标原点，以水平距离为横坐标，高差为纵坐标，按 1∶100

比例尺绘制横断面图。

根据纵断面图上的管道埋深、纵坡设计,横断面图上的中线两侧的地形起伏,可计算出管道施工的土方量。接下来,重点介绍管道工程的施工测量。

二、管道工程施工测量

管道工程施工测量的主要任务是根据设计图纸的要求,为施工测设各种标志,使施工技术人员便于随时掌握中线方向和高程位置。

管道施工一般在地面以下进行,并且管道种类繁多,例如给水、排水、天然气、输油管等。在城市建设中,尤其城镇工业区管道更是上下穿插、纵横交错组成管道网,如果管道施工测量稍有误差,将会导致管道互相干扰,给施工造成困难,因此施工测量在管道施工中的作用尤为突出。

(一)管道工程测量的准备工作

管道工程测量的准备工作包括:

(1)熟悉设计图纸资料,包括管道平面图、纵横断面图、标准横断面和附属构筑物图,弄清管线布置及工艺设计和施工安装要求。

(2)勘察施工现场情况,了解设计管线走向,以及管线沿途已有平面和高程控制点分布情况。

(3)根据管道平面图和已有控制点,并结合实际地形,找出有关的施测数据及其相互关系,并绘制施测草图。

(4)根据管道在生产上的不同要求、工程性质、所在位置和管道种类等因素,以确定施测精度。如厂区内部管道比外部要求精度高;不开槽施工比开槽施工测量精度要求高,无压力的管道比有压力管道要求精度高。

(二)地下管道放线测设

地下管道放线测设包括:

1. 恢复中线

管道中线测量中所钉的中线桩、交点桩等,到施工时难免有部分被移动或丢失,为了保证中线位置准确可靠,施工前应根据设计的定线条件进行复核,并将丢失和被移动的桩重新恢复。在恢复中线的同时,一般将管道附属构筑物(涵洞、检查井)的位置测出。

2. 测设施工控制桩

在施工时中线上各桩要被挖掉,为了便于恢复中线和附属构筑物的位置,应在不受施工干扰、引测方便、易于保存桩位的地方测设施工控制桩。施工控制桩分为中线控制桩和附属构筑物控制桩两种。

(1)测设中线方向控制桩

施测时,一般以管道中心线桩为准,在各段中线的延长线上钉设控制桩。若管道直线段较长,也可在中线一侧的管槽边线外测设一条与中线平行的轴线桩,各桩间距以20 m为

建筑工程测量技术

宜,作为恢复中线和控制中线的依据。

(2)测设附属构筑物控制桩

以定位时标定的附属构筑物位置为准,在垂直于中线的方向上钉两个控制桩(图
7-22)。

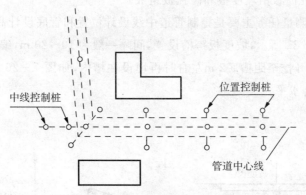

图 7-22　测量中线控制桩

3. 槽口放线

槽口放线是根据管径大小、埋设深度和土质情况决定管槽开挖宽度,并在地面上钉设
边桩,沿边桩拉线撒出灰线,作为开挖的边界线。

由横断面设计图查得左右两侧边桩与中心桩的水平距离,如图 7-23 中的 a 和 b,施测
时在中心桩处插立方向架测出横断面位置,在断面方向上,用皮尺抬平量定 A、B 两点位置
各钉立一个边桩。相邻断面同侧边桩的连线,即为开挖边线,用石灰放出灰线,作开挖的界
限。如图 7-24 所示,当地面平坦时,开挖槽口宽度也可采用下式计算:

$$D_z = D_y = \frac{b}{2} + mh \qquad (7-59)$$

式中:D_z、D_y——管道中桩至左、右边桩的距离;

　　　b——槽底宽度;

　　　$1:m$——边坡坡度;

　　　h——挖土深度。

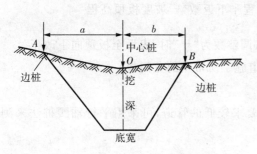

图 7-23　边桩与中心桩距离

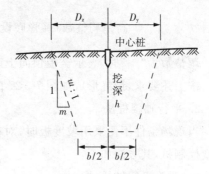

图 7-24　槽口开挖

（三）地下管道施工测量

管道施工中的测量工作，主要是控制管道的中线和高程位置。因此，在开槽前后应设置控制管道中线和高程位置的施工标志，用来按设计要求进行施工。现介绍两种常用的方法。

1. 龙门板法（龙门板由坡度板和高程板组成）

管道施工中的测量任务主要是控制管道中线设计位置和管底设计高程。因此，需要设置坡度板。如图 7-25 所示，坡度板跨槽设置，间隔一般为 10～20 m，编写板号。当槽深在 2.5 m 以上时，应待开挖至距槽底 2 m 左右时再埋设在槽内，如图 7-26 所示。坡度板应埋设牢固，板面要保持水平。

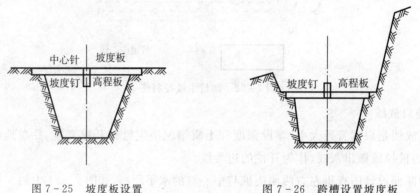

图 7-25　坡度板设置　　　　　图 7-26　跨槽设置坡度板

坡度板设好后，根据中线控制桩，用经纬仪把管道中心线投测至坡度板上，钉上中心钉，并标上里程桩号。施工时，用中心钉的连线可方便地检查和控制管道的中心线。

再用水准仪测出坡度板顶面高程，板顶高程与该处管道设计高程之差即为板顶往下开挖的深度。由于地面有起伏，因此，由各坡度板顶向下开挖的深度都不一致，对施工中掌握管底的高程和坡度都不方便。为此，需在坡度板上中线一侧设置坡度立板，称为高程板，在高程板侧面测设一坡度钉，使各坡度板上坡度钉的连线平行于管道设计坡度线，并距离槽底设计高程为一整分米数，称为下返数。施工时，利用这条线可方便地检查和控制管道的高程和坡度。高差调整数可按下式计算：

$$高差调整数＝（管底设计高程＋下返数）－坡度板顶高程$$

调整数为"＋"时，表示至板顶向上改正；调整数为"－"时，表示至板顶向下改正。

按上述要求，最终形成如图 7-27 的管道施工所常用的龙门板。

2. 平行轴腰桩法

当现场条件不便采用坡度板时，对精度要求较低的管道，可采用平行轴腰桩法来测设坡度控制桩，其方法如下：

（1）测设平行轴线桩

开工前首先在中线一侧或两侧，测设一排平行轴线桩（管槽边线之外），平行轴线桩与

建筑工程测量技术

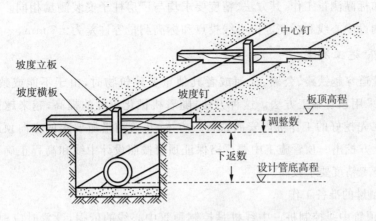

图 7 - 27　龙门板在管道施工中使用

管道中心线相距 a，各桩间距约20 m。检查井位置也相应地在平行轴线上设桩。

(2)钉腰桩

为了比较精确地控制管道中心和高程，在槽坡上(距槽底约1 m)再钉一排与平行轴线相应的平行轴线桩，使其与管道中心的间距为 b，这样的桩成为腰桩，如图 7 - 28 所示。

(3)引测腰桩高程

腰桩钉好后，用水准仪测出各腰桩的高程，腰桩高程与该处对应的管道设计高程之差 h，即是下返数。施工时，由各腰桩的 b、h 来控制埋设管道的中线和高程。

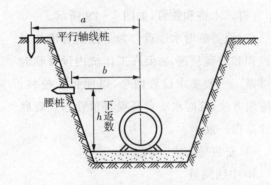

图 7 - 28　腰桩设置

(四)架空管道施工测量

1. 管架基础施工测量

管线定位并经检查后，可根据起止和转折点，测设管架基础中心桩，其直线投点的容许差为 ±5 mm，基础间距丈量的容许差为 1/2000。

管架基础中心桩测定后，一般采用十字线法或平行基线法进行控制，即在中心桩位置沿中线和中线垂直方向打四个定位桩，或在基础中心桩一侧设测一条与中线相平行的轴线。管架基础控制桩应根据中心桩测定，其测定容许差为 ±3 mm。

架空管道基础各工序的施工测量方法与厂房基础相同，各工序中心线及标高的测量容许差满足相关规定。

2. 支架安装测量

架空管道需安装在钢筋混凝土支架、钢支架上。安装管道支架时，应配合施工，进行柱子垂直校正和标高测量工作,其方法、精度要求均与厂房柱子安装测量相同。管道安装前,应在支架上测设中心线和标高。中心线投点和标高测量容许差为±3 mm。

(五)顶管施工测量

当地下管道穿越铁路、公路、江河或者其他重要建筑物时,由于不能或禁止开槽施工时,这时就常采用顶管施工方法。这种方法,随着机械化程度的提高,越来越被广泛采用。顶管施工是在先挖好的工作坑内安放铁轨或方木,将管道沿所要求的方向顶进土中,然后再将管内的土方挖出。顶管施工中要严格保证顶管按照设计中线和高程正确顶进或贯通,因此测量及施工精度要求较高。

1. 顶管测量的准备工作

(1)设置顶管中线控制桩。中线桩是控制顶管中心线的依据,设置时应根据设计图上管道要求,在工作坑的前后钉立两个桩,称为中线控制桩。

(2)引测控制桩。在地面上中线控制桩上架经纬仪,将顶管中心桩分别引测到坑壁的前后,并打入木桩和铁钉,如图7-29所示。

(3)设置临时水准点。为了控制管道按设计高程和坡度顶进,需要在工作坑内设置临时水准点。一般要求设置两个,以便相互校核。为应用方便,临时水准点高程与顶管起点管底设计高程一致。

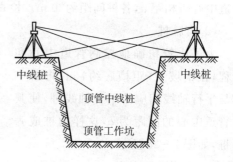

图7-29 引测控制桩

(4)安装导轨或方木。

2. 中线测量

在进行顶管中线测量时,先在两个中线钉之间绷紧一条细线,细线上挂两个垂球,然后贴靠两垂球线再拉紧一水平细线,这根水平细线即标明了顶管的中线方向,如图7-30所示。为保证中线测量的精度,两垂球的距离尽可能大些。制作一把木尺,使其长度略小于管径,分划以尺的中央为零向两端增加。将水平尺横置在管内前端,如果两垂球的方向线与木尺上的零分划线重合(图7-31),则说明管道中心在设计管道方向上,否则,管道有偏差,偏差值超过1.5 cm时,需要校正。

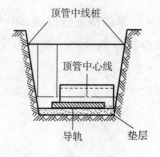

图7-30 中心线标示

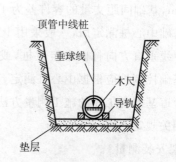

图7-31 中线精度

3. 高程测量

先在工作坑内设置临时水准点,将水准仪安置在坑内,后视临时水准点,前视立于管内待测点的短标尺,即可测得管底各点高程。将测得的管底高程和管底设计高程进行比较,即可知道校正顶管坡度的数据,其差超过±1 cm时,需要校正。

在管道顶进过程中,管子每顶进 0.5～1.0 m便要进行一次中线检查。当顶管距离较长时,应每隔100 m开挖一个工作坑,采用对向顶管施工方法,其贯通误差应不超过3 cm。当顶管距离太长,直径较大时,可以使用激光水准仪或激光经纬仪进行导向。

(六)管线竣工测量和竣工图编绘

管道工程竣工后,要及时整理并编绘竣工资料和竣工图。竣工图反映了管道施工成果及其质量,供今后管理和维修使用,同时是城市规划设计的必要依据。

管道竣工测量包括竣工带状平面图和管道竣工断面图的测绘。竣工平面图主要测绘起止点、转折点、检查井的坐标和管顶标高,并根据测量资料编绘竣工平面图和纵断面图。

管道竣工纵断面的测绘,要在回填土前进行,用普通水准测量法测定管顶和检查井的井口高程。管底高程由管顶高程和管径、管壁厚度计算求得,井间距离用钢尺丈量。

思考题与习题

1. 道路中线测量的任务是什么?

2. 何谓"整桩号法设桩"? 何谓"整桩距法设桩"? 各有什么特点?

3. 什么是施工测量? 道路施工测量主要包括哪些内容?

4. 叙述路基边坡放样的方法步骤。

5. 桥梁控制测量的任务是什么? 桥梁工程测量的主要内容是什么?

6. 简述桥梁墩、台的纵横轴线测设方法。

7. 什么是墩、台施工定位?

8. 地下管道施工测量常用的方法有哪些?

9. 顶管测量的中线测量如何进行?

附 录　新技术介绍与实践

本章内容是无人机倾斜摄影测量新技术、新方法的补充介绍,填补了常规实习指导书上缺少的内容。先介绍相关知识,再安排实践环节加以巩固练习。

一、倾斜摄影测量实景建模介绍

倾斜摄影测量技术是国际测绘遥感领域近年发展起来的一项高新技术,以大范围、高精度、高清晰的方式全面感知复杂场景,通过高效的数据采集设备及专业的数据处理流程生成的数据成果直观反映地物的外观、位置、高度等属性,为真实效果和测绘级精度提供保证,同时有效提升模型的生产效率。三维建模在测绘行业、城市规划行业、旅游业,甚至电商业等行业应用越来越广泛、越来越深入。

无人机航拍不再是大众陌生的话题,各种厂商的无人机也是层出不穷,这将无人机倾斜数据建模推到了一个关键性的阶段。

(1)倾斜摄影原理概述。倾斜摄影技术,通过在同一飞行平台上搭载多台传感器(目前常用的是五镜头相机)。同时从垂直、倾斜等不同角度采集影像,获取地面物体更为完整准确的信息。垂直地面角度拍摄获取的是垂直向下的一组影像,称为正片,镜头朝向与地面成一定夹角拍摄获取的四组影像分别指向东南西北,称为斜片。摄取范围示意图如附图 8-1 所示。

附图 8-1　摄取范围示意图

在建立建筑物表面模型的过程中,相比垂直影像,倾斜影像有着显著的优点,因为它能提供更好的视角去观察建筑物侧面,这一特点正好满足了建筑物表面纹理生成的需要。同一区域拍摄的垂直影像可被用来生成三维城市模型或是对生成的三维城市模型的改善。

利用建模软件将照片建模,这里的照片不仅仅是通过无人机航拍的倾斜摄影数据,还可以是单反甚至是手机以一定重叠度环拍而来的,这些照片导入建模软件中,通过计算机图形计算,结合 POS 信息空三处理,生成点云,点云构成格网,格网结合照片生成赋有纹理的三维模型。区域整体三维建模方法生产路线图如附图 8-2 所示。

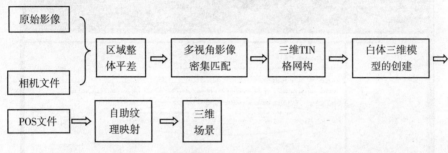

附图 8-2 区域整体三维建模方法生产路线图

(2)主流照片建模软件介绍及比较。行业里主流的有 Bently 公司的 ContextCapture (Smart3D),俄罗斯 Agisoft 公司的 PhotoScan,瑞士 Pix4D 公司的 Pix4Dmapper。这几个建模软件各有优缺点,PhotoScan 比较轻量级,但是生成的模型纹理效果不是太理想,Smart3D 生成的三维模型效果最为理想,人工修复工作量较低,但是软件比较复杂不易上手且价格较高。下面就这三种软件做一个对比,见附表 8-1 所列。

附表 8-1 建模软件对比表

	Smart3D	PhotoScan	Pix4Dmapper
软件体系	重	轻	中
输出格式种类	多	少	少
精细程度	高	中	中
难易度	高	低	中
后处理工作量	少	大	多

这三个主流重建软件的图标如附图 8-3 所示。

附图 8-3 主流重建软件的图标

（3）Smart3D 的软件概述。目前市面上最常见的,同时也是最难上手最昂贵的软件——Smart3D,现在也叫 ContextCapture,它是一套无须人工干预,通过影像自动生成高分辨率的三维模型的软件解决方案。Smart3D 软件建模主界面如附图 8-4 所示。Smart3D 软件的总体流程:Smart3D 需要以一组对静态建模主体从不同的角度拍摄的数码照片作为输入数据源,这些照片的额外辅助数据需要传感器属性(焦距、传感器尺寸、主点、镜头失真)、照片的未知参数(如 GPS)、照片姿态参数(如 INS)、控制点等。

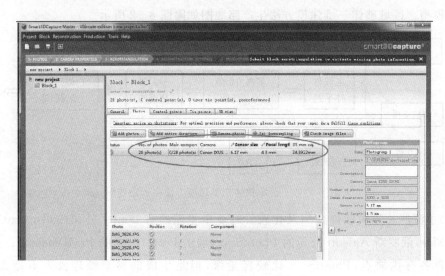

附图 8-4　Smart3D 软件建模主界面

它无须人工干预,在几分钟或几小时的计算时间内(根据输入的数据大小),能输出高分辨率的带有真实纹理的三角网格模型,这个三角格网模型能够准确精细地复原建模主体的真实色泽、几何形态及细节构成。附图 8-5 给出了一个软件处理数据的工作流程图。

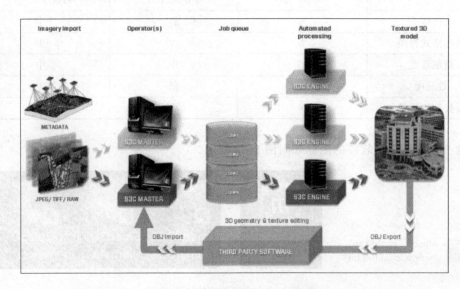

附图 8-5　处理数据的工作流程图

建筑工程测量技术

Smart3D 软件的系统架构,Smart3D 采用了主从模式(Master - Worker)。两大模块是 ContextCapture Master 和 ContextCapture Engine。ContextCapture Master 是 Smart3D 的主要模块。通过图形用户接口,向软件定义输入数据,设置处理过程,提交过程任务,监控这些任务的处理过程与处理结果可视化等。这里注意到,Master 并不会执行处理过程,而是将任务分解为基础作业并提交给 JobQueue。ContextCapture Engine 是 Smart3D 的工作模块。它在计算机后台运行,无需与用户交互。当 Engine 空闲时,一个等待队列中的作业执行,主要取决于它的优先级和任务提交的时间。一个任务通常由空中三角测量和三维重建组成。空中三角测量和三维重建采用不同的且计算量大的密集型算法,如关键点的提取、自动连接点匹配、集束调整、密度图像匹配、鲁棒三维重建、无接缝纹理映射、纹理贴图包装、细节层次生成等等。

可以多台计算机上运行多个 ContextCapture Engine,并将它们关联到同一个作业队列中,这样就会大幅降低处理时间。

在绝大多数的情况下,自动生成的三维模型可以直接使用。但是对于一些具体的行业应用,如测绘行业,通过 Smart3D 建模后将格式转换成 OSGB 等格式,再利用第三方软件如清华三维绘图软件 Eps 等在室内便可以完成绘图内业所有任务,轻松地完成地形图的成型。

二、倾斜摄影测量实景建模实践

(一)实践目的

(1)了解倾斜摄影测量原理。

(2)掌握 App 飞控软件航高纵向、旁向重叠率、航高、作业影像范围及其他设置。

(3)掌握 ContextCapture 软件建模操作流程。

(二)实践设备

大疆 Phantom4 Pro4 旋翼无人机 1 台,遥控器 1 台,电脑 1 台(已安装 ContextCapture 实景建模软件)。

(三)实践任务

每组依规定的航拍区域进行航线规划,并经指导教师确认设置及航拍区域均安全时方可起飞航拍作业,通过建模软件 ContextCapture 将航拍区域建成 3D 实景模型,并提交 OSGB 格式模型数据。

(四)方法与步骤

(1)微型无人机通电检查,连接 DJG4 手机 App,通过 App 安全自检。

(2)打开 Altizure Beta 手机航线规划软件 App 进行任务设置(航向重叠率,旁向重叠率,5 条航线的相机倾斜角设置,航高设置,航拍区域手选规划设置并保存)。

(3)无人机起飞自动采集数据。

（4）将采集的照片信息导入电脑运行 ContextCapture Center Master 软件：建立工程项目—导入 5 条航线的照片信息—进入空三计算程序（运行 ContextCapture Center Engine）—进入建模程序—上交建模成果。

（五）实践记录

参考文献

[1] 中华人民共和国行业标准.工程测量规范(GB 50026—2007)[S].北京:中国标准出版社,2007.

[2] 李仕东.工程测量[M].3版.北京:人民交通出版社,2009.

[3] 凌训意.工程测量技术[M].合肥:安徽大学出版社,2015.

[4] 张正禄,等.工程测量学[M].武汉:武汉大学出版社,2005.

[5] 宁津生.测绘学概论[M].武汉:武汉大学出版社,2004.

[6] 周冠伦.航道工程手册[M].北京:人民交通出版社,2004.

[7] 长江航道局.内河航道测量[M].北京:人民交通出版社,1982.

[8] 陈燕然.港口及航道工程测量[M].北京:人民交通出版社,2001.

[9] 南京航务工程专科学校测量教研室.港口及航道工程测量[M].北京:人民交通出版社,1986.

[10] 白金波,陈玉中,张增宝.建筑工程制图与识图[M].天津:天津科学技术出版社,2013.

[11] 刘军旭,雷海涛.建筑工程制图与识图[M].北京:高等教育出版社,2014.

[12] 白丽红.建筑工程制图与识图[M].2版.北京:北京大学出版社,2014.

[13] 王勇智.GPS测量技术[M].2版.北京:中国电力出版社,2012.

[14] 牛志宏,范海英,殷忠.GPS测量技术[M].郑州:黄河水利出版社,2012.

[15] 李玉宝,等.大比例尺数字化测图技术[M].3版.成都:西南交通大学出版社,2014.

[16] 万刚,等.无人机测绘技术及应用[M].北京:测绘出版社,2015.

[17] 李会青.建筑工程测量[M].北京:化学工业出版社,2010.

[18] 杨俊志,尹建忠,吴星亮.地面激光扫描仪的测量原理及其检定[M].北京:测绘出版社,2012.

[19] 中华人民共和国行业标准.公路勘测规范(JTG C10—2007)[S].北京:人民交通出版社,2007.

[20] 黄成光.公路隧道施工[M].北京:人民交通出版社,2001.

[21] 刘培文.公路施工测量技术[M].北京:人民交通出版社,2003.

[22] 秦绲,李裕忠,李宝桂.桥梁工程测量[M].北京:测绘出版社,1991.

[23] 张项铎,张正禄.隧道工程测量[M].北京:测绘出版社,1998.

[24] 田应中,张正禄,杨旭.地下管线网探测与信息管理[M].北京:测绘出版社,1997.

[25] 纪凯.水运工程测量[M].大连:大连海事大学出版社,2013.

建筑工程测量技术

图书在版编目(CIP)数据

建筑工程测量技术/纪凯主编 . —合肥:合肥工业大学出版社,2019.12(2022.1 重印)
ISBN 978 - 7 - 5650 - 4793 - 0

Ⅰ.①建… Ⅱ.①纪… Ⅲ.①建筑测量—高等学校—教材 Ⅳ.①TU198

中国版本图书馆 CIP 数据核字(2019)第 292291 号

建筑工程测量技术

纪 凯 主编 责任编辑 张择瑞 责任校对 赵 娜

出 版	合肥工业大学出版社	版 次 2019 年 12 月第 1 版
地 址	合肥市屯溪路 193 号	印 次 2022 年 1 月第 2 次印刷
邮 编	230009	开 本 787 毫米×1092 毫米 1/16
电 话	理工图书出版中心:0551 - 62903204	印 张 16.75
	营销与储运管理中心:0551 - 62903198	字 数 376 千字
网 址	www.hfutpress.com.cn	印 刷 安徽昶颉包装印务有限责任公司
E-mail	hfutpress@163.com	发 行 全国新华书店

ISBN 978 - 7 - 5650 - 4793 - 0 定价:48.00 元

如果有影响阅读的印装质量问题,请与出版社营销与储运管理中心联系调换。